王学富讲心理学

PSYCHOLOGY IN LIFE

生活的意向是

既是生命，就得生动

症状的诱惑是

脱离生活，躲避他人

疗愈的奥秘是

不理症状，坚持生活

心理学无处不在

王学富 著

江蘇鳳凰教育出版社
Phoenix Education Publishing, Ltd

图书在版编目(CIP)数据

心理学无处不在 / 王学富著. —南京 : 江苏凤凰教育出版社，2018.7(2019.12 重印)
ISBN 978-7-5499-7488-7

Ⅰ. ①心… Ⅱ. ①王… Ⅲ. ①心理学—通俗读物
Ⅳ. ①B84-49

中国版本图书馆 CIP 数据核字(2018)第 159272 号

书　　名　**心理学无处不在**
著　　者　王学富
责任编辑　万　蕾　韩宇新
装帧设计　李广玹
出版发行　江苏凤凰教育出版社(南京市湖南路 1 号 A 楼　邮编 210009)
苏教网址　http://www.1088.com.cn
照　　排　南京凯建图文制作有限公司
印　　刷　江苏凤凰新华印务集团有限公司(电话:025-68037410)
厂　　址　江苏省南京市新港经济技术开发区尧新大道 399 号(邮编 210038)
开　　本　787mm×1092mm　1/16
印　　张　19.25
版　　次　2018 年 7 月第 1 版
2019 年 12 月第 2 次印刷
书　　号　ISBN 978-7-5499-7488-7
定　　价　78.00 元
网店地址　http://jsfhjycbs.tmall.com
公 众 号　江苏凤凰教育出版社(微信号:jsfhjycbs)
邮购电话　025-85406265,025-85400774,短信 02585420909
盗版举报　025-83658579

序

心理学不只在大学教室里、书籍里、咨询室里、医院里、实验室里，还在生活中的每一个地方。

心理学不等于心理咨询，心理学是心理咨询的基础学科之一。

人们对心理学和心理咨询大多是盲目的，这造成了生命成长过程中许多的阻碍与伤害。

从事心理咨询久矣，就有了一双新的眼睛看世界，举目看去，到处都是凶险。许多人受伤了。有的受伤者有幸得到救助，有的没有这个机缘。

机缘在哪里？有自然相遇的机缘，叫可遇而不可求；也有有意识创造出来的机缘——例如，有人因为有这个意识，就主动寻求心理咨询，与好的咨询师相遇了，这种相遇，缘自寻求，也是主动创造。

好的心理咨询是一种福分，要得到这种福分，就需要有一种缘分，这缘分就是一种意识，就是一种预备，然后才相遇。如果缘分没到，就得等待，就得培育这个意识。或者本来有缘，却被忽略了，甚至被破坏了，也是因为没有这个意识，就长不出这个福分。那就没有办法了，咨询师就只好祝福对方："那就看你的造化了。"

我说的造化，里面包含许多的不确定性，也是一种敞开的态度——因为，什么都可能发生。

佛家有说法，佛度有缘人。

基督也会问：你相信我能医治你吗？

有缘者留，无缘者去。相信者留，不信者去。

心理咨询里有句话说，来者不拒，去者不追。也是一种态度，其中有接受，也有尊重，也有等待，也有无奈。

失掉缘分的因素有很多，如以下：

一、他没有长大，因此不知道。

二、他太骄傲，飞得太高，落不下来了。

三、他自幼被家人娇纵，现在就把寻求心理咨询当成一种新的得宠方式。

四、他太迷恋于自我安慰，没有准备长大。

五、他患得患失，不敢付出。

六、他害怕走到关系的深处，习惯于在生活浅处游走。

七、他到处找来找去，看似很忙，找来许多东西，却不知道找自己。

八、他没有建立起自己的凝聚中心，很散落，甚至可能一直都建立不起来。

九、……就先说这些吧。

于是我说：去吧，从此就看你的造化了。

好的心理咨询是什么？我特别喜欢克尔凯戈尔在《非此即彼》里说的一段话："很多医生认为忧郁存在于肉体之中，这一点真够奇怪的，因为医生们无法将忧郁驱除，只有精神才能祛除忧郁，因为忧郁存在于精神当中。当精神找寻到自身的时候，所有微不足道的悲伤都消失了，据很多人说产生忧郁的根源也消失了——这根源在于，他无法在这个世界上立足，他来到这个世界太早或者太晚了，他无法在生活中找到自己的位置。那个永恒地拥有自身的人，他来到这个世界既不太早也不太晚；那个居于其永恒当中的人，他将会在生活当中发现自己的意义。"

我便是那"居于其永恒当中的人"，我会在生活中发现自己的意义。我的疗愈的工作，也是帮助来访者"在生活中找到自己的位置"，"发现自己的意义"。

目录

社会取景

家庭生态

文化反思

人格塑造

人生在途

社会取景

看清人间事，走通直面路。

——王学富

与命运撞个满怀

作为一个心理咨询师，我特别知道来访者是怎样从心理咨询中得益；作为一个父亲，我也特别期待我自己的孩子能够从心理咨询中得益。

一般来说，人们来找我做心理咨询，实在是出于万般无奈。在来之前，他们矛盾了许久，怕花钱、花时间，更怕别人怎么看他们，也怀疑心理咨询是不是能够真正帮助他们。而人们不知道，当我跟来访的年轻人谈话时，我真巴不得我的儿子、女儿能够在现场看见、听到。我时而会感到遗憾，因为在面谈中有那么奇妙而宝贵的资源不断流向我的来访者，而我的儿子、女儿却不能得到。我无法为我的孩子做心理咨询，因为我是他们的父亲，这里会涉及一个双重身份的问题。

说到这里，许多人都会以为心理咨询是“治病”的，有心理问题的人才需要它。这话说来，真是只知其一、不知其二，也不知其三、其四啊。是的，从最外层的动机来看，许多来寻求帮助的人，是因为面对心理、情绪的困扰，但仅仅采用药物的方法帮助他们抑制情绪或消除症状的治疗其实不是真正的心理治疗，当然也不是心理咨询。在我的理解里，心理咨询与心理治疗并没有什么实质的区别，这个工作的表面是处理症状或障碍，但其本质是帮助人成长、经历疗伤、获得觉察、走向成熟、更充分地发挥生命潜能、成为独特的自己。人生不只是要适应得好，更是要发展得好。从发展的意义来看，每个人都需要心理咨询，包括心理咨询师本人。即使从疗愈的角度来看，每个人皆有创伤，皆有阻碍，如果能够通过心理咨询让自己得到更有深度而系统的分析，更了解自身的优势与阻碍，活得更明白，活得更好，这谁不需要呢？

一般人还有一个误解，也是“只知其一而不知其二”的误解。他们以为，来寻求心理咨询的人，是不行的人。其实，他们并不是不行的人，而是很行的人，其自身条件和生活条件都比一般人更好，只是在他们生命中有这样一个时期，他们因为有更高的要求，太害怕自己不够好，做不到最好，反而觉得自己不行。而他们觉得自己不行，背后的根由颇深。他们来寻求帮助，咨询师就会跟他们一起探索、了解和处理问题背后的原因。经历心理咨询，他们对自己、对他人、对世界就会有新的理解。因为有了觉察，他们变得更加自由。他们后来就过上了更好的生活，其中有许多人成为人类中非常优秀的分子。他们中间也有人意识到，原来心理咨询是让他们变得更加优秀的资源或途径。心理咨询室里所发生的简直是一场伟大的相遇。

我这里举几个大家耳熟能详的例子：

安娜·奥遇见了弗洛伊德，她从一个歇斯底里症患者变成了德国历史上一位投身于社会活动的伟大女性。德国政府还以她的头像专门制作一枚邮票，以纪念她的贡献。

德国伟大作家（诺贝尔文学奖获得者）赫尔曼·黑塞在荣格那里接受了十年的心理分析。

伟大的物理学家泡利也曾经历荣格的分析，两个人在物理学与心理学领域的高层面对话代表着许多人无法企及的思想高度。

日本作家村上春树跟河合隼雄经历的谈话成为一本著作：《村上春树去见河合隼雄》。

而在我过去20年的心理学工作中，有许多人来跟我谈话，他们走出人生中一段最困惑艰难的路，过上更好的生活，成为更好的自己。不久的将来，他们中间也会有一批人会成为各个领域中为人类做出贡献的人。只是，在大多数情况下，世界并不知道他们曾经暗自来跟我工作过、接受过我的直面分析。我的心理咨询工作便是一种暗中的培育，即使来访者有了生命的成果，别人也不知其根源。在我的来访者中有许多人，他们因为过去遭受的压抑和创伤，本来可能走向一条症状的路，却转而走上一条觉察的、创造的、自我实现的路。

我时常也会羡慕我的来访者，他们在很年轻的时候，因为机缘巧合遇到了我，而我在年轻的时候，就没有这般幸运，没能遇到现在的自己，就要冒险走一条充满痛苦与挣扎的路，我能走到现在也算是不幸中的万幸了。

心理咨询本来就是这样一个隐秘的渠道，它在那里，许多人根本就不知道。一个人在不确定的人生中有了某种看上去是“不幸”的经历而找到心理咨询，又幸运地遇上一位好的咨询师，这时他就把人生中的一场“不幸”变成了人生中不可多得的，许多人也不会想到、更不会遇到的幸运。这也如同那个自称是耶稣基督的精神病人，他人生中有一天竟然遇见埃里克森，而他可能受到他自己并不知道的命运的推动走向前去跟埃里克森打一个招呼，自我介绍说：“我是耶稣基督。”也便是从那一刻开始，他命运的改变就在发生了——他以自己破碎的生命中的某一个片段接通了一位伟大疗愈者的生命。经历了一系列的疗愈，他最终找到了自己在现实中的角色。在此之前，他只是把自己嫁接到一个伟大人物（耶稣基督）身上，让自己在臆想中过虚幻的、自我安慰的生活。但在他跟埃里克森相遇的那一刻，他与自己本不可知的命运撞了个满怀。

但在我的工作中，有时候也感到很可惜，有一些年龄太小的孩子，他们在读初中或高中，他们被父母带来时，还处在一种青春早期的懵懂与冲动之中，并不知道就在此时此刻，就在他们成长的路边潜隐着一种命运的玄机。他们可能会走一条充满痛苦与挣扎的自毁之路，也可能会在心理咨询师的帮助下开始探索自己，让自己经历探索与觉察，最终选择走上一条成长与实现的路。但他们大多还不明白，虽然他们天资很高，心智却不够成熟。在过去他们被父母保护太多、代劳太多，被太慈柔的父母的心肠软化了，同时又被强求学习，限制了人际交往的经验。他们自幼聪明，被人赞赏，后来一直沉湎于“我很聪明”的心态里，总在找某一个亮点去标新立异，但又太在乎别人的看法，太想得到赞赏，害怕受到负评，自我就变得幼弱，装好，不敢真实，也不知道自己需要什么。他们有目标（别人给的），却没有理想（自身产生的），因此也没有真正的动力。在孩子的背后是他们的父母，我也需要跟他们的父母工作。他们的父母身上携带的旧文化很厚重，没有经历更新，有很多的遮蔽，固守，封闭，还有过强的比较心，骄傲与焦虑，而他们携带的这些文化限制了孩子的成长，但他们没有意识到。他们的家庭文化需要更新，要从一种给孩子造成压抑和阻碍的文化转化成一种资源丰盈的、流动的、培育的文化。这样的父母，看到孩子的麻烦，他们很焦急，却不知道为什么，也不知道怎么办。他们很想让孩子改变，却不知道自己更需要改变。他们拼命挣钱，说是为了孩子，却不肯参与孩子的成长，也不肯参与这场可以帮助他们孩子成长的心理咨询。他们不知道，这是他们孩子的机会，也是他们自己的机会。如果孩子的问题继续下去，他们将会有一个不堪的晚年。父母中间有的意识到了，但也有人不明白，也不肯让自己变得明白。他们虽是成人，他们孩子都明白了，他们自己却不明白。

我是一名咨询师，也是一位父亲。最近有一件事情发生，这件事对许多父母来说，肯定会引起焦虑，对我与我爱人孙闻来说却十分高兴：有一天视频聊天，我们的儿子竟对我们说：想让爸爸给他在美国介绍一位心理学家，他想去跟他谈话。儿子还特意交待，不要介绍生物、大脑取向的咨询师，而要介绍一位存在取向的咨询师。我感到高兴是因为，我的儿子竟然也要去寻找这样一条特别的方式去获得人生一种特别的资源。我所期待的是，这位美国咨询师虽然不是他的父亲，却是一位跟他父亲一样优秀的咨询师。

我又想到我的女儿。很快她就要从加拿大回国了。我会问问她，是否愿意每周来跟我谈一次话，就像弗洛伊德的女儿安娜也曾接受弗洛伊德的分析那样。

许多年来，我一直为许多人的孩子提供心理咨询，我也一直期待我的孩子也能通过心理咨询充分得益。我也会对他们说，这个途径会为你们提供最宝贵的人生资源，切切珍惜。既然欧文·亚隆都接受过大量的心理咨询，为什么我不能？为什么我的孩子不能？

当生活完全乱套时……

你一定遇到过这样的时候，生活一下子全乱套了，让你一下子陷入惊慌失措、手忙脚乱。这一天，被称为“520”的一天，生活冷不丁向我呈现它最冷漠的一张脸，一点都不爱我。

一切都是从我接到 Kate 的这个短信开始：

Xuefu, I really screwed up. I had read that note as a Shanghai flight. I came to Shanghai today to pick him up. Info desk just told me he arrived in Nanjing. Is there someone at your office who can get him at the Nanjing airport???

接到这个短信时，我和孙闻正坐在从北京赶回南京的火车上。读了这短信，我们感慨：可怜的 Kate！接下来便轮到我和孙闻成了可怜的人。更可怜的是 Kate 信中的那个“he”或者“him”，便是第一次从美国来中国、将在直面讲“Bowen 家庭系统理论”的 Kenton Derstine 教授。他在南京禄口机场下了飞机后，发现自己所期待的 Kate 根本不见人影儿（这时，Kate 正在上海浦东机场左顾右盼），也没有任何人来接他的迹象。时光如水，焦虑如鱼，一个小时过去了。

接到 Kate 的短信，我和孙闻立刻跟办公室联系。这是星期天。直面工作人员轮值，但姣姣因特殊情况不能来上班，她安排驻修生王菁原在办公室值班。我便让王菁原立刻赶往南京禄口机场，他一走，直面办公室又会空置下来。这天陈跃老师有面谈，陈艺心老师要来带团体。但事情紧急，顾不了这么多。王菁原必须立刻去机场接人。幸好这时陈跃来了。

列车在行进中。我和孙闻不断打电话、发信息，又不断回应电话和信息，忙得就像前线指挥部——有来自 Kate 的电话、语音、信息，王菁原也在不断把情况告诉我们。办公室不断有新的电话和信息传来，但陈老师简直应付不过来。正在这时，陈跃接到一个美国人打来的电话，竟然用非常好的中文跟她说话。打电话者叫 Kevin，竟是 Derstine 教授的侄儿，在南京大学读书。Kevin 说，他叔叔已经在南京机场等了一个多小时了。

就在来南京之前，Derstine 教授了解到，他太太的好朋友的儿子在南京读书，便是 Kevin。Derstine 教授本来想等来南京后再跟 Kevin 联系，给他一个惊喜。却不知道，他跟 Kevin 联系时，让 Kevin 惊呆了。他对 Kevin 说："I am in trouble！" Kevin 便在网上查到直面办公室的联系电话，当他打通直面电话，王菁原已经在赶往南京禄口机场的路上了，陈老师接到了这个电话。然后，陈老师又安排 Kevin 与王菁原取得联系，互相接通微信。Kevin 再把他叔叔的微信告诉王菁原，王菁原在机场想跟 Derstine 教授接通微信，但因为是陌生人，遭到拒绝。这时，可以想象，Derstine 教授在机场，已经急成了热锅上的蚂蚁。我们建议王菁原通过机场广播寻找 Derstine 教授，无果。事后知道，机场的确广播了几遍，因为英语说得比较模糊，王菁原说听不懂，Derstine 也说没有听懂。我们又让王菁原回头跟 Kevin 联系，让他把王菁原的电话转给 Derstine 教授。最后，王菁原给我们发来的信息显示，他见到了这个可怜的 Derstine 教授!

这时，我们还在火车上，又让王菁原乘出租车接 Derstine 去宾馆，安排这位教授在宾馆休息，经过这番折腾，他身体吃得消吗？接下来我们的计划是，到了南京南站，尽快去 4S 店取车（去北京前，我们的车在那里保养维修），要以最快的速度赶到宾馆，希望还来得及请 Derstine 吃晚饭。

话说另一头：在上海浦东机场，焦头烂额的 Kate 还在等待我们的消息。我们把最新消息告诉她，立刻得到了她的回答：Wonderful!!! 可怜的 Kate 就在这一刻解脱了，而我们的麻烦还在后面。

我们本来的计划是，在南京南站下车后，立刻乘出租车赶到 4S 店取车，然后再以最快的速度赶到宾馆。这时我们就在南京南站排队乘出租车。一上车，出租车司机问我们到哪里，我们说了，他一听很不高兴，然后开始抱怨，说他在车站等了 40 分钟，好不容易等到了乘客，竟然去的是一个很近的地方。我便对他说："你就像钓鱼的人，有时候等来的是大鱼，你高兴。有时候等来的是小鱼，你也要接受。因为一个人不可能永远钓到大鱼。"他听了，也无话可说。路上我们发现，他对我们要去的地方也不熟悉。到了一个地方，就对我们说到了，让我们下车朝前走几步就是。我们坚决告诉他说不是这个地方。假设一下，我们对这个地方不熟悉，听了他的话下车了，那就很惨了。我们就只得自己拖着行李箱去找地方，而我们的目的地还在几公里之外。最终我们宁愿跟他过不去，也要求他按我们说的路线走，最后才到了我们要去的地方。这个出租车司机感到羞愧，让我们随便给多少钱。我们还是照单全付。

更惨的事还在后面。我们从 4S 店取了车，开出来不到几分钟，我便感觉方向盘朝一边偏。我心里想：这不对啊，刚刚保养过的车，哪里会出现方向盘偏离的事情呢？便继续开了一段路，还是不对。就下车来检查，发展右前轮完全瘪胎了。天哪！我们真是欲哭无泪啊！我们赶快打电话给 4S 店。又为安排急救的事情跟他们反复交涉。这天，心急如火的我们，就在大街上等啊等，等了一个小时，从 4S 店来了急救人员。当街又修了几十分钟，换了备用胎，才重新上路。只有祷告，下面别再有麻烦。我从头到尾没有说"这是什么 4S 店"，因为这个 4S 店的老板是我的老朋友！真是有苦难言啊。

当我们最后赶到宾馆，总算见到了 Derstine 教授、Kevin、王菁原。这时按我们预定见面的时间已是晚了两个小时。接下来，我们带他们就在宾馆的饭厅吃饭，又赶上 520，说这是一个好日子，来聚餐的人太多，厨师要应付一场场大餐，根本没有时间给我们炒菜。我们只好又等。现在，我们坐下来，边等边谈起这一天的经历，感叹道：这是一个什么日子啊！不知情的服务员回答说：今天是 520，是个好日子！

我们只剩下一句可以安慰的话：好事多磨！经历了诸多不顺，这场 Bowen 家庭系统理论方法工作坊一定会是好的。不然的话，我们为什么要为此受这么多苦啊！

音乐的疗愈

看到一个视频叫“母驼喂乳”，内心深受触动。说是在内蒙草原上，有一些母驼第一次生下幼驼时，不会也不愿给幼驼喂奶。牧民弹起马头琴，唱劝奶歌，并且轻柔抚摸母驼。渐渐地，母驼回忆起自己小时候妈妈给她喂奶的情景，并感动得流下了眼泪，开始寻找并亲近自己的幼驼，给幼驼喂奶。一旦喂奶成功，母驼就会关顾自己的小宝宝了。此情此景，真是感天动地，让人不由感叹音乐、歌声、仪式里蕴含的唤醒与疗愈的力量。

这也让我想起另外一个网上传播的视频，在美国，一个年轻的妈妈去世了，留下她不到一岁的小宝宝，交给自己的妹妹抚养。有一天，妹妹唱起姐姐生前唱的歌，这个小宝宝就在小姨的歌声中回忆起自己的妈妈，不觉流下泪来。看来，音乐会在人的记忆中深深地驻留。

记得在一本书中看到的一个案例，当事人每次从一条街上走过，都会莫名其妙地陷入很深的感伤。原来这是外婆曾经带他经过的地方。这里有一个咖啡馆，总播放着一首首旧日的歌，会唤醒他对往日亲人的记忆，他陷入深深的感伤，是因为亲人已逝，旧日美好时光不再。

许多事情已经不记得了，但音乐在我们的深层记忆里保留着，这个保留它的地方叫潜意识，这也是我们最本真的情感所在的地方。现代人生活在一个关系疏离、过度物质化的时代，跟自己内在的精神家园脱离了。但音乐、歌声却吸引着人们，让我们跟自己的本真保留一种联结。从古至今，音乐保留着触动人心的力量，也自有情感疗愈之效。

我也回忆起20年前我在美国读书，有一个来自波多黎各的青年，他在麻省理工学院读书，跟我住在Andover Newton的同一幢宿舍里。他是一个喜欢弹琴唱歌的青年，与我关系很亲近。当时我一个人来美国读书，妻儿在国内不能随行，我时而也会思念他们，陷入情绪。在那样一些日子里，这位青年时而会坐在我的面前为我弹唱一首歌。每次他都是即兴自编歌词，在那里弹着吉他唱着歌。他的歌讲述的是我的故事，表达对我的情感与处境的理解，他的歌声透露，他知我心之所想、我情之所寄、我的处境、我的孤寞，以及我的志向和奋发的艰难。他在那里唱着，我在那里听着，心里受感动，几欲落泪。我们彼此有了默契，每次见面，我们会说说话，然后来到宿舍楼地下室的厨房，或者宿舍楼外面的草地上，草坡的一棵大树下，他随时都可以自弹自唱，为我唱着一首首现编的歌。这是我孤独的留学生涯中最美的一段情谊。我当时对他说："我回国后，你一定要来中国！"但后来我们还是失掉了联系，只在我的记忆里留下他的歌声。

从事心理咨询这么多年，我对人有一个最基本的理解：人是情感的存在，人类历史是一部情感的历史，其中充满了情感的渴望与伤害、联结与中断。人类不是有病了，而是受伤了。在许多类型的症状背后，我发现的是情感的缺失与伤痛。心理咨询可以用话语帮助人经历疗愈，音乐歌曲也可以帮助人经历疗愈。

因此，在直面，我们创导了一种形式：直面唱演剧，其中有音乐，有歌唱，有剧情表演。这也是我们的疗愈仪式。每一个唱演剧都是一个故事：关于一个情感受伤的人，躲进了症状里。因为害怕再度受伤，他不敢出来面对，回避情感的联结。我们便为他唱一首歌，演一场戏，关涉他的身世与情感，成了他的传记或传奇，唤醒他的记忆，回归他的本真，召唤他的情感记忆，也产生渴望与勇气，从而直面惨淡的人生。我们唱的不是劝骆驼喂奶的歌，而是一首劝人去直面人生的歌。当人经历了情感的疗愈，他就会选择走一条直面人生的路。

因与果

——火车上的一幕

在咨询室里，许多父母发出这样的感慨：“一个好端端的孩子怎么就出现了心理障碍了呢？”人生无非因与果。凡事皆有因，凡事也有果。现在的果，是过去的因。现在的因，是将来的果。一些年前种了某个因，然后就忘掉了。一些年后，收了这个果，就觉得很奇怪，很无辜，想不起来这果原本是自己以前种下的因。觉察有时集中在这一点上：知因果！

这是我从武汉回南京的动车上遇见的一幕场景：从武汉车站上车，刚落座，我就被一个小女孩吸引了。她长得清纯靓丽，扎着两束辫子，眼睛透露出一种天然的纯真。她跟在一个30多岁的女性身后，在我身后一排座位上落坐。我回过头透过椅背之间的缝隙可以看到她。

这个小女孩一上车，就自觉地从书包里拿出书本、试卷和笔，开始做作业。她的妈妈在她旁边，时而趴在小台桌上小睡一会儿，醒来就教女儿做作业。这个女孩一直在做作业，似乎还很享受妈妈教她。她大多是自己做，不懂了就问妈妈，妈妈讲给她听。她喊妈妈的声音好甜，她听妈妈讲的时候好认真，好乖。哎呀，谁都会希望有这么个小女儿！

她的妈妈（或许是一个小学老师）问女儿，女儿回答。女儿有时回答得好，有时回答不上来。妈妈就举例说明，打比方来启发她。妈妈也会给女儿造几个句子，然后让女儿按这个标准自己造句。其间，这个小女孩造了这样一个句子：“我很高兴每天做作业。”造完了，她高声念给妈妈听。

我听了小女孩造的这个句子，内心产生了两个猜测：一，她是一个天才；二，她是一个可怜的孩子。说她是天才，那是因为有一个说法，天才即兴趣，亦即，天才就是“做自己喜欢的事，喜欢自己做的事”。说她是一个可怜的孩子，是因为，作为一个小学生，每天要上学，回家要做作业。现在跟妈妈出来旅行，一路上也在做作业，她真的会高兴吗？基于后者，也基于孩子的天性，我猜想“我很高兴每天做作业”不是出于她的本心，而是为了讨好妈妈。为什么要违背本心去讨好妈妈？因为妈妈喜欢看见她做作业，因为妈妈高兴了，还会带她出来旅行。

但是，妈妈不是带女儿旅行，她对女儿说的所有的话，都像一个教师。如果不是我听到小女孩喊她妈妈，我一点也看不出这是一个妈妈。从头到尾，她身上几乎没有妈妈的迹象，一路只是在教女儿做作业。时而她会睡觉，女儿一直在做作业。她一定认为自己是一个好妈妈，那么辛苦教女儿做作业。她的女儿是一个极乖顺的孩子，一直努力让自己符合妈妈的要求，因为妈妈所说的话、所做的事，全是对的，都是为了她好。

列车在行进，这个小女孩一直在做作业，她甚至没有机会抬头看一眼窗外的景色，这时她已经做了两个多小时作业了。女儿对妈妈说：“妈妈，我想睡一会儿。”妈妈说：“你怎么又要睡了？”这段时间里，小女孩一直都在做作业，而她的妈妈已经打了好几个盹了。小女孩说困了，还是想睡一会儿，妈妈不同意，说：“别的同学都在学习，你竟然睡得下去！”原来，这个妈妈并不是带女儿出来旅行，而是出于其他的原因，我无从知晓。对于小女孩来说，这列车不过是移动的教室。一路上，妈妈让女儿一刻不停地做作业，显然是怕耽误了女儿的学习。我便明白，许多孩子对时间有极深的焦虑感，对玩耍有极深的内疚感，大多是由此而来：“别的同学都在学习，你竟然睡得下去（玩得下去、高兴得起来）！”

于是，这个小女孩继续做作业。这个时候，她已经不再是“我很高兴每天做作业”的状态了。在列车上做了三个小时作业之后，她的注意力已经变得不那么集中了，或者她在潜意识里开始抗议了。面对一个这么好的妈妈，这么强大的妈妈，她只剩下使用潜意识或被潜意识使用一途了。有些题她做不出来了，妈妈就讲给她听，但她有些听不明白了。她表现得还是很认真、很乖，眼睛看着妈妈，看上去很用心，但实际上她是心不在焉的。妈妈开始失去耐心了，伸手过去把女儿的作业本收了起来，威胁说：

“你不想做就不要做了。”小女孩哭了：“妈妈，我还想做作业……”妈妈生气了，一副凛然不可侵犯的样子。小女孩一边继续做作业，一边流泪。

我一直是一个隐秘的观察者，我在想，这个小女孩以后还会喜欢出来旅行吗？我朝更远一点想，这个小女孩将来会喜欢学习吗？如果人生是一场旅行，这个小女孩只是在被迫的情况下单一学习，要错过多少沿路的好风景啊！

小女孩的妈妈买了两份盒饭，放在桌子上，但没有对女儿说吃饭吧。女儿做了一会儿作业，对妈妈说：“妈妈，我饿了。”妈妈说：“把剩下的作业做完再吃饭。”女儿说：“我肚子是空的，没有力气了。”妈妈说：“我的话你听不明白吗？我说做完作业才可以吃饭，你听不明白吗？妈妈提出的这个简单的要求，你就做不到吗？妈妈说的话不对吗？”女儿带着哭腔：“妈妈说得对……”继续埋头做作业。

列车继续行进，女孩继续做作业。我早已坐卧不安，对正在发生的这一幕心有不忍。

女儿又向妈妈提出要求：“妈妈，我吃完饭再做作业好不好？”我听到妈妈的声音：“我说过了，不做完作业，不许吃饭。你听不明白吗？”女儿嚅嚅：“我听明白了……”

我终于忍不住了，觉得现场有一宗犯罪在发生：一个妈妈在用自己的“真理”虐害女儿的心灵。我站了起来，转过身去，努力克制住自己的情绪，对后排这个母亲说了一段话：“这位女士，我是做心理工作的，有几句话忍不住想对你说。你带女儿出来旅行，让她有一场愉快的旅行，她回去后会努力补回缺的功课。你一直强迫女儿做作业，她感到不愉快，如果因此而不喜欢学习了，那损失可就大了。学习是一生的事情，请你停下来……”

这个妈妈没有理我，甚至可能都没看我一眼。她的女儿在继续做作业，周围的人大多在看手机，几乎没有任何反应。以至于我都开始怀疑自己：这些话是我真的说出来了，还是它们只停留在我的内心里根本就没有说出来呢？

一切照样进行。妈妈继续教训她的女儿，女儿继续在做她的作业，同时流泪。妈妈坚持女儿完成作业才可以吃饭，反复说：“妈妈这么简单的要求，你听不懂吗？妈妈的这个要求有什么错吗？”女儿说：“妈妈没有错……”妈妈说：“那你为什么哭？这丢脸不丢脸？”有好一阵子，女儿不再提要求，只是做作业。

半小时后，我下车了。

回到南京后，我连续几天都无法忘掉列车上发生的那一幕，我还在想，当时我该用怎样的方式才能提醒那位女性呢？在我的设想中有这样一个情节：我站起身来，把我的一张名片递给那位女性，对她说：“我叫王学富。这是我的名片，请你一定保留，因为十年后你或许用得着它。”

接下来是我的猜想，它真的可能发生：十年之后，这个女孩发展出心理障碍，她的妈妈带她到全国各地寻求心理治疗。有一种可能叫不幸中的万幸，她的女儿找到了我。看到下面的场景，我想到了因果：十年前，在火车上，面对女儿的眼泪，妈妈表现出一种真理般的漠然。十年后，在咨询室里，面对妈妈的眼泪，女儿表现出一种症状性的漠然。她在症状里。治疗的希望在于女儿觉察了，妈妈也觉察了。

还有一种很惨的可能，这个妈妈把女儿送进一个不明就里的精神病院，从此女儿一直吃药，时而住院，成了终生病人。而这个妈妈，成了一个“伟大”的妈妈。在女儿小的时候，她督促女儿做作业那么辛苦，后来她为给女儿治病四处求医问药、不离不弃，她为女儿操碎了心。

但这又让我很难接受因果之说。对于这个小女孩来说，她种了什么因，以至于后来要吞下这样的苦果呢？她的生命本是自然的，却被别人种下一种恶因，这因便压抑和毒化了她的心灵，后来在她身上长出了症状之果。说起来，她的不幸之因只在于她做了那个女人的女儿，这因不是她自己种的，这果却要她来承担或承受。对此，她的妈妈一点也不察觉。

附：与此相比，就在同一个车厢里，后来上车跟我坐在一起的是另一对母子，是一个很普通的女性，看不出有什么社会身份，却有一颗自然的心，并用这颗自然的心去爱自己的孩子。她的儿子只有一岁，她跟自己的孩子说话，拉着他的小手做游戏，逗得孩子一阵阵笑。她的孩子高兴得忘乎所以，头就碰到了前排座位的靠背，哭了。她安慰孩子，却不去责怪那靠背不好，而是问孩子，哪里疼啊，妈妈摸摸，妈妈抱抱，逗逗孩子，孩子又笑了。妈妈也笑，说，一会儿哭，一会儿笑。我对她说："你是一个好妈妈。"

这个小小孩儿，虽然出生在一个很普通的家庭，人生之初却有一种天然的幸运，这是一个好因，会生出好果，虽然他的妈妈和他自己都不知道。

咨询室里究竟发生了什么？

许多父母带孩子来寻求心理咨询，看到孩子走进面谈室，他们很想知道，面谈室里正在发生什么。

一些父母通过网络、书籍、影视作品等渠道了解过心理咨询，于是认为自己似乎知道面谈室里发生了什么。

但其实，他们并不真正知道。

很多时候咨询师需要与孩子单独谈话，于是父母在外面等待。他们听到孩子在里面谈话，但并不清楚。他们偶尔还会听到孩子的笑声，心里不免觉得奇怪——因为他们已经想不起来，孩子有多久没笑过了。有些父母会抑制不住好奇心，悄悄走到面谈室门口，把耳朵贴在门上听，试图捕捉到一点什么“有用的信息”。

孩子从面谈室出来，父母会盯着孩子看。带孩子回去的路上，他们会忍不住问个不停，但听完孩子所讲的，他们也不能真正明白——甚至孩子自己也不明白——面谈室里到底发生了什么。

一个小时前，他走进去；一个小时后，他走出来。进去之前，他紧张得身体都是僵硬的；出来之后，他的生命变得柔和了。进去之前，他表情漠然；出来之后，他露出了笑容，离开的时候，他甚至热情地跟人说再见。

似乎只是一桌两椅，似乎只是一场谈话，但其中所蕴含的却是外人无法轻易领悟的。

对于面谈室里发生了什么，不仅是孩子的父母关心，许多人都很关心。

欧文·亚隆的学生说，他们都想变成一只苍蝇，飞到老师的面谈室里去，贴在墙上，悄悄观看那里发生了什么，看一看有关生命医治和成长的奇迹是怎样发生的。

在欧洲曾经有一个关于心理治疗的传说，说费伦齐治好了一匹马！

帕斯捷尔纳克讲过一个类似的故事：说有一个印度的马戏团在英国巡回演出，这个马戏团最有名的明星是一头大象，它的表演招来了许多观众。但有一天，这头大象拒绝登台表演。接下来的日子也是这样，不管使用什么办法，它都一动不动地躺在铁笼子里，神情忧郁，不吃不喝。马戏团团长气急败坏，决定杀掉这头大象。正在这时，马戏团里来了一位个子矮小的人。他保证说可以治好这头大象，请求马戏团团长给他几分钟时间。于是人们看到，这个人走进关着大象的铁笼，开始用印度话跟大象交谈。几分钟之后，他走了出来，大象跟着走了出来。从那一刻开始，大象重返舞台，开始了它的表演。

在场的人都惊呆了，他们无法明白在铁笼里发生了什么，以至有了这样的结果。后来人们了解到，这位治好大象的人，就是诺贝尔文学奖获得者吉卜林。原因听起来很简单：吉卜林年轻的时候，曾经在印度生活过很长时间。他喜欢动物，尤其喜欢跟大象在一起。他熟悉大象的语言，了解大象的习性。当他听说马戏团的大象病了，他立刻就知道，大象离开家乡太久了，陷入了深深的乡愁。吉卜林到这里来，用印度语跟大象“交谈”，使大象的内心得到了安慰与满足。

这，就是医治的奥秘。

心理咨询如水一般，无声无息，慢慢流淌进来访者的心田。

通过这个故事，我们可以了解一点点在咨询室里发生了什么。

简单来说，治疗的效果来自于心理咨询师对求助者真诚的关心，倾听他，了解他的缺乏和需求，理解他的处境，体谅他的感受，接纳他的缺点，找到跟他共同的语言，进入到他的内心里去……

于是，改变发生了！

如果我们这样对父母说，许多父母会说，这很简单呀。

我们却要问：这么简单的事情，做父母的为什么就不能在自己孩子身上做到呢？

在许多家庭里，父母所做的，常常与此正好相反，而这正是导致孩子问题的根源。当孩子出现了问题，许多父母依然用简单粗暴的方式对待孩子，使问题变得更加严重了。

万般无奈的父母，带孩子来接受心理咨询。在咨询室里，咨询师跟他们的孩子谈话，在面谈室外面，父母不知道这谈话对他们的孩子意味着什么。在面谈室里，咨询师了解人类心灵的需求，体谅人生成长的艰难，洞悉症状背后生命的受损和破碎，看到伤害导致恐惧，剥夺造成空缺，忽略里长出无助，冷漠里长出无望，压抑让人无奈，隔绝让人放弃。在面谈室里，咨询师用怜惜与爱去医治，用信心与耐心去修复。他走到伤害与恐惧的深处，在那里点燃渴望的火花，促进成长的脚步。他知道生命的成长不容易，也知道自己的工作不容易，因此他尽力而为，能做多少就做多少；他接受过程，让改变一点点发生。当他看到这些，他的内心充满了欣慰。他知道，他所帮助的每一位个体，是构成人类整体的一个肢体；他知道，每一个人遭受的伤害，都会损及人类的整体灵魂。

因而，他的每一点努力，也是在修复人类的灵魂。

一场好的心理咨询，让一盏心灯被点亮，让一段旅程被开启。

他的工作有时候是看不见摸不着的，甚至是体会不到的。

但他在面谈室里努力着，要创造点什么、传递点什么、培育点什么。他跟求助者建立了关系，在关系里就发生了互动，影响就在暗中发生了。在求助者的内部，有一种累积的症结在不知不觉地消解；在求助者的头脑里，有一些无形的遮蔽在潜移默化地被移开了；在求助者的生命里，曾经隐藏的资源涌现出来了；在求助者的生活中，一些可能性开始进入他的视野——

他看到了。

有一些感情，有一些感觉，有一些感染，有一些感动，都在那里运行，好像无中生有，却孕育造化，看似无意，实则有心，自然而然，不露痕迹……

这些，看似简单，却不简单。这暗中的酝酿和发生，是关于受伤和医治、关于逃避与直面、关于恐惧与勇气、关于成长与实现。

这一切，每天都在面谈室里发生，许多父母并不知道这背后的奥秘，甚至他们的孩子自己经历了，也是知其然而不知其所以然。我们如何描述这情形呢？它就如同一首古诗所说："好雨知时节，当春乃发生，随风潜入夜，润物细无声。"

一场好的咨询，如同春夜喜雨，滋润万物，悄无声息，万物生长，不知不觉。夜不知道，雨不知道，万物也不知道，咨询师也不全知道，即使知道，却不可言说。

心理咨询的最高境界是自然而然、无言无语。这亦如古语所云：天何言哉，四时行焉，百物生焉，天何言哉。

一个好的咨询师，不求别人理解他的工作。他知道，要理解他的工作，需要有谦卑而敞开的心灵，需要有反思而觉察的悟性，需要有……

但咨询师并不强求他人有这样的理解，他只是在那里工作着，让他的工作产生自然的效果，而不贪功，亦不自重。

一个好的咨询师，有时候也感到无奈和痛惜，因为他看到，有许多的孩子，在成长过程中受伤太多、恐惧太深、遮蔽太重、逃避太久，生活的阻碍太多，家庭的支持太少，甚至，在许多情况下，最大的伤害和阻碍，不是来自他人，而是来自身边的亲人。有些父母给孩子造成了伤害，而不自知；有些父母阻止孩子寻求咨询，因而堵住了这条可能给孩子带来医治与成长的路，亦不自知。

有时候，咨询师望着"不自知"的父母带孩子离去的背影，不由感慨：在以后的生活中，就看他的造化了。

打孩子是缺乏想象力的行为

今天开始锻炼了，我来到一个健身馆游泳。游完泳换衣服时，见到一个爷爷模样的人打他的孙儿。一边用手打屁股和大腿，一边用脚踢，一边威胁逼问孩子："你听不听我的话？"孩子出于自尊，开始不说，后来被打得妥协了，说听。他还不停手停脚，继续打。我上去制止，说："你不能打孩子。即使他不听，你也不能打他。"这位老先生的脸色有些僵硬，他看见我的脸上也有愤怒。我猜想他内心在经历一场挣扎，是跟我吵一架，还是说点别的什么。最后他生硬地对我说了声谢谢。我继续对他说："我是做心理工作的，威胁孩子，打孩子，可能给孩子造成心理问题。孩子调皮一点，不要紧的……"不管他懂不懂，我要说出来。于是，我们就这样相对僵立，我在说，他有些尴尬地在听。他的孩子乘机跑进淋浴间，把遮布一拉，冲澡，他一定会在里面哭。我也就离开了。

我又想到十几年前，我在街上看到一个父亲殴打他的孩子。我还找到了当时记的一篇日记：

今天（2003 年 3 月 17 日，星期一），我与妻子带着儿子出去散步。穿过莫愁新寓的一个市场，看到一个男子打他的儿子。这个男子显然丧失了理智，向他的儿子吼叫着，儿子惊恐，不知所措，像是在雷电交加的暴风雨里的小鸟，他没有任何应付的能力，只能听凭父亲的愤怒导致的结果。这个男子一边向儿子吼叫，一边疯狂扑向儿子。他儿子坐在一个女人的自行车后座上。那个女人对他说着什么，试图阻止他进一步伤害孩子。但那个男子扑了过去，把儿子从车后座上一把揪了过来，胡乱掼着，抛甩着，儿子惊恐地讨饶。我跑过去劝阻，说："你是这个孩子的父亲吗？你不能这样对他……"他说："如果不是我的儿子，我才不管他！"我说："我是做孩子教育的，你这样对待孩子会给他造成伤害，到时候后悔都来不及了。”那个护着孩子的女人对我说：“他没有了老婆……这孩子太可怜了。”我才知道，原来她不是他的妻子。整个一条巷子两边都是小摊，人们都在谈论着这个男子。从不同的声音里，我听到的情况是：这个男子脾气坏，跟妻子离婚了，他经常这样对待儿子。儿子在小学读书，这天又在学校里不肯回去，那个男子说这个孩子说假话。那个女人解释说：“不是他说假话，他以为你今天又要下晚班，因此不要回去。”这个孩子被胡乱肆虐一番之后，被这个女人抢了回来，放到自行车后座上，男子还在吼叫，随时还要扑上去的样子。我们以为不会有事了，也就从小巷走出去了，到了大街上，回头远远看去，那个男子又把儿子从车座上抓了下来，在空中乱甩，然后掼在地上。难道他疯了！我拿出手机，让妻子打电话报警。

我们国家需要一种社会干预，因为在生活中时而就会看到孩子被殴打，被他们的亲人殴打，并声称这是爱孩子，却不知道这会给孩子造成极深的伤害。我曾经接待一个发展出严重心理障碍的来访者，他回忆自己曾经受到父亲殴打，被长时间罚跪的情形。他说：“我因为丢了一件东西，被家人逼着出来找。那是一个下雪的夜晚，我没有找到，不敢回家，坐在一棵大树下面，熬过了漫漫长夜。在我被罚跪的几个小时里，在我被痛打的时候，我怎么度过呢？我对自己说：这不是我自己，这不是我自己在跪着、在被打、在树下发抖……是另一个人。”我听着，便想起了鲁迅笔下的阿 Q，他住在那个破庙里，度过了许多个痛苦的夜晚，也是这样靠自欺性的自我安慰活下来的，却养成了一种精神自欺的人格。

我曾经在美国读书和做访问学者，在美国社会不会出现这种殴打孩子的情况。是不是美国父母天生就不会打孩子呢？是不是中国父母一定要打孩子呢？不是。这背后有几个原因：一，文化观念不同。在中国，我们有一个普遍的观念：孩子是自家的，打孩子是可以的，“棍棒底下出孝子”的观念还很深。也有人说，许多父母打孩子，也没看到造成了什么直接的后果。但在美国，孩子首先是国家的公民，父母是孩子的抚养者。如果父母殴打孩子，国家就会认为这是在虐待自己的小公民。二，应对方式不同。在中国，家长殴打孩子，基本上被认为是家庭内部的事情，别人是不管的，甚至警察也只会来加以劝导，大事化小，小事化了。但在美国，只要看到这样的事情，首先就会有义工前来干预，然后会报警，让警察出面处理。如果情况严重，接下来就会有一系列法律诉讼程序。如果证明父母的确存在虐待孩子的情况，政府会剥夺父母的抚养权，把孩子交给另一个家庭去养育，父母只可以在规定时间内去探访孩子。

我在美国留学期间，遇到一个移民美国的中国家庭，他们家就遭遇过一件这样的事情。据这个家庭中的老妈妈讲，她的儿子和媳妇在美国打拼多年，挣了一些钱，在美国生了孩子，又把父母从中国接来美国一起生活。有一天，她的孙儿跟爸爸妈妈一起上街，孙儿闹着要吃冰淇淋，他妈妈不给。孩子闹个不休，妈妈当街打孩子的屁股。立刻有人报警。接下来就是长达两年的官司诉讼，这对夫妻花尽了 20 万美元打官司，提供各种证明，最后才算保住了孩子的抚养权，孩子没有被安排到另一个寄养家庭。可以想象一下，他们从此还敢打孩子吗?

其实，我也是一个会打孩子的父亲。到美国做访问学者期间，我儿子 11 岁，正是一个会胡闹的年龄。我有一次打他，他警告我："再打我，我就报警。"我便害怕了，不敢打他。儿子到了美国，学会了用法律保护自己。而我也是可以做到不打孩子的，特别是当我意识到，打孩子需要付出很大的代价时。我猜想，许多像我一样的中国人也是这样，如果要付出惨重的代价，他们其实大可以选择不打孩子的。

与此同时，我们需要宣传一种新观念：打孩子会造成伤害。对此，许多人不以为然。岂不知道，有些伤害在后来的经验中被中和了，没有显现为直接的后果。但伤害一定会以某种方式影响着这个人的心理与人格的发展，有些伤害导致了严重的心理和人格的障碍。直面心理学的基本观点是：心理症状的背后是文化的伤害，打孩子是一种文化伤害。我也非常认同一个心理学家的话：父母打孩子是缺乏想象力的表现。

Lakoda，我的美国儿子

许多年前，因机缘巧合，我接受了一些心理学训练，开始尝试做心理咨询，做了两年我便入迷了。随后我辞掉厦门大学教职，去美国修读心理学。当时我已经 38 岁。

在我就读的研究生院，有的学生很年轻，有的学生年纪很大。美国学生叫我的名字（Xuefu）比较困难，特别是“xue”这个音，他们总是发不准。其中有一个年轻的美国学生（他叫 James）喜欢跟我交往，却叫不清楚我的名字。有一天他问我：在中文中“父亲”（Father）这个词怎么发音？我告诉他：孩子一般称自己的父亲为“爸爸”（BaBa）。打那以后，他见到我就叫我“BaBa Fu”（爸爸富）。

又过了十年，我再次来到美国，在富勒心理学院做访问学者。访学期间，洛基大学心理学教授霍夫曼（Louis Hoffman）邀请我去参加一个存在心理学研讨会。洛基大学在科罗拉多斯波林斯市。霍夫曼请我到他家做客，当时他的儿子只有两岁，见到我就很喜欢我。霍夫曼让他的儿子叫我“Baba Fu”（爸爸富）。

霍夫曼的儿子叫 Lakoda，是一个精力旺盛的小家伙。那次我在霍夫曼家呆了三个小时，Lakoda 一直在客厅跳来跳去，在沙发上翻上翻下，在我身上爬来爬去，一刻都不闲歇。

后来霍夫曼到中国来，我们合作组织存在主义心理学会议和培训。他带来了他儿子 Lakoda 的照片，临行之前他还拍了一段儿子的视频——其中我看到 Lakoda 一边旋转身子，一边有点害羞地对着镜头对我说话：“BaBa Fu, when will you come to see me?”（爸爸富，什么时候你会来看我啊？）

2011 年 4 月，我到芝加哥去参加美国人本主义心理学会年会，然后又到科罗拉多的几个心理机构去做讲座和交流，住在霍夫曼家。这时，Lakoda已经四岁了。虽然他平常会时而提到“爸爸富”，但真的见到我的时候，却显得有些怯生生的，悄声对霍夫曼说：“爸爸富不一样了。”其实是跟他想象的不一样。但很快，他就跟我热络起来，走上前来叫我一声“爸爸富”，又因为不好意思，就一下子扑倒在地板上，像抽筋一样蹬腿转圈，像个陀螺。这就是Lakoda的可爱。接着，Lakoda开始跟我搭话，把我带到他的玩具空间，一一向我介绍他的玩具，他的书，还跟我讲他的一个什么宝贝。讲的时候，他的神情故作神秘，说那个宝贝很神奇，但他不打算给我看，因为怕把我吓着了。

之后的几天，他时而向我提起那个东西，一直说，却从没有向我展示，直到我离开，我都没有见过他所说的那个什么神奇宝贝。我到现在也不知道他到底什么意思。我想到以后见到霍夫曼时可以问问他。

在霍夫曼家住了一个星期，也看到他常常跟儿子一起玩耍，对儿子很温和，很有耐心。他跟儿子说话，逗逗儿子，也会教孩子一些规则。一天，调皮的Lakoda跟爸爸在一起玩得开心，越玩越疯，笑得前仰后合，慢慢就有点忘乎所以，开始口无遮拦起来，就把在幼儿园跟同伴学到的话对爸爸说，称爸爸为“poo poo”（屎粑粑）。但霍夫曼并不生气，而是温和地对儿子说：“Lakoda，你不喜欢别人骂你，是不是？所以你也不可以骂别人，对不对？”

Lakoda还有一个弟弟，叫Lukaya，两岁。就在这时，Lukaya哭着跑到餐厅来了，一下子扑到霍夫曼怀里，显得楚楚可怜。他一边哭，一边向爸爸要求吃一颗糖。原来，他刚才在楼上向妈妈要一颗糖，妈妈没有答应，他就跑到楼下来找爸爸，求爸爸答应他吃一颗糖。他一边哭，一边说，那委屈的样子真让人不忍拒绝。但霍夫曼坚决不给他吃糖，哪怕就一颗。Lukaya就哭得更可怜了。

霍夫曼就把Lukaya抱在怀里，柔声对他说：“爸爸不会给你糖吃。”Lukaya还哭，继续要。霍夫曼也在坚持：“爸爸不会给你糖，不管你多可爱，都不可以。”霍夫曼这样说的时候，依然抱着他的儿子Lukaya。他说话的声音自然柔和，但态度却很坚定。

Lukaya在爸爸怀里呆了一阵，央求了一阵，没有得到他要的糖。最后就不再要了，从爸爸身上溜下来，跑一边玩去了。

在我看来，这叫规则教育，在任何一件小事上都可以帮助孩子建立规则。霍夫曼的态度就是那种“不带情绪的坚决”。

我还看到，不管是Lakoda，还是Lukaya，有时候会故意不听话，不断重复一个危险的动作，似乎是在挑战霍夫曼。例如，Lukaya在吃饭的时候，不断从餐椅上站起身来。霍夫曼让他坐下来，他不听，又站起来，如此重复。霍夫曼并不表现得惊讶或生气，依然很耐心地反复对他说："Lukaya, sit down！”接下来的过程很有趣，Lukaya不断站起来，霍夫曼不断让他坐下来，却不生气，更没有粗暴的反应。“打孩子”绝不是霍夫曼的选择。

我想到了家庭系统治疗中有一个词叫“原生家庭”，上一代人（甚至上几代人）的观念和行为，会给下一代人（甚至下几代人）造成影响。好的观念与行为会成为家庭系统里代代承袭的资源，不好的观念与行为也会如同阴影一样承传下去。简单来说，父母就是孩子的原生家庭，父母在怎样对待孩子，孩子就受到怎样的影响，将来也会用父母的方式对待自己的孩子。

这次美国之行有两个星期，一个星期在芝加哥，一个星期在科罗拉多，一直没有克服时差问题。我住在霍夫曼家已是第二个星期，时差依然困扰我。一天晚上，我在凌晨两点醒过来了，只好坐起来，打开灯，打算读一会儿书，然后再睡。我一开灯，门就被推开了。进来的是Lakoda。我好奇怪，这小家伙怎么半夜三更闯到我的房间里来了？我叫了他一声“Lakoda”，他看了我一眼，不作声，自个儿爬到我的床上来，钻进被窝，在我旁边躺下，很快睡去了。

第二天早晨，我问他：“昨天晚上你下楼来跟我一起睡觉，你知道吗？”他回答：“我知道。”看他的样子，好像真的知道。

我跟霍夫曼和他的妻子（叫 Heatherlynn）讲起这件事，他们都很惊讶，他们说，这说明 Lakoda 真的喜欢我，跟我的感情非同一般。因为，除了父母、爷爷奶奶、外公外婆，Lakoda 还从来没有跟家庭成员以外的人睡过觉。因此，在霍夫曼眼中，我这个“爸爸富”可真是名副其实了。

霍夫曼来过中国许多趟，对中国有感情，并且开始把这种感情传递给他的儿子 Lakoda 了。霍夫曼还对我说，他打算让儿子学中文，将来可以到中国来。

结束美国之行，我回到中国，偶尔会想起 Lakoda，脑海里就会浮现出他那生动可爱的样子，觉得他简直就像我的儿子一样。

洗 耳

——在茶社“偷听”一场谈话

我经常在茶社写作，对茶社比较熟悉。在茶社里，时常有人高谈阔论、旁若无人。我早已习惯，不以为意。

这天，我坐在茶社里，邻桌的几个人在谈话，声音很高。听了他们的谈话之后，我几乎要像一个古人那样，要到河边上去把我的耳朵洗一洗。有一个词叫精神污染，我听了这场谈话，才体会到什么叫精神污染。

情形是这样的：邻桌有三个人在谈话，母女二人和一个被称为“叔叔”的人。女儿在国外留学，妈妈想让女儿毕业后回到中国，大概跟女儿说不通，就让一个“叔叔”来说服女儿回国。显然，这个叔叔是一个很有身份和资历的人，也有过国外生活的经历，又在国内是一个重要的人吧——我猜想他是一个教授，但我真的觉得他不应该是一个教授——他跟那个女孩谈话的过程中，时而说一两句洋文，显示他的留洋经历或身份。但所讲的内容，全是庸俗的东西，没有任何精神品质，而且充满了偏见，充满了物质主义的腐臭。

我本人很能理解人的实际生活，不是一个装清高的人。但我的确觉得，如果做父母的、做长辈的，用这样一套成人的庸俗思想去影响正在成长中的孩子，那真的是害人，而不是在育人。这个孩子说一些有些理想的话，妈妈和叔叔就给予嘲笑，说：“你太天真了。现在在我们中国社会，有两句流行的话，一句是：关我屁事，另一句是：关你屁事。”显然，他们是赞同“关我屁事”和“关你屁事”的人，这是赤裸裸的自私主义。这个孩子还在成长过程中，她的母亲、叔叔，以及其他的人，正在用他们的庸俗思想去腐蚀她本来需要有的热情、梦想，和对意义、价值的关注与探索的愿望。

钱理群曾提到我们的社会对价值、服务、社会意义的追求变得十分缺乏了。教育变得越来越技术化，没有了对价值的关注。从这样的教育里出来的人，只知道如何利用资源去为个人谋取利益，形成了“精致的自私主义”。而在社会上，蔓延的是一种赤裸裸的自私主义。就像在这个茶馆里正在进行的这一场对话，简直让我想到了鲁迅的《药》中茶馆里的一场对话，关于华老栓、华小栓、花白胡子、驼背五少爷……人血馒头的事情。

一个民族不能为了累积物质财富而忘掉了精神品质的培养。鲁迅倡导，立国必先立人。现在，我们对民族品质的培育，需要从养育孩子开始，需要从每一位父母做起。发展出一个比较健全的人格，两样东西很重要：第一是独立，第二是关系。当二者整合了，就形成了“关系的自我”。这里的自我并不等于自私，这里的独立，并不是指一个人只有他自己。没有关系的自我是不存在的。任何一个独立的人，都有他的责任，包括他的家庭责任、社会的责任等。一个人有没有活出他的意义来，并不在于他为自己做了多少，而在于他在活着的时候，对别人意味着什么。在100年前鲁迅已经讲过，个人主义并不是自私主义，自我也并不是自私。相反，有很多强调发展自我的人，同时强调发展个体的责任和价值。阿德勒的心理学叫个体心理学，很有意思的是，个体心理学最强调的是合作、施多于受的生活风格、追求公共利益。甚至他说，一个人的意义不在于他拥有多少，而在于他为别人做了多少。如果一个人只追求个人意义，这等于没有意义。如果一个人活着，只是为了占有更多的财富或其他条件，地球都会生气，对他说：这里不欢迎你。一个人的意义不是以他拥有多少、占有多少来决定，而是以他对别人、对社会付出多少来决定的。因此，我们的教育需要让孩子发展出这样的自我，他具有判断与选择的能力，他知道并且能够选择价值、责任、理想、服务的精神。可惜的是，我们有的时候不是在有意识地培育这样的人格精神，而是损害这样的人格精神。

女儿会得抑郁症

昨天我与孙闻去新街口一饭馆吃饭，邻桌小隔间坐着一对母女。母亲向女儿传授她一生的处世之道和经商之方。她的话语传进我的耳朵，我暗自感叹其中的道理，这一定是从她的经验里总结出来的精要，是她平常秘不示人的，对她女儿来说简直是秘传。大概有一个多小时，她一直在说，但几乎听不到女儿的回应。我们离开饭馆时顺便朝她们看了一眼：这位母亲显然是那种社会上很有身份的人，一直口吐莲花；她的女儿，坐在对面，却俯脸低眉，神情漠然，眼神里充满无奈，不知她还能坚持多久。这是一个星期天，母女在这么好的地方相聚，一方苦口婆心，另一方一脸哭丧。我不觉想，如果某一天女儿得了抑郁症，母亲一定很惊讶。许多人并不知道，一个太正能量的妈妈可能会培养出一个患抑郁症的女儿。妈妈太厉害了，女儿就没有空间、没有出路，不抑郁能怎么办呢？作为如此成功的母亲的女儿，她几乎什么条件都有，也有抑郁。她接受妈妈的强大和条件的优裕，就得让渡自己的自由和自尊。看到她的条件，人们就羡慕她，看到她的心灵，人们会吓了一跳，并生出悲悯。

奶奶为孙女梳头

开车出锦绣花园，见到路边这一幕：奶奶为她的小孙女在两树间绑了一张网床，小孙女坐在网床上，奶奶给小孙女梳头、扎辫子。好普通、安闲、温馨的一个小场景，触动了一下我的心。我一下子想起昨天面谈中的那个小姑娘。她十几岁的年龄，长得漂亮，留着长发，竟然是被父母“混合双打”长大的孩子，内心里有伤，有恐惧，有愤怒。现在我想到，如果她有一个这样的奶奶，为她梳梳头，扎扎辫子，时而有这样一些普通的时光，对她的心灵来说就是一种疗愈。可惜她没有！在面谈室里，咨询师表达的一点温暖竟然让她露出了难得的笑，竟是好美的笑。记得有一年我在富勒心理学院学习，一位在全世界倡导社区模式“治疗”精神病人的教授来演讲（他也曾来过中国推动这种治疗新理念，似乎没有引起反应），讲到这种新的精神治疗模式，其中包括，不是把精神病人一直关在医院里，而是让他们有机会跟社区、家庭不断互动。他讲到这样的场景：一位母亲给她的女儿梳头，女儿患有精神疾病，当母亲给她梳头时，她一直很安详，静静享受着这个美好的时光。这种情感的联结会产生疗愈的作用。精神问题的背后一定有情感的伤害，导致关系的中断，人陷入孤立，只好寻求一条精神虚妄的路。那么，我们人类就不应该只用物质（药丸）来对付我们的同类。

说英语的出租车司机

今天跟孙闻一起上班，路上开车要很长时间，这便是我们一路谈话的时间。她不是去上班，而是去见一个朋友，约好在一起聊天的。这个朋友是一位律师，现在也不让自己太忙，而决定随着感动去做些事情。比如最近，她竟然安排自己去参加一个学习英语的活动，这是南京最大的一个自由学英语、说英语的聚会。

为什么她会去参加学习英语的活动呢?

她讲起自己的一个经历：有一天她打出租车，遇到一位很特别的出租车司机，是一个英语迷。她一上车，对方就跟她讲英语。她朝车内一看，到处都贴着要背的单词。出租车司机平常载客，总跟人讲英语，还喜欢载外国人……她为此感动了：一个出租车司机，没有受过什么教育，竟然有这么大的热情学英语，而自己南大毕业之后，就没有再碰过英语。

现在，这位律师给自己的生活多安排了一件事，到一个有许多人自由说英语的场合去说英语。这是南京最大的一个说英语的群体，说来令人难以置信，它竟然是那个出租车司机组织起来的。当然，她是出于感动去那里学英语、讲英语，没有什么目的，只是让自己随着一份感动去生活。

讲完了这个律师朋友遇到的这位出租车司机，孙闻又跟我聊起她自己遇到的另一位出租车司机，这个出租车司机就住在我们小区附近的某个地方。这个地方以前是村庄，后来拆迁了，这个人就成了出租车司机。他也是一个特别的人，是一个迈克尔·杰克逊迷。孙闻一次打他的车，只见他一副杰克逊装扮，长而尖的皮鞋，牛仔帽，动作全是模仿杰克逊，说话也是自以为的杰克逊腔，他简直觉得自己本来就是杰克逊。一般人看到他这个样子，都不大敢坐他的车。孙闻坐上车后，他问：想不想听歌? 随即唱起杰克逊的歌来。一边唱歌，一边还有动作，包括换挡，都是用杰克逊的舞蹈动作进行。他还一路讲杰克逊的故事。这次经历后，孙闻每次出门，都会叫他的车。

这个出租车司机平常带的客人中也有老板，对他十分欣赏，觉得他为人热情、可爱、有趣，公司举办活动，还会请他去做模仿杰克逊的表演，他也会因此挣一些外快。但他更喜欢开车，用杰克逊给乘客带来娱乐。

开车去新街口上班的路上，孙闻跟我讲到这些出租车司机，我觉得他们都是爱生活、有热情、真实的人，他们会去做自己喜欢的事情。说到这里，便想到南怀瑾说过的一句话：烦恼越多，心灵越丑。便想到生活中有许多的人，虽然有很好的条件，却把生活过得很苦，他们不爱生活，有很多烦恼，他们的心灵便是丑陋的。而这些出租车司机，他们在现有的条件下过快乐的生活，也让别人快乐，便是心灵很美丽的人。

去大学教课的感慨

昨天应邀去一个大学上一堂课，给老人服务专业学生讲一讲老人的心理与文化。回来后，我觉得身心疲惫，甚至有一种莫名的悲伤、无助、无奈、飘离……这异于往常啊。

我开始一点一点追溯，想找到让我身心俱疲的根源，包括一些蛛丝马迹——是陪我同去的同事来晚了一点？是开车去的路上因为跟同事说话错过了下高速的路口，以致绕了许多路？是教室太冷，我的身体（肠胃部分）很敏感起了反应不得不上厕所？是我讲课学生听不大懂，几乎没有什么反应？是听同事讲起现在年轻人的压力，让我联想到社会上为生存而战斗的人们？是我讲到老人的失落、孤独？是讲到我的几位老师——我曾经跟他们有很深的情感联结——后来一个个死去，且是颇为悲凉的死？是讲到一些中国老学者、老教授晚景凄凉，觉得人生没有意义，最后选择自杀？是讲到现代社会和家庭分崩离析状态中的老人群体……或者是，当我在动情地讲着这一切时，我面对的是一群年轻的大学生，他们面无表情，像机器一样？——本来星期五是不上课的，今天却要来上课，他们心里本来就不情愿，上课至快要到吃饭的时候，他们就像一群蜜蜂嗡嗡嗡哄闹起来……可能有所有这些原因，但都不是真正的原因。

最后，原因算是找到了，也加上我的一番感慨：

一、人本脆弱（vulnerability），容易受伤，终将归于尘土。跟机器不同，跟人们想象中的超人不同，人不是铜墙铁壁，人不会刀枪不入。这个部分是我们在意识上可以接受的，但情感上却难受。我也明白，正因为我们脆弱、会受伤，会因为脆弱与受伤而感到难受、不忍，我们才被称为人，我们才是人。

二、人需要被倾听。作为咨询师，我是一个倾听者；作为一个人，我也需要被倾听。这不是一门知识讲授的课，我分享自己的生命经验，其中涉及人的生老病死，以及我个人的情感、思考。它们既是我个人的，又是每个人的，也是我的那些导师们所经历的，而我也正在老去，走向死亡。我本以为自己不在意别人有没有倾听，但它肯定潜伏在我的感受里——我没有得到倾听！这群年轻人还不知道倾听，他们选择老年服务这个专业，也不是出于有心要成为一个服务者，而是有人告诉他们，中国进入老年社会，选择这个专业好找工作。我由此想到，他们是在求活的条件，而不是求活的意义。

三、人有两种诉求，一是生存，二是存在。生存的关注是怎样活着，怎样获得更多的条件让自己活着。存在的关注在于活着的意义，并不是不在意活着的条件，而是更在意活着的意义。意义并不等于条件。我们现在似乎只在乎成绩，一切以生存为目的，只追求更多的生存条件。它追求的是可以带来实利的知识、技能，竞争的欲求，获利的精明头脑，等等。正如我面对的这群学生，他们选择了老人服务专业，但这不是他们的兴趣，他们似乎也没有自己的兴趣，他们来读大学，就是找到一个途径让自己活下去，有一个条件活下去。但到了大学才发现，这也是一个为了招生而临时拼凑起来的专业，他们也发展不出什么兴趣来。于是，他们很不情愿地来到教室，一边听讲，一边玩手机。他们把学业完成，也是应付一下他们的父母。大学毕业之后，就去应付自己的生活。

从大学回去的路上，我头脑里出现一个假想：我正在读高中的儿子和女儿，毕业后进入这样一所大学，加入了生活在这种状态中的学生群体……我立刻对我头脑里出现的情景说：别，千万别！

直面之门

在直面有一道门，是厕所之门。这道门却十分神奇。它神奇在哪里呢？它其实是一道测试之门，虽然它表面上是厕所之门。直面这道门的神妙之处是我早就发现的，但我一直没有说出来。

在一些心理机构和医院心理门诊，常常使用一些测评量表，对来访者的心理状况做出诊断，这大多是不靠谱的。要说起来，还没有直面的门靠谱。基本上说，直面之门能测出一个人受神经症侵扰的程度，能测出一个人跟世界接触的深浅，生活经验的多寡，应对陌生环境和新情况时其个性呈现的变通性或刻板程度，在人际关系中自主和依赖的情况，内心不安全感和勇气的对比指标……直面之门真是神了！

我从一个案例说起：一家三口人——父母与女儿——来访。父母来跟我谈话，其实是为他们的女儿而来。女儿没有意愿来咨询，父母把她“骗”来，说让她“陪”父母来谈话。他们以为女儿来了之后，我会有办法跟他们女儿谈话。但我只跟这对父母谈话，而他们的女儿就坐在等候室里——因为，她是陪父母而来呀。这是她第一次来直面，至少有了一个这样的经验：不会被要求谈话。这个经验本身就很重要，但父母不会太明白。在一个小时里，她可以合理拥有一个个人空间，在里面自由自在玩手机，而不被父母盯着，也不用为没有学习功课而内疚和自责。

说起来就像写小说一样：我一边跟这对父母谈话，一边有一个隐秘的期待：在这期间，他们的女儿会去上一趟厕所——我的意思是，她会走进直面之门，接受一次测试！

这果然发生了！就在我与这对父母谈话进行到一大半的时候，外面传来叫声——是他们的女儿。原来这个女孩子被困在厕所里了，她打不开那道直面之门。直面之门，即厕所之门，亦即测试之门。

我暗中一笑，这正是我预料之中的事情。

在跟她父母谈话的过程中，我已经了解了这个家庭的一些情况，如他们的养育观念和方式，亲子关系模式，女儿产生的问题及其背后的根源……正谈话时，面谈室外，女儿上厕所，打不开这道门，被困其中，大声向他们呼救，父亲立刻冲出门去相救。接下来的情况成了这样：女儿在里面很着急，不停地把门后的锁翻来倒去，却打不开。父亲在门外面干着急没办法，不停教女儿怎么做，皆不得法。母亲也走到厕所门前，有心相助，却也不知道怎么办才好。

测试正在进行。

然后我来到厕所门前，拉紧门外的把手，对困在里面的女孩说了两句话：一句是，使劲把锁朝一边转。不通。另一句是，那就朝相反的方向使劲转。开了。

测试即刻结束。

下面是测评结果分析报告：也是揭秘直面之门。

说起来很简单，直面之门的唯一奥秘就在于，它的门锁有点紧。稍一用力，即可锁上；再稍一用力，即可打开。就这么简单！

测试显示，上厕所的人有几种情况：一，有的人进厕所，锁门不难，开门也不难。测试过关。二，有人进厕所，锁门难，开门也难。但折腾一大通，还是锁住了，还是打开了。测试勉强过关，但有问题值得探讨。三，有人进厕所，经过努力，能够锁上门，要出门时，却打不开锁，便反锁在里面，出不来了。测试不过关，需要专门分析问题根源。

回答大致是，越是神经敏感的人，越难打开这道直面之门。如果一个人出现了某些类型的神经症，打开这道门的难度就会增大，甚至最终还是打不开。为什么会这样呢？有相当程度神经质，特别是进而发展出神经症的人，因为太敏感，头脑里有太多思虑，过度回避与世界接触，严重缺乏直接经验。他们与人与物体的接触太少、太浅，在关系上是疏远的，是陌生的，是表面应付的，也不大了解他人与物体的特点或性质，因而没有把握，没有信心，不敢用力，不敢施加自己应有的影响力。在人际交往与处理事务时，遇到与期待不符的难度，便会陷入惶惑、焦虑与无助。他们面对直面之门的困难，实际上反映的是他们面对生活的困难，也反映了他们心理上的依赖。

在直面厕所门内门外发生的一幕，也颇有意味：门内女儿惊慌失措，门外父母焦虑而无奈。这反映的正是这个家庭里亲子关系的实况：母亲一直是独自带女儿，对女儿完全包办代替。父亲在外地工作，如同局外人。回到家的短暂时间里，他对女儿宠爱有加，满足女儿的一大堆要求，借此来补偿自己对女儿的亏欠。女儿成绩好，但在成长的诸多方面存在困难与困扰：她从小跟人相处都很被动，表面应付，经验单一，习惯掩饰自己的负面情绪，胆小怕事，不敢真实呈现自己，十分在意别人的看法，回避……因此在她小小年龄，就已经发展出一种强迫症状。这天在直面，她打不开直面之门，被困在里面，正如她在生活中发展出一种心理症状，困于其中。不管是怎样的情况，她的父母皆奋不顾身急于相救，却无能为力，陷入焦虑之中。

为什么她进去之后可以把门反锁起来，要出门时却打不开锁呢？按说二者都需要用力，为什么她能做到前者，却不能做到后者呢？这又涉及神经质或神经症的另一个特点：防御极强。“反锁住门”代表着一种防御，虽然也难，却能做到。一般来说，过于敏感的人会极力追求安全保障，会花很大的精力去做防御，以求安全。因此，进了直面厕所，她会花很大力气——包括会反复尝试——把门反锁上。然而，上完厕所，要打开这锁就难了，她便陷入一种因为不谙物性而不敢用力的惯性之中，在那里穷折腾，完全被无助的情绪所控制。父母前来相助，她更会让自己陷入一种“习得性无助”之中。这便是父母长期过度保护、包办代替造成的结果。

在生活中也是这样，做父母的需要学会一种态度：让孩子自己去尝试，而不轻易相助。当孩子能够自己打开人生的一道道直面之门，她便从中获得了直接的经验，对人对物对世界就有了更多的了解，不觉增强了应对人与事物的能力。这时，父母便欣喜于孩子有了这样的成长。但有些时候，父母发现孩子尽了最大的努力，却未能打开人生的某扇直面之门，当然可以前来提供具体的援助——而这援助最好是跟孩子的一场合作，而不是说一大堆道理，讲一大堆道德的教训，更不是包办代替。

当门内的女儿和门外的父母陷入无奈与无助之时，我前去协助，为之解锁，这也象征一种专业的援助。门内女儿陷入困境，惊慌失措，门外父母焦虑无奈，爱莫能助，而我知道门内人、门外人的心情与处境，也了解门锁的实质，便基于这熟悉，在外面把门朝外拉紧一些，为当事人在里面付出的努力做一些配合性缓解——我让她朝一个方向使劲，不行再朝相反的方向用力，锁解了，门开了。

其实人生总有反锁与被反锁的情况，只要自己尝试，在被迫无奈之下敢于奋力一搏，便可能打开一个个人生之锁。不敢真正用力尝试的人，则困在其中。如果我们在人生中有更多跟世界直接接触的经验，就了解人性与物理，敢于对世界产生影响力，就为自己打开一道人生的直面之门。

写到这里，读者大概会笑起来：哇，原来在直面，这么一道厕所的门竟有如此的奥秘。我也笑道：是啊，要么你来直面，尝试一下直面之门，看看你的神经质或神经症达到了怎样的程度。哈哈，这总比医院门诊依赖一套简单测评量表来做诊断还要靠谱一些。如果你第一次就能顺利打开直面之门，这可能意味着，你的人生将是你的直面之门。

天然之美

在锦绣花园小区外有一苏果超市，超市前广场上常常停放不少三轮电动车。周围的小区有人来购物，便请三轮车师傅送回家，只收几元钱。

在所有停放的三轮车中，有一辆十分显眼，它装扮得鲜美靓丽，像一个待嫁的新娘。而这三轮车师傅也是这里最热情爽朗的人，说话也最风趣。你坐上他的车，他会跟你一路说话，向你展示车上的各种饰物与配件，其中有警灯、警笛、一闪一闪的饰灯，以及花团锦簇的装饰，简直是应有尽有。车内座位安排也让你感到舒适。这师傅恐怕有 70 岁了，是一个老顽童。你可以感觉到，他的工作，便是他的乐趣。如果他不开车带人，就失掉了一个乐趣。只要你坐一次他的车，你就跟他成了老相识、老伙计。下次路上见到，他热情跟你打招呼，开车经过，他向你鸣笛闪灯。你每次看到他，都想坐他的车。

我便生发了感慨：原来人可以这样生活，原来快乐不需要那么多条件，只要你有心做一个快乐的人。他有那么一辆电动三轮车，就把它装扮得很美，让你觉得，他自己与他的生活就美得非同一般。我在这位老先生身上看到一种天然之美。

我由此想到我在生活中、面谈室里遇到的许多人，他们是追求完美之美的人，跟这个老先生相比，他们拥有那么多条件，却活得不美，也不快乐。

我便明白了：原来世界上有两种美——天然之美与完美之美。天然之美所在的地方，有许多快乐的人；完美之美所到之处，人们都变得愁苦。天然之美是，只要有一点点条件就去尽量快乐，这就如同一个比喻所说，给一点阳光就灿烂。而对于追求完美之美的人来说，条件永远都不够，因而活得不美，也不快乐。

区别还在于，天然之美是独立的，是从自然中生长出来的，是自娱自乐，几乎不假于物，无所待也。完美之美却是比较的、争竞的，需要依靠许多条件才能达到，而又常常因为条件不够而不逮。

我们生活在一个条件化的时代，快乐越来越少。正是因此，那个三轮车师傅才成为一道很明丽的风景，触动了我的心。

无所事事的日子

游戏是人的天性，天性压抑了人便会生病。所谓治疗，便是让人恢复被压抑的天性的部分，其中包括游戏的天性。或许，人的第一天性便是求生存，而第二天性便是游戏。你观看动物与人类，在吃饱之后，便开始游戏。甚至求偶交配也是一种游戏，然后才是生殖的意义。大概生殖本身只是一个目的或任务，那是很无趣的，上帝便让这件事成为一种有趣的游戏，甚至进食本身也是给人带来快乐的。

对小孩子来说，游戏更为重要。游戏之于小孩子的意义，如同工作之于成人。甚至，人类中最好的工作状态也是基于爱好、乐趣，才动力强劲。因此有话说：天才是把工作当成游戏的人。而我一直以为，当一个小孩子游戏的需求得到充分的满足，他才会爱生活，长大后才会进而有工作的动力。与此相反，自幼缺乏玩耍的人，会不快乐，也可能厌世，不喜欢工作，甚至人生对他只不过是一场苦役。不当的养育与教育对人最大的损害便是压抑乃至扼杀孩子游戏的天性。

我发现症状背后的根源，常与一个人是否有充分的玩耍有关。比如抑郁症的背后至少有这样三点：一是太苦，即玩耍太少。二是太累，即盯着一个目标指令努力，不顾一切，太过奋力。三是没有情感的满足，关系中断陷入孤立。

到我这里来寻求帮助的人，我常常要了解他们早年生活的三个方面：

一、一路成长过来，每个阶段有没有与同伴有充分的玩耍？

二、从父母那里有没有得到足够的情感上的理解与支持？

三、在功课之外有没有广泛而丰富的阅读，特别涉及哲学、文学、艺术等。

如果上述三条皆有缺失，问题便严重，治疗也难。三条中哪怕有一个方面是充沛的，便有希望。

我自幼在乡村原野长大，见惯了动物的玩耍，以及村上小伙伴的玩耍，孩子们有许多像动物一般无所事事、想各种点子玩耍的日子。老家的话叫“撒欢儿”，便是自由自在、随心所欲地玩耍，我相信这是人性健康表现的状态。幼年是孩子的“戏剧”时代，通过玩游戏获得乐趣，发展想象力，也增强了角色意识或自我意识，以及处理关系的能力。这就为一个人后来的生活发展做了充分的资源预备。

现实疗法的倡导者格拉塞认为，人有五大基本需要，而玩耍的需求便是其中之一。另一位英国心理学家温尼科特更是认为，如果症状显示人失掉了玩耍的能力，那么帮助人恢复玩耍的天性便是治疗。而直面的治疗常常会用一个字来表达：混。我常说的一句话：来直面混混。这里的所谓“混”，便是一种游戏、一种玩耍，与一群人一起玩耍时，游戏的天性便在互相的感染与模仿学习中恢复了。

我自己的经验是，在早年有充分的玩耍，获得了乐趣的满足，到了成年才会奋发不已，甚至到了50多岁还如老骥伏枥，不知老之已至，还如鹰展翅上腾。再看我儿子，幼年到少年皆有充分的玩耍，后来才动力强劲。我真的以为，一个人的人生动力来自小时候有许多无所事事的日子，由此产生了许多自然的游戏，满足了天性的需求。而现在这个时代，是一个物质越来越丰富、人们越来越忙的时代。小孩子也被拖进激烈的竞争之中，作业越来越多，游戏越来越少；焦虑越来越多，乐趣越来越少。在一个条件化的社会里，许多人陷入焦虑、恐惧、抑郁，拥有许多条件，却不快乐。

我想到浪子回头，在每个文化中都有的一种现象：浪子回头金不换。这可贵不只在回头，还在于浪子在浪荡的日子里获得了更多的经验，其中自然有乐趣的满足，也有金钱散尽之后沦落的悲苦。不管这带来人性玩耍的满足，还是触及人生根本之悲苦，皆成为可贵的生命经验，是“乖孩子”恰恰缺乏的宝贵资源。一旦浪子回头，这宝贵的经验便成了人生财富。也只有回头浪子才能帮助家庭渡过危难，承受家庭的基业。而“乖孩子”常常是缺乏游戏的孩子，在对道理与规范的过度依从中压抑自我，甚至牺牲了自己的天性，成为失掉本真、资源匮乏、动力日渐衰弱的人。

许多年来，我接待了许多以压抑、扼杀天性为代价换取“成绩”与“成功”的人，他们看上去如此好，但他们却“病”了。他们拥有闪闪发亮的条件，但他们的心灵却在恐惧、焦虑、抑郁、强迫的状态里。那么我所能提供的所谓“治疗”是什么？听起来很奇怪：便是让他们变得“坏”一点。因为他们过去太“好”了，但却是好而不真。而我之所谓“坏”一点，在本质上说，便是“真”一点。“好”不能容纳“坏”，但“真”既可以容纳“好”，也可以容纳“坏”，便自由了，能量也便出来了。

直面方法的另一个说法便是：在洁白的生命上抹一把泥。给他们过于认真的态度加一些玩笑，在他们过于刻板的行为中加一些自由或游戏。

有人在耶稣身上发现一种艺术的、玩耍的天性，也有人说鲁迅是20世纪中国最好玩的人。孔子身上也有天性的娱乐。庄子更是一个随时随地玩耍的人，他甚至在人悲不自胜的流泪之处——亲人亡故之时——鼓盆而歌。《圣经》里有一句话：在死亡的坟墓上跳舞，便是何等直面的、存在的、本真的精神意态。在最令人惊恐的严肃之地玩耍，以游戏的精神超越死亡。而我与艾瑞克的亲身接触中，也看到一种孩子般的玩耍与专家的专业精神，二者相辅相成。因此人类真正要学习的是，在玩耍里有认真，在认真里有玩耍。只有玩耍而无认真是幼稚，只有认真而无玩耍是症状。

我可能得了妄想症

这天，我走进一家理发店。一进门，就有年轻的女孩子叫我“大哥”。我50多岁的人，年轻女孩子叫我“大哥”，我心里便有些担忧，这“大哥”后面一定有文章。

洗头时，女服务员劝我染头发，说我白头发这么多，染了头发会显年轻。我拒绝了，说我不是政府官员，也不是演员。对方便闭嘴了。她心里一定在想：遇到了一个怪人。

给我理发的小伙子倒是静默，也理得仔细。我的疑虑便一下子打消了。看有人按头按肩，我说：“也给我按一按头和肩吧。”因为腾不开人手，一个站在柜台里的女子过来给我按头按肩，一边按一边也叫我“大哥”。她说：“大哥，办张季卡吧，可以随时过来按按头、按按肩背。”我爽快地说：“好啊！”她暗自惊讶。本来她打算花些功夫来劝我的，没料到她刚说了一句，我就说“好啊”。就是从这一刻起，我被她们盯上了。在她们眼中我成了一条容易上钩的鱼，说不定还是一条大鱼呢。

两天之后，我又来店按头按肩。开始是一个女子帮我按，后来女经理也过来一起按。一边按一边对我说，与其按头与肩，不如也按一按背和腰。我说“好啊”。她又说：“大哥，要不再办一个卡吧。”又说了一通理由。我心里已经有些不舒服，但嘴里说“好吧”。

来到柜台前付款办卡，发现她另外刷了我两张卡的钱。我的脸立刻变了，问她们怎么回事。我知道她们的心思，本想“宰”我一刀，但也心虚。当我翻脸责问，她们赶忙解释，说我的背有几个区域，按不同的区域有不同的收费，因此另外办两张卡。我说：“你们给我的背分八个区域，我就得办八张卡？”她们自觉理亏，表示退款，办了一张按背的卡。

但到这时，我的心情已经被破坏了，我要求她们把前面办的那张按背卡转成理发卡，不按背了。她们同意，但按肩与背的费用收得很高。我再翻脸，她们总有预备方案，又打了一点折。把这件事处理完，我已经耗费了许多心思与精力，心里想，要找到一个干净点儿的地方实在不容易，这还真像那句网络语：城市套路深，我要回农村。

我把这事说给同事听，大家都有在理发店受骗的经历。就在前不久，我的一位驻修生在理发店里被诱骗做了一个脸部清理，花了几百元，有苦说不出。另一个同事架不住劝诱，办了一张卡，心里也颇烦。我曾在另一个理发店办卡，孙闻去理发，也架不住劝诱花了一笔本不该花的钱，出门就后悔，想来就生气。后来孙闻对那个店都有了神经质的敏感，我一提到那个店，她就跟我发火。

我本是一个与人为善的心软之人，所到之处尽量客气，大家友好相处，图个心情愉快。在这个布着陷阱，让人猝不及防的环境里，就只好显出一副凶相，不好好跟人说话，为的是让人无法用常规来判断，有所顾忌，不敢轻易下手。但那天到理发店，心情很好，一不小心又露出柔善本心与本相，立刻招来一场麻烦，最后还是颇花一番心思才得了结。而我知道，也有些人在受骗之后只得自认倒霉，或者自我谴责一番，从此更加处处提防。

在现实生活中，有些因素仿佛在教人别太单纯、别太善良。让别人看出你单纯善良，就会打你的主意，一不小心就被宰一刀。有趣的是，当你被宰了，人们不去谴责宰你的人和宰人的行为，反而责怪你太天真、对人太信任，不知道社会中有险恶。其实，社会中的险恶之形成，一方面是有人作恶，另一方面是人们不谴责恶人与恶行，反而说受害者很傻。人们还感慨好人不能做啊。这就相当悲催了。像我这等人是做不成骗子的，却从年轻时就弄出一副“我不是好人”的样子，把打我歪主意的人吓退。便想到有些人在身上弄些纹身，大概也不是什么坏人，更多是为了吓退坏人吧。但一副凶巴巴的样子也会让心存良善的人误解、害怕、不敢接近，甚至受压抑、受伤害，觉得挺可怕的。于是，大家都用假面具创造一个不友善的社会环境，社会就成了假面舞会，在自造的险恶中处处提防，不能与人为善，每个人都活得不轻松，紧张兮兮的。

我有时也想，这样的环境会不会滋生妄想症呢——特别是被迫害的妄想？这至少在我自身多多少少有一些。鲁迅曾经揭示中国国民性格的弊端，有一个相当恐怖的描述。他说中国人的人格心理中有两“相”：“狼相”与“羊相”，具体表现是，见了狼便显出羊相，见了羊便显出狼相。真是卑怯而狡诈！

骗子并非生来就是骗子，而是学习来的。如果行骗总是得逞，却不受惩罚，就带坏了社会风气，导致人人怕受骗，也有人去学骗人，成了骗子。如果盗贼蜂起，只是提醒人们锁好门窗，这真的有用吗？正是因为大家都过得提心吊胆，才有越来越多的人变得贼胆包天。

其实我没有得妄想症，因为我的担忧是现实性的，而不是非现实性的，是适当的，而不是过度的。至于后来被骗多了，会不会有妄想症，我也不知道。

看电影《天才捕手》

今天看了一场电影，叫《天才捕手》。放映厅里竟然只有六个人。

出来的时候，检票员问我：这部电影好看吗？

我说：这是最好的电影，我还要再看几遍。

她们说：许多人反映说看不懂。

我无语。

如果这部电影没有人看，看了也看不懂，那我就真为我们这个时代悲哀了！

回来的路上，我一直想，我在这样的时代，终究感到寂寞和感伤，因为我属于那极少数。我所欣赏的，是已经不被众人看好、正在慢慢消失的东西。《天才捕手》中所表现的许多美好的事物，在我们这个时代已经挽留不住了。当它们行将消失的时候，我是在那里唱着挽歌的队伍中的一员，唱得泪流满面。

看了这部电影，我内心也有一种感觉叫愤怒。想到中国有些粗制滥造的低劣影视，我忍不住问：怎么好意思拍出来呢？不管你是导演还是演员，也不管你赚取了多少票房，你看了《天才捕手》之后，会不会感到羞愧？如果你不会，那就让我为你脸红吧。

家庭生态

我看見一個母親帶着她的兩個兒女，四處尋求療愈，十年不輟。我的心充滿憐憫，對她說話：“你帶的不是兩個孩子，而是兩隻受了傷、驚魂未定的小鳥。”然後我看見：她的心滴下血與淚。

——王學富

你的孩子为什么不肯上学

许多年来，我接待了很多焦头烂额的父母，说他们的孩子不肯上学了。我往往会先坐下来跟他们一起探讨孩子不上学的原因。但父母们常常很着急，他们不太关心原因，他们只想得到方法，尽快让孩子去正常上学。但我还是认为，理解事情背后的原因比找到应对一时的办法要重要得多。

大致说来，孩子不肯上学有以下一些原因。

一、孩子不知道自己为什么要上学。说得具体一点，你的孩子不知道上学是他自己的事，他以为上学是父母的事，甚至拿上学作为条件来要挟父母。我在面谈中了解到，孩子不肯上学，父母焦急万分，孩子却表现出一副无所谓的样子。甚至，孩子会对父母说：给我买一个电脑（或者其他条件），我就上学。父母一心只想让孩子去上学，什么条件都答应，赶忙说，好好好。但好景不长，一段时间之后，孩子又不上学了，他又有了新的条件。我问父母："你的孩子为什么不上学了？"回答是："孩子太幼稚了，他以为上学是父母的事，不是自己的事。"那么我又要问了："孩子为什么把自己的事当成了父母的事？"父母便回答不上来了。我替父母回答：因为长期以来，父母把孩子的事当成了自己的事，甚至求着孩子去做本属他自己的事，这就造成了孩子的幼稚，不知道上学是为了他自己的发展。我常说，父母养育孩子，是预备他将来在这个世界上能够生活得好。而孩子身上这些没有预备好的部分，就会成为他将来发展的困难。比如，把上学当成父母的事，并且以此要挟父母的孩子，可能在这个时期就已经发展出一种有害的生活风格，使他将来也不会勤勉于自己的工作，而把老板、领导当成父母，会去要挟对方满足自己的条件。这样的话，他得到的结果大多是：你被解雇了！因为对方不是他的父母。我说这些，不是责怪孩子，这是父母不适当的养育造成的。

二、厌学的孩子往往有一个闪闪发光的过去。比如他很聪明，读小学时并不怎么努力，成绩却好，并得到父母和周围人的许多赞扬，说这孩子很聪明啊。这时，孩子是父母和老师的骄傲，是同学眼中的明星。但到了初中或高中，他突然厌学了。这时他的父母惊呆了，不知道怎么回事。这背后也有许多的原因。原因之一是自作聪明。在读小学时（顶多到读初中时也能维持），这孩子可以靠自己的聪明轻易把学习弄好。周围人的赞扬也在他内心形成了一种观念：只要聪明，什么都可以做到。他不知道，比聪明更重要的是发展出一种踏实肯干的勤勉精神。然后他进入某一个重点初中，困难就开始出现了。到了重点高中，那困难就更大了。在他周围有许多同学，不仅聪明，而且勤奋，还早已发展出一套符合自己的学习方式。而这个自作聪明的孩子一下子变得惶惑不安和失落了。他过去是人见人夸的明星般的学生，现在却星光黯淡了，他受不了。

三、父母过度保护下的孩子，上学也有困难。许多父母没有意识到，他们不是在适当养育孩子，而是在过度保护孩子。他们对孩子说："你只要学习，其他什么都不用管。"于是，父母就培养出一个单一学习却缺乏生活的孩子。孩子生活中的许多部分被父母代劳了。父母的过度保护往往表现在两个方面：一是不让孩子做学习之外的任何事，孩子就发展不出做事的能力。因为成绩好，他觉得自己优越于别人，把自己看得很高。但不做事却让他失掉了现实的能力，同时又看不起做普通事的人。二是限制孩子跟同伴交往的经验，导致孩子严重缺少人际经验，使孩子到了中学或迟至大学，开始出现与同伴难以相处的麻烦，而这也可能成为他不肯上学的原因。总而言之，孩子在家里是家人关注的中心，养成了他自我中心的性格；本该自己做的事又被父母代劳了，又使他缺乏实际的能力；被限制与同伴玩耍，导致孩子又不谙人际，可能言行幼稚。所有这些原因都让孩子难以被同伴接纳，会感到孤独，甚至觉得环境充满敌意。这样一来，上学的日子如同煎熬，真是度日如年。

四、厌学的孩子背后总有一些家庭文化的根源，其中如父母爱面子、保守、防御，父母关系不睦，或者表面和睦，内心有很深的隔阂和怨恨，但双方对孩子都有过度的道德要求。从这样的家庭文化里出来的孩子，在跟同学相处时会不自然，总做好人，不敢真实表达自己，在关系中容易受压抑。表面上看，他可能跟同学相处很好，但内心并不舒服，甚至对同学暗暗怀怨。结果是，他越装越难受，越来越感受不到与同学相处的乐趣，就不想上学了。

五、还有一种家庭文化的影响是，父母对孩子只有要求，却很少欣赏自己的孩子。他们的孩子，本来需要得到父母的适当肯定，却得不到满足，甚至遭到太多的指责，这就在孩子内心形成被肯定需求上的空缺。这个空缺可能会强烈要求得到补偿，以至于孩子会发展出一种爱出风头的习惯。他可能会暗自发展一种别人所不具备的特长，比如，把英语学得很好，或者读了很多书，或者把某种游戏玩得很好，便引以自傲、孤芳自赏，又处处显摆，想以此赢得别人的赞赏，却因为动机太强，其行为在别人眼里太过火，甚至被视为怪异，反而引起同学和老师的反感。这会给他造成很深的挫伤。再加上学业不振，会更加感到已不如人，就产生了厌学的情绪。

六、也有孩子在家受到父母太多呵护，父母过于体谅孩子的感受或情绪，太害怕孩子难过，跟孩子形成了一种过于柔和与混合不清的共生体关系，这样的家庭就成了孩子的温柔之乡，让孩子在情绪上长不大。在这样的家庭文化里，孩子很难在自我意识上跟父母有所分开，因此发展不出独立的自我，反而养成幼弱的自我。这种从天堂般的家庭环境里出来的孩子，走出家门后立刻就会感到难以适应，因为世界对孩子来说太坚硬了，是他那柔弱的心灵无法承受的。上学对他来说，也是一件困难的事情。

七、父母的角色也会影响他们的孩子。比如，有一个孩子从他的母亲身上承传了一种过度的好、隐忍的好，即对所有人好，独独对自己不好。他又从父亲身上袭得了一种做老大的风格。在学校里，他做了班长，但他的风格是把自己当成了老大。不仅管班上的同学，还要应酬老师的要求。他还交了班外和校外的各类朋友，就像老大对小兄弟一样，要罩住他们，试图去满足他们的一切需要。他一会儿要去跟这个朋友玩游戏，一会儿要去跟另一个朋友过生日，一会儿要去跟朋友喝咖啡，一会儿要去跟朋友进酒吧……就这样他在学业上顾不过来了，上学就成了一件让他压力太大的事。

八、厌学的背后，也有一个原因，便是缺少规则意识。这个根源也与家庭文化有关。父母在养育孩子的时候，过于娇惯孩子，亲子之间没有适当的边界，孩子也发展不出适当的规则意识。学校和社会都是一个有规则的环境，对于缺乏规则意识的孩子来说，处境就会变得相当困难。他或者被迫遵守规则，就会让自己累积越来越大的压力。或者他不顾规则，结果会受到一定的惩罚，也给自己造成了挫伤。很可能，他会反感老师，也难以跟同学相处，学校终于成了他难以忍受的地方。

九、孩子过去一直是被父母安排，没有自主空间，导致他的行为如同木偶。他没有自己的目标，也没有对任何科目的兴趣，他之所以上学，不过是为情势所迫，他也不知道自己的需求，只是被动学习，他内心的动力就越来越弱了，也就不再想上学了。

十、孩子天智很高，却心智幼稚，也是上学困难的原因之一。这样的孩子，因为有天资，却不通人情世故、情绪化、冲动，内心只有自己，看不见他人，也不大会体谅别人。他的行为都是为了显示自己，让别人仰视自己。为了显示自己很高，他会从人类某些领域的高人那里摘取一些知识，以为自己理解了高人的某些思想，自己也成了高人，却不知道他在暗自培育了一种虚妄。这时，他就难以忍受从学校老师和同学那里学习普通的知识了。因为自视甚高，却失掉基础，他很容易从“高处”跌落，成为夭折者。这样的孩子很可能成为精神病与神经症最感兴趣的对象，他自己并不知道。

孩子你当知道，你父母的爱其实是有限的

孩子对父母有不切实际的期待，以为父母像神一样，会永远爱他们。

他们不知道，父母是有限的人类，父母的爱也是有限的，是会被耗尽的。

特别是那些爱孩子爱得太辛苦的父母，他们的爱更容易消耗殆尽。当他们的爱只是一种消耗，没有回报，没有滋养，没有来自孩子的回应，不能从孩子身上看到成长的希望，甚至孩子的境况变得越来越糟，这时，他们的爱就在无望中被消耗着。

对此，他们的孩子并不知情，还在跟父母胡闹，向父母要求更多的爱。这胡闹当然有其原因的（这里不细说），也是出于一种假想：父母会永远爱他们。他们以为，父母有无尽的爱，这爱简直取之不尽，用之不竭。因此他们一边榨取爱，一边抱怨和责怪，说父母爱得不够。

我有时也忍不住问那些父母：为什么不对孩子说出来，让你的孩子知道人性的真相？但父母大多不说出来，或者用情绪化的方式说，孩子也不相信，孩子依然对父母有假想，不知情地“胡闹”着。在面谈室里，有的父母会对咨询师说出来，咨询师就深深体会到他们内心里那难言的苦衷，也感慨孩子对父母内心的境况竟然毫不知情。

我于是对孩子们说，你们的父母也是人，你当了解人性。通晓人性的人知道，人性是有限的，是脆弱的，因此要保护人性、维护人性、滋养人性，而不是挑战人性、滥用人性的资源，甚至压榨人性。

在有些父母那里，爱被耗尽了，只剩下一种义务、一种习惯，不再有爱的内涵或实质，成了一种表面上还在持续的行为，而在这种“爱”的内部已经渗透了对孩子的怨恨，甚至从中发展出一种极端情绪：他们简直巴不得孩子死了才好。如果孩子死了，对他们来说，反而成了一种解脱，只

要孩子不是他们亲手杀死的就行。

我便想起多年前的一个案例：一对夫妻送女儿来我这里接受直面分析。这个孩子当然是无辜的，因为她的“症状”后面有许多她自己都不知道的因素，她的父母也不知道。她陷入一种很深的症状，改变的动机几乎完全丧失。这种症状在外面看来就是一场胡闹——冷漠加胡闹。她的表现是，她从来都不在乎别人，对世界采取一种极其冷漠的态度。在她不高兴的时候，她就发出刺耳的尖叫，有时在夜晚尖叫，整幢住宅楼都被震得摇晃起来。让她的父母惊恐万状，不停向邻居道歉。这样的情况持续了十年。终于有一天，她的母亲再也忍受不了了。便在女儿尖叫时向女儿扑了过去，她把女儿压在床上，两手扼住女儿的脖子，一直扼，一直扼，直到女儿翻白眼，她也不停手。她就是想把女儿扼死。这是她最绝望的时候。这时她的丈夫冲了过来，把她拉开了。女儿半晌才喘过一口气来，又活了过来。但她的“胡闹”继续。有一阵子，她的父母开始谋划再生一个孩子的事情。在他们看来，女儿已经成了一个废品。他们设想把她从此关进精神病院。或者在家里装一个铁笼子，把她关在笼子里。当他们动了这个念头的时候，这个女孩嗅到了一种危险，才开始意识到：她不能再胡闹下去了，她得好起来了。也直到这时，她才开始跟我配合接受直面分析。

这让我想到，父母的养育也包括教会孩子的一件事：让孩子知道，父母是人类，是有限的，父母的爱不是无穷尽的，也不是无条件的。这爱需要得到孩子的珍惜和爱护。不然的话，父母的爱也会耗尽。当父母的爱耗尽了，孩子的成长就更难了。

我许多年来做心理咨询，看到在许多共生体性质的家庭里，父母不够成熟，不能教会孩子适当理解人性，反而让孩子错以为父母的爱是永远的、无尽的，是可以永远依赖的。同时，父母也习惯了孩子的依赖，甚至害怕孩子长大、独立——担心孩子独立了，就会离开父母。父母与孩子建立了一种相互依赖的关系，你离不开我，我也离不开你，彼此缠在一起活下去，但谁也不能活出自己。他们看着对方，互相都很累，却不肯分开，也不能分开。甚至他们看着对方的眼神都是仇视的，却依然连成一体。他们互相牵累，又彼此依赖。他们非常害怕对方会死，并不是出于独立的爱，而是出于依赖的心——因为对方死了，自己也活不下去了。

总而言之，共生体家庭培育不出独立的个体，即那种基于人性又充分活出自己的个体。

家庭生态

孩子不是生出来的，是养出来的。

——王学富

昨天去走亲戚，到了两个亲戚家，分别见到了这两家的小孩子，一个两岁，一个八岁，皆给我留下非常深刻的印象。这两个孩子既自然、自由又自在；既沉静又伸展；有好奇心，有专注力，也不乏冒险精神；有适当的规则意识，又有表达自己的勇气。在那个八岁孩子身上，还有一种相当可贵的勤奋精神，他能够在有干扰的环境里专心完成自己的事情。

我的眼光从这两个小孩转向这两家的大人——从他们各自的父母辈再到祖父母辈——我明白了一个最简单却根本的事实：这两个孩子都是在他们好的家庭文化生态里培育出来的。

在他们各自的家庭里我看到了这样一些文化因素：

一、家庭成员和睦相处，彼此协调，互相配合，各尽其责。孩子便自然地发展出与人合作的意识和能力。

二、家庭成员表达能力好，而且是富有情感、体谅与欣赏的表达方式。在这种氛围里，孩子的言语行为也生动多姿，就是人们所说的“神得很”。

三、家庭成员性情平和，有耐心，愿意倾听孩子并作出回应，孩子便自由自在地成长着。显然，他们内心有很好的安全感，神态举止才那么坦然而稳定。

四、这两个家庭都是敞开而友善的，欢迎客人来家，也鼓励孩子与客人相处和互动。这样，他们的孩子早早就有了参与群体的经验，受到来自家庭之外更丰富多样的文化的影响。

五、家庭成员会教导孩子有关人情世故的规则，但不强求孩子。比如让孩子跟客人打招呼，并欣赏孩子们的表达，让孩子自然学习接人待物。

六、当孩子有需要，他们会鼓励孩子表达，并对孩子做出深情的回应，却不娇惯孩子。对于孩子不合理的要求，他们会拒绝，并且说明理由。

七、他们会适当要求孩子完成自己的作业，但同时会给孩子留下放松的时间，让孩子随意去做自己喜欢的事情，或者像动物一样有闲散的时光，在无所事事中玩耍。

八、他们跟孩子有亲密的身体接触，孩子会很安恬地依靠在父母或爷爷奶奶身旁，享受一种身体接触的亲密。

九、我还有一个发现，就是这两个家庭的成员，特别是女性，受到过良好的教育，男性更加尊重女性。也有好的家庭养育的文化承传，而且还喜欢读书，至少愿意敞开学习不同的经验，乐于与人交往。他们成熟，又具有很好的关系能力，这也成为家庭生态中间一个很具有培育性的部分。总之在这样的家庭文化生态里，孩子得到了健康的培育，也为孩子进入社会做好了基础性的预备。

十、男性尊重女性，欣赏女性，女性就有更大的热情和灵活性去养育孩子。

20年来，我从事心理咨询的工作，有一个很深的感慨：孩子不是生出来的，是养出来的。当我接待一些前来求助的人，在他们面对的困难背后，我总会发现家庭文化的根源，当孩子出了问题，他所生长的家庭生态一定出了问题。那么，家庭生态里哪些因素出了问题呢？这里大略列举几条：

一、父母（父或母）脾气暴躁，这是对家庭生态产生最大影响的一个损害因素。父母脾气暴躁，孩子会感受到大量的不安全感，内心常常处于一种惶惶不安之中。孩子会过早地懂事，很乖，不敢表达自己的真实需求，造成内心的压抑，形成心理上的过度防御。

二、面子重对家庭文化生态的损害很大，它阻碍家庭成员之间的沟通和表达。面子像一块石头，会给成长中的孩子造成持续的压抑，使孩子的情感与潜能受到抑制，顾虑重重。

三、夫妻关系长期不好。这是给家庭生态造成损害的最普遍的因素。婚姻关系的稳定是维护家庭生态的核心因素，夫妻不和对孩子成长不利，使孩子在家庭环境中难以享有安全、自然的心境，反而产生大量的焦虑，时时担心会发生不测。弗洛姆说的很对：孩子出了问题，常常反映的是父母的婚姻出了问题。

四、男性不尊重女性，使女性常常有压抑受挫的情绪，会削弱甚至损害女性养育孩子的动机和能力，包括跟孩子建立一种过度卷入的共生体关系，补偿自己从丈夫身上没有得到满足的情感空缺，使孩子不能适当分离去经历个体化过程，从而充分长成独立的个体。

五、女性的自我不够确认，胆怯、依赖、不成熟，自己没有基本的价值观，人云亦云。作为母亲，在孩子受到威胁时，她不能有效保护孩子，也不能对孩子的需求做出适当回应。母亲没有自我，孩子就难以长出自我，会变得过于单一、幼弱。

六、父母对孩子回应少，漠然，甚至看不起自己的孩子，这种文化因素会造成孩子过度回避、防御、退缩、自我抑制，形成极深的心理逃避机制，付出成长的代价。

七、父母欲望太强，比较心太重，对孩子有过高的期待，苛求孩子完美。在这样的文化生态中，孩子所做的一切都只是为了满足父母，因而会忽略自己真实的需求，把大量的心思和精力放在模仿别人、与别人竞争上面，而不太能够发展出自己的兴趣和方向，不管做得多好，也不感到快乐，反而很累，虽然被人羡慕，却没有一定的价值感。有许多孩子成了实现父母欲望的工具和满足父母面子的牺牲品。

八、父母常常威胁孩子。威胁是家庭生态中损害很大的因素，父母威胁的言行会在孩子内部日积月累，成为焦虑的种子，会在日后发展出心理的症状。

九、父母对孩子过度的保护，会削弱孩子自主的意识和能力。

十、父母的个性偏执、固执、自以为是、强求，会压抑孩子的认知发展，让孩子陷入一种低认知状态，自我发展受到压抑和限制。

十一、父母疑心重，对他人、对社会持有各种猜疑倾向，使孩子很难发展对他人的基本信任，会影响孩子的基本人际关系。

十二、父母常常有偏见，比如对孩子说，“你不好好学习，将来扫马路”“穷人太懒”“要跟成绩好的孩子玩”“某某的父母是卖菜的”“某某父母是离异的”，类似这些偏见会影响孩子的价值观和人格形成。

整体来讲，不好的家庭生态是一个文化意义上的封闭体，表明家庭成员缺少文化更新的意识。症状便是一种陷入文化封闭和文化停滞的状态，而直面取向的心理咨询，便是帮助个体去更新他的文化，也帮助家庭去更新其文化，从而达到疗愈。我提出一个家庭生态的概念，就是提醒每个人去关注自己的文化，以及个人背后的家庭文化。

如此懒父母

从事心理咨询，接待了许多来访者的父母，跟他们相比，我和我妻子是一对如此懒的父母。我有时候拱手对来访者的父母说：惭愧！惭愧！

虽然惭愧，我们却没有改变，并且继续做这样一对懒父母。而且，我们这对懒父母为孩子做得很少，越来越少，而孩子为我们做得很多，越来越多。为什么我们明知自己很懒，却不改变呢？那是因为我们发现，懒父母养出了勤快的儿女，勤快的父母后面却跟着懒惰的孩子——其实不是孩子什么都不肯做，而是父母只让他们做一件事（你知道的，学习功课），其他什么也不让他们做。结果是，我们看到他们的孩子不是懒，而是“病”了。于是我们决意做懒父母。这样一说，你就明白了，原来这对如此懒的父母还有懒的道理。

下面就说一说我们这对做父母的到底有多懒，让那些太勤快的父母们见识见识。

自从 20 年前我们有了孩子，我和妻子就开始请保姆。别人请保姆是因为有钱，而我们请保姆是因为懒。就那么点工资，要养孩子，还请保姆，真是亏我们做得出来。但我们有自己的想法：尽量懒一点，只要不饿死就行。开始这么一懒，后来就一直懒了下来。从那时起我们就一直请保姆，不管是好保姆，还是不好的保姆，或做长，或做短，从没有断过。

回想在我小的时候，大人们常说：大人动动嘴，小孩跑跑腿。这话总是懒大人说的。我小时候老跑腿，算是勤快的孩子。因为勤快，得到父母表扬多，挨打少。我妈一直说，老大勤快，小时候挨打最少。老大就是我。

老家又有话说：小孩没腰，干活直飚。这话一说，我们做小孩子的就更加勤快了，为的是给大人们看看，我们到底有多“飚”。现在想起来，大人们自己懒，说上几句赞扬的话，就把我们这些小孩子哄得团团转，干活更欢了。

后来我长大成人了，也慢慢变懒了。有了孩子，就变得更懒了。有什么事，就让儿女们去做，有时候也说那句老话——大人动动嘴，小孩跑跑腿，女儿听了，抿嘴笑笑去做事了。儿子听了，叹口气，也只好去做了。下班回到家，我朝沙发上一躺，看看电视，看看书，还让女儿泡杯茶端过来。吃过饭，碗一丢，嘴一抹，又躺在沙发上看看电视，看看书，全然不管。保姆不在的话，孩子们就洗碗。家里的事，女儿干的多；需要到外面去做的事，儿子就跑跑腿。就这样，我们每天安然做懒父母。

女儿很少做错事，我们没话说。儿子时而做错事，我们懒得说。话说多了，浪费口舌，何必呢！有时候，儿子做错了，还不讲理，我们懒得理他。由他去吧，自己去想，自己想明白了最好。他长大了，还真的想明白了许多。

孩子们读书，学校发生了什么，老师有什么要求，他们回来愿意讲一讲，我们就听。不讲，我们也懒得问。

孩子们考试多少分，这样的分数能进什么样的学校，我们也懒得管。考上什么学校就进什么学校，本来嘛。为了进好学校去托关系、花钱，那有多烦啊。这事我们这对懒父母更是不肯做的。

电脑就放在客厅里，儿子常常坐在那里玩游戏，绝对明目张胆，我们也懒得说他，既不鼓励，也不批评，随他去。做我们的孩子，想学习就学习，不想学习就不学，反正学习是他们自己的事，不是我们的事——怎么会是我们的事呢?

儿子办出国留学，我们也懒得管，那也是他自己的事。他自己去忙着考雅思，申请学校，办理手续，忙得不亦乐乎，我们就像没事，看着他两个月内就把一切办好了。签证拿到之前，机票已经订好了，志在必得一样。有那么一天，他自己坐火车去上海了，然后就去了美国。这是他在为自己争取一个机会，用不着我们操一点心。我需要做的事，就是为他筹齐学费。

儿子走了好一阵子后，我才意识到，这个家里怎么没有了儿子呢！他存在的那个部分一下子空了。但他早晚总是要离开我们的啊。他不属于这个家。

儿子去美国读书了，女儿也在南京上大学了。家空了，我们也乐得自在，并不感到空虚，反而觉得更加空闲，也可以多做做自己的事。孩子们想我们了，打个电话回来。不打，我们也懒得打给他们。我们在单位工作，家里有保姆照料，回家也只是看看书，看看电视，写写毛笔字，时而出去看一场电影。电影院里很少有我们这般年龄的人——说老，还不至龙钟，说年轻，那可绝不年轻——却是这里的常客。我们有时也想，那些跟我们一般年龄的人怎么不来看电影呢？他们大概都在家为儿女操劳呢。我们是一对懒父母，平时闲来没事，不来看电影干什么？

我妻孙闻做了换肾手术，在家里安排一间无菌房，要在里面住三个月，不跟大环境接触。这段时间里，女儿从住校转成走读，每天一大早起来给妈妈做饭，还变出各种花样，营养齐全。女儿把饭菜端到三楼床前，孙闻就坐在床上，享用早餐后，女儿把碗盘撤去。

我想，如果孙闻不懒，怎么可能把病养得这么好？如果养不好病，孩子们怎么办？话说至此，还是懒得好，懒得有理。

最近儿子放假回来，看到我们的车擦碰了，他默不作声把车开去修好了。他知道，他不去管这事，不知道我们把车放多久才会去修呢。现在，这事有他管了，我们就不用去管了。

孩子们从小就知道我们是懒父母，因此，家里不管大事小事，他们自己能做的，就自己去做了。知道跟我们说也没用。

那么，这是不是说我们一直都这么懒呢？那也不是。孩子们小的时候，我们可不懒。不是不想懒，是不敢懒啊。孩子越小，我们就越不敢懒，越不能懒。孩子越大，我们就变懒了，越来越懒。只要是他们能做的事，我们绝不为他们做。只要能够少做，我们绝不多做。有时候我们做那么一点点，是为了给他们看我们是怎么做的，然后就放手让他们自己去做。他们做错了，下次就知道了，我们说都懒得说。我们心想，他们做错了，还不知道吗？哪里用得着我们去说呢！

我们的孩子，从上小学起都是这样，上学放学，自己去，自己回。除非我们觉得有需要，或者我们想孩子了，就去送一下，接一下。但千万别指望我们每天接送，没门！我们已经开始决定做懒父母了，随着他们一点点长大，我们就一点点变懒。

孩子们再长大一些，我们就对他们说，该去谈恋爱就去谈恋爱，找到合适的，准备与之结婚，就带回家来给父母看看，父母就给对方一个大红包。但不能谈一个就带回来一个，父母没有那么多大红包。至于他们跟谁谈，我们也不管，他们自己喜欢就行，只要他们喜欢，父母就跟着喜欢。

再预想一下将来，儿女们生孩子了，我们做父母的当然高兴，见了孙儿哪会不高兴？我们乐意跟孙儿们在一起玩，含饴弄孙，乃人生一大乐趣，对我们这对懒父母也不例外。但有一点要说明白，孩子们，别指望我们给你当保姆带孙子。别忘了，我们是如此懒父母。

我们是一对懒父母。孙闻自幼梦想过一种“剪剪玫瑰花的日子”，而我呢，高兴了就写写字，用毛笔写字。说到写字，我就想写字了。我喊了一声：女儿，到楼上去把笔墨纸砚拿下来，在院子里把桌子摆好。你看阳光多好啊，再给爸妈泡杯热茶，爸爸要晒晒太阳、写写字了。

哈哈哈，我们如此爱孩子，才做如此懒父母。

请对你孩子说他现在能听明白的话

父母时常对孩子说：“你现在还不明白，将来会明白的。”这里我想问一问父母：“为什么不对孩子说他现在能听明白的话呢？”

我深深相信的是，父母是爱孩子的，孩子却常常感受不到父母的爱，这是怎么回事呢？

原因大致有二：

一、父母太深沉了，把爱藏在心里，不表达出来。

孩子没有那么深沉，他只会看到父母表达出来的爱，并受到这爱的滋养。父母有爱，却没有表达出来，孩子就可能以为父母不爱他。或者，孩子头脑里知道父母爱他，但内心却感受不到，就不会受到真正的滋养。加上父母太“深沉”，甚至深沉得板着面孔，那简直让孩子觉得整个世界都是不可爱的——对孩子来说，父母的面孔就是世界的面影，如果那上面呈现的是生动的表情，孩子就会对世界有生动的体验，活得自由自在，而且自信。难怪弗洛伊德说：一个被母亲所爱的孩子，终生都有一种得胜感。

二、父母以为，批评孩子也是表达爱，因此父母总是批评孩子，从不欣赏孩子——或者内心欣赏，嘴里却不表达出来。

父母以批评孩子来表达爱，这也是太深沉了，孩子常常不能理解到这一层。父母的意图是：只有批评孩子，孩子才会改变自己的缺点，才会成为最优秀的孩子。因此，在父母看来，这也是一种爱的表达。但父母想不到，一味批评孩子会造成这样的结果：孩子以为自己在父母眼中全是缺点，只会觉得自己很糟，哪里会变得优秀呢？再说，一个孩子哪里想得到这是父母在表达对他的爱呢？父母对孩子只有批评的一面，却掩藏欣赏的一面，这简直是一种倒错的表达。这样一来，孩子更加感受不到父母的爱了，也不会变得自信，反而可能自弃。

说到这里，我对父母有一个很简单的建议：请对孩子说他现在能听明白的话！如果你爱孩子，请向孩子直接表达这爱，不要把爱放在内心深处不说出来，更不要只说批评的话，而不表达欣赏。

我之所以有这样的感慨，是因为最近看到一个视频：一位父亲抱着孩子的尸体嚎哭，他的心都碎了。此情此景，每个人看了都会感到心痛，掬一把同情之泪。就在几分钟之前，这位父亲看到儿子玩手机，便抢过手机，顺手从窗户里扔下去了。紧接着，他的儿子也从楼上跳下去了——十层楼……

假设孩子知道他的父亲这般爱他（他为失掉儿子哭得痛不欲生），他会跳楼吗？假设父亲在平日里多向孩子表达爱，让孩子知道父母有多么爱他（即使有时候难免粗暴一点），他会跳楼吗？

当然，这些只是假设，也只剩下假设了。

女儿的表

有一个母亲，在女儿的抽屉里发现了一只手表。

她想，一定是那个男孩送的。但她实在不喜欢那个男孩。她的女儿正在上高中，要全心投入学习。她内心里很怪那个男孩：“如果你爱我的女儿，这个时候最好不要来打扰她，这才是爱她。”

这个母亲很生气，想立刻去追问女儿，逼女儿说出这是谁送的表。但她能够料想到的后果是，这会引起女儿激烈的反应，一旦女儿情绪发作，不知道会做出些什么来。

曾经有一次，她去调查这个男孩，回来之后，跟女儿讲这个男孩有如何不堪的过去，然后对女儿说：“这个人在骗你啊。”

女儿很生气，觉得妈妈这样做是对别人不尊重，也是对她的不信任。而且妈妈竟然背着她做出这样的事来，让她觉得很丢人。

关于手表的事，她还是忍不住跟丈夫说了。丈夫一听就火冒三丈，说了许多极端的话：“不管她了，我们跟她断绝关系，让她混，随便到哪里去，活也好，死也好，随便。”

她听丈夫这样说话，觉得过分，又回头生丈夫的气，说：“有什么事，跟你一说，你就这样。”就后悔跟丈夫讲。

在抽屉里发现手表的事，女儿还不知道呢，他们也没有弄清楚是怎么一回事，就在暗中起了轩然大波。女儿在高中住读，他们只等女儿这个星期回来，拿她是问。

这位母亲心里不踏实，就来寻求心理咨询，问我该怎么办。

我在面谈中讲到这样一个故事：

有一个爸爸，每天陪女儿练琴。

有一天，他在女儿的抽屉的最底层看到一幅画，上面是一只小羊在弹钢琴，一个老狼站在一旁盯着它。小羊的样子很可怜，老狼的样子很凶恶，眼睛瞪得圆圆的，张牙舞爪，舌头伸出来，恶狠狠地看着小羊……

爸爸一看，自然知道这画的意思。

这天，学校请家长来听讲座，有一位搞儿童教育的心理工作者来讲关于孩子教育。其间，这个爸爸就把这幅画带来给这位心理老师看，愤愤不平地说："你看这个孩子做的什么事！她怎么这么没有良心呢？……今天回去之后，我一定要好好教训她一顿。"

这位心理老师对这个爸爸说："请你回去把这幅画还放回到原处，就像这件事情没有发生一样。"

爸爸不解，觉得自己这么辛苦帮孩子练琴，孩子竟用这样的方式回报他，他实在太委屈了。

心理老师说："你的孩子受到压抑，需要有一个出口，如果这个出口被堵住了，就会有麻烦。"

这个爸爸相信了心理老师的话，意识到自己给孩子造成了压抑，就按老师说的去做，为孩子保留一个情绪的出口。

我又讲到一个德国的画家，叫卜劳恩。他的漫画著作《父与子》是从伟大的心灵里产生出来的，我建议中国的父母跟孩子一起来看。我的儿子有很长时间喜欢这个画册。

说到这个卜劳恩，他还有一幅画：有一个小鸟喜欢唱歌，一只很凶的猫不让它唱歌。有一次，在小鸟忘情唱歌的时候，这只猫悄悄溜过去，一口把小鸟吞到肚子里去了。但是，小鸟却从这个恶猫的屁眼里伸出了头来，依然唱歌。

这个卜劳恩，本身就是一只唱歌的小鸟。后来，他被希特勒——一只最凶恶的猫——杀害了。但是，有更多的人，读了他的作品，就去唱歌。

在第二届存在主义心理学国际会议（2012·上海）上，来自美国的一位心理学家叫艾瑞克·克雷格，他在演讲中说："为什么小鸟要唱歌？"

回答是："因为它有一首歌。"

如果我们的灵魂不想唱歌，我们还有灵魂吗？如果我们无歌可唱，我们还有生活吗？

还有一位行为艺术家，他做了一个让人觉得匪夷所思的艺术行为：吃屎。这是一种极端（变态也好）的方式，但生活的本质有时便是极端的（变态的）。面对各样的无奈，艺术家只能用这样的行为表达：我吃屎总是可以的吧。这是一种卡夫卡式的抗议！他在要求自由。

因此，我对这位母亲说：把这只手表放回到你女儿的抽屉里去。

妈妈不解，我说了以下的理由：

一、孩子可以有自己的秘密，父母不要什么都知道，不要对女儿说“你的一切我一看就明白”。相反，做父母的反而要傻一点、糊涂一点。装傻的父母有智慧，因为他们知道为孩子留空间。太“明白”的父母，让孩子没有自己的空间，就会架起更多的防御。

二、即使你不同意，最好的方式也不是压制。父母的压制会导致孩子情绪化的反抗，孩子不会用理性去做判断，而是反抗父母的一切，把自己所有的力量都毫无选择地用于反抗。表现在恋爱上，父母的压制常常让孩子不顾一切为了“保卫爱情”而战。在其他事情上也是“凡是敌人反对的，就是我们拥护的”，而不去对事情本身做出判断。

三、你女儿（也来做过面谈）有自己的目标，并且在努力学习，不像你担心的那样只谈恋爱、不顾学习。

四、据我了解，你女儿并不确定是在跟那个男孩谈恋爱，她喜欢交朋友，有不少男女朋友。上一次你暗中调查那个男孩，她做出激烈的反应，是因为她觉得你不该这样对待她的朋友，并不是反抗你们干预了她的爱情。

五、如你所说，你们的女儿不是贪恋别人财物之人。如果真的是别人送她手表，她会送别的礼物给别人。这是你们女儿跟朋友礼尚往来的方式，不必认定她接受了别人的定情之物。

六、即使你女儿恋爱了，你也无法保证你女儿恋爱时不会受伤，但可以期待她会在受伤中成长。你怪女儿太“傻”，这或许是出于担心，怕孩子太傻，吃亏。孩子太“傻”，常常是因为父母给她灌输太多的道理，对她保护太多、限制太多，她自己直接的经验被替代了，就不知道对人对事怎样做出适当的反应，这时，父母反而要学会放心和放手，让孩子自己在经验里学习。女儿恋爱，在恋爱中受伤，也是在所难免的，父母不必太害怕，她总会长大。

七、关于手表的事，到底是怎样的情况，我们并不真正知道，也不必妄下结论。不如静观其变，我们再基于实情来一点一点探索，做出恰当的回应吧。

结果是，这位妈妈回去之后，没有找女儿去吵。后来，一次偶然的机会，女儿告诉妈妈，她的一个女闺蜜过生日，她早早备好了礼物：一块手表！

妈妈不要做这些事

我做心理咨询，总要去探索心理困难的根源，因而发现，心理障碍的背后有一个重要根源，就是父母在养育孩子上出了问题。这里专门讲一讲母亲在养育孩子中常常会出现的问题，因为它们很普遍，人们常常意识不到，这里列举出来，算是一种提醒。

一、妈妈太保护孩子。过于保护孩子的妈妈，也会过多限制孩子。例如，限制孩子做力所能及的事情，使孩子动手能力发展不出来。限制孩子接触同伴的机会，导致孩子与人打交道的经验太少、生命太单一，这往往会在日后导致人际关系上的障碍。要知道，心理的困难总表现为人际关系的困难。

二、妈妈太幼稚。妈妈太幼稚，背后的原因有很多，比如说，妈妈自幼是被宠大的，做了妻子，做了母亲，心态上还是一个小姑娘，情绪化，以自我为中心，看人看事只有一个单一的视角，不能理解孩子的心理活动与情感需求，就难以养大自己的孩子。孩子跟着一个太幼稚的妈妈，会觉得很不安全。

三、妈妈自身有未愈的伤。妈妈过去有深的创伤，一直没有经历疗愈，这创伤的损害性就会不觉渗透在她对孩子的养育中，常常表现为担心孩子会受伤，在情感上、观念上、经验上过于限制和控制孩子，常常夸大事情的可怕后果，这就在孩子内心里早早埋下了焦虑的种子。

四、妈妈不能从自己的丈夫那里得到满足。在夫妻关系中不能得到满足的妈妈，会转而从孩子身上寻求满足，会与孩子建立一种捆绑性的关系，即我说的“共生体关系”。这种关系的实质是，妈妈依赖孩子，也让孩子依赖妈妈。这样的妈妈在家庭关系中会跟孩子结盟，把孩子的爸爸排斥在外，限制了孩子从爸爸那里获得情感的支持与经验的资源。因为跟妈妈建立了一种“共生体关系”，孩子就难以完成自己的“个体化进程”，不能走向独立——因为习惯于依赖，即使内心有独立的渴望，却没有独立的勇气，也难以发展出独立的能力。

五、妈妈太啰唆。太啰唆的妈妈对孩子的杀伤力很大，用一个比喻来说，啰嗦就如同一把无形的刀子，在暗中一刀一刀削掉孩子的意志力，孩子只好不断妥协，生活在一种持续的无奈之中。啰嗦的妈妈几乎是每天都在孩子内心里播种抑郁的种子。当孩子出现了症状，妈妈还很惊讶，还在那里说道理，孩子巴不得有一把明刀（而不是暗刀）把自己捅死算了。

六、妈妈太情绪化。情绪化的妈妈随时都会发脾气，让孩子觉得莫名其妙、无法预测。久而久之，孩子就会对环境、对他人产生极深的不安全感。这其实很容易理解：当环境变得很不确定、无法预测的时候，成人都会感到不安全，何况是小孩子呢！要知道，心理症状的核心就是内心里累积了过度的不安全感。

七、妈妈心肠太硬。心肠太硬的妈妈常常把自己的意愿强加给孩子，还坚决认为这是“为了孩子好”，完全不在意孩子自己的意愿和感受。这就是我所说的“真理的妈妈”，常常在咨询室里遇到。在许多发展出心理症状的人身上，我会发现一个“弱的自我”，追根溯源，是当事人背后有一个太强大的妈妈。我不由感慨：真是一辈刚强一辈弱啊！

八、妈妈总拿自己的孩子跟别人的孩子比较。在我们的文化里，这是一个普遍的现象。妈妈总拿自己的孩子跟别人的孩子比较，而且总拿别人孩子的好比自己孩子的不好，这简直等于用一根鞭子抽打自己的孩子。它导致的结果往往是，孩子会跟其他人比较，要奋力胜过所有的人，却不知道自己的需求是什么。孩子会苛求完美，总觉得自己不够好，因此责怪自己。这其实是孩子从妈妈手里接过鞭子抽打自己。于是，不管这个孩子在不断的自我强求之下变得多么“优秀”，有一点是肯定的：他不快乐！因为他的生活是一场苦役，他一路都在跟别人比，一路都在否定自己，他不断违背自己的天性，目标是变成一个高效的机器。

九、妈妈太多正能量。妈妈充满正能量，这听起来很好，却在暗中隐藏着一种损害，她自己不知道，孩子也不知道。这过度的正能量也是一把暗刀。妈妈一边在不知不觉中用这把暗刀损害着孩子，让孩子感到内疚、产生无能感，还一边觉得自己很正确、很光荣、很伟大，都是为了孩子好。充满正能量的妈妈，常常是幼稚的妈妈，她没有成熟的人生观，害怕人性合理的阴影，也会回避人生的真相。这样的妈妈，也不会理解孩子内心的感受和需求，无法接纳孩子的负面情绪，只想让孩子生活在一片洁白光亮之中，使孩子成了“天堂里来的孩子”。最后，孩子接触到一点人性与人世的阴影，就受不了了，难以在这个光影交错的人世间活下去，就一个人躲到症状里去了。

十、妈妈没有自我。妈妈没有自我，也没有自己的生活。这样的妈妈却很固执，她不允许孩子跟自己分离，会要求孩子跟自己保持一致。虽然她也会让孩子去读大学，甚至让孩子去国外留学，但她不允许孩子长出自我，害怕孩子成为独立的个体。这样的妈妈本身就不是个体，只是一个“半体”，因此她要跟孩子形成“共生体”。她会控制孩子，以“爱”的名义为孩子安排一切，让孩子依赖她。她不允许孩子有自己的秘密，几乎认为孩子拥有秘密是对妈妈的“背叛”。这样的妈妈知道如何控制孩子，会用威胁逼孩子就范，比如用钱来控制孩子，用断绝经济来源威逼孩子。孩子就这样成了母亲的小玩偶，痛苦不堪，却又无可奈何。症状就紧随而来了。

……还有很多条，以后慢慢说。

好出抑郁症

一

有人写书叫《走出抑郁症》，我却想写一本书叫《好出抑郁症》。这别人就看不懂了。

考察一个人发展出抑郁症的根源，我有一个很重要的发现：他太好了！

他如此好，好得把自己都抹煞了，好得在这个世界上都没有活路了，最后就抑郁了。

为什么他这么好，以至于好出抑郁症来呢？

我又有了一个发现：他是被吓的。

是的。他太害怕了，不得不好，不敢不好，哪怕装好，也要让自己在别人眼里是被看好的。这样，他就好得太累了，变得抑郁了。

在直面心理学看来，一个人当然可以求好，但求好要与求真协调，甚至，求真是求好的基础。失掉了真，好就成了损伤。真实的人，可以尽力去好，也可以接纳自己有不好，才达到光影交错。光影交错才是健康的人性。那些一味求好、求光亮，容不得一丝阴影的人，就被症状带走了，陷入了无法克服的不好。

一个人身上有好，也有不好。那是自然的不好、合理的不好，甚至是必要的不好。对于不敢不好的人来说，就只有把不好掩藏起来、压抑下去。

我于是又要问：这些不好的东西，如需求、情绪、欲望……都藏到哪里去了呢？

回答是：藏在一个很深的地方。弗洛伊德把这个地方叫作潜意识。

我又问：如果把它们藏起来，它们就不存在了吗？

我又自答：对不起，它们依然存在，不过是在看不见的地方存在，并且会在暗中累积，变成一种盲目的、损害性的力量。你不知道它们，它们却在你不知不觉中损害你。那些习惯于一味求好的人，一路也在莫名其妙地受苦。

这便是他在生活中的情形：

一方面，他不断把自身的“不好”压抑下去，另一方面，他又用自己的好应付所有的人——父母、家人、老师、同学。几乎所有的人都赞扬他有多好，但几乎没有一个人知道他有多苦。

从小到大，他一边让自己那么好，一边觉得活着没意思，还暗自割手腕。但他不明白，为什么他这么努力求好，却如此累，如此烦，都不想活了呢？周围的人要是知道，也会很奇怪。

人是解释的动物。人与动物的区别是，人凡事要弄个明白，动物不管。如果弄不明白，人就会到处找原因，作出解释。于是他到网上找，在书上找，最后找到了抑郁症。他研究抑郁症的种种表现，一一跟自己对号入座，按症状的描述去模仿学习，几乎无师自通地在自己身上培养出了抑郁症。然后，他告诉了父母，父母把他送进了精神病院，在精神病院他被确诊为抑郁症。然后，他每天吃药，要吃几十颗不同的药，还住院。然后，他确信自己是一个抑郁症患者——他说话的声调，他的神情，他的动作——都表明他是一个抑郁症患者。最后，他的父母也相信了，他周围的人也相信了：他就是一个抑郁症患者。

他是一个艺术生，画画很有天分。他患了抑郁症后，周围也有人说：艺术家与精神病本来只有一线之隔。他去医院接受治疗，有一群医生研究他的画，发现他画中的色调与他的抑郁症之间存在关联。医生们进而研究他写的文字、他说的话、他的一切行为，开始撰写一篇论文：对一个天才艺术生的抑郁症与他的绘画的关联性研究。医生们采用心理统计学的方法和神经学的影像技术，获取了充分的实证，证明二者具有相关性，可信度很高。这篇论文在一个重要的学术刊物上发表了，后来又因为在抑郁症治疗与研究领域“具有突破性的意义”而获得一项大奖。它带来的直接效果是：整个研究团队的职称提升了，职位也升迁了，还从国家申请到一大笔科研基金，将筹建一个科研基地。

而这个天才艺术生呢？他一直吃药，时而住院，偶尔画一幅画，画里依然是阴郁的色调。有时候他不想活下去了，就在手腕上割一刀，又被救回来了。就在大家对他的这个重复行为不以为然时，他终于成功自杀了。他的父母很悲痛，对亲戚说：“可怜的孩子，他得了抑郁症。”亲戚们仿佛一下子就听明白了：“哦，原来是得了抑郁症。”也有几个熟悉他的同学会谈起他来：“他的画画得多好啊！”更多的同学对他不大了解，只有一个模糊的印象，也想不出有什么可说的，就说“他是个很好的人”。同学放学回家，在饭桌上闲谈时对父母说：“我们学校有一个同学，画画很有天分，据说将来会成为中国的凡·高呢。可惜，他得了抑郁症，割腕自杀了。”父母听了，暗中有一些担心，怕自己的孩子受到影响，便做了一通评论，“现在的孩子真是太脆弱啦……”他们说这话，是为了给孩子听。

二

以上所写，是我的一个意识流，并不是现实中的实情。

却有一个缘起：我在一些年前接待过一个艺术生，她患上了所谓的抑郁症。

她被父母带来跟我谈话，我发现她有一颗多么单纯而洁白的心灵。她的身体颀长而纤细，她的脸白皙又清秀，她的声音很低，带有一种典型的“抑郁症”声调。她显然是那种极其敏感而颖慧的类型，她的语言简洁而富于表现力。我沉浸在她的叙事里，感受着她的语言、她的气质、她的心灵。因为长期沉潜在自己的内心世界，用她的想象、臆想创造她的艺术，以至于她的生命都像一个艺术品，透露出一种跟生活没有什么接触的意态，如同一片美丽的烟雾，不知道在什么时候就会被风吹散、消逝。

在她的讲述里，我看到她一直都是一个“好女孩”，从小到大都这么好，在家里是好女儿，懂事，听话，在学校是好学生，成绩好，画画好。她从未跟人发生过冲突，遭到误解或不公正对待，她都可以隐忍下去，甚至“都忘记了”。她总能体谅别人，总从别人的角度考虑，但她从来都不会体谅一下自己，从不为自己考虑一下。跟父母相处，跟同学相处，她从来都不会对别人不满意，总是找自己身上的不好，批评自己，要求自己，有则改之，无则加勉。她这么好，却几乎没有朋友。她跟人的关系是浅淡的，没有深的交际。到了高中，她终于有了一个闺蜜。她小心翼翼维护着这份友谊，用自身一切的好去维护关系。但她万万想不到，这个被她当作最亲密的闺蜜的同学却冷落了她、抛弃了她，不肯再跟她做朋友了。她不知道为什么会这样，但她愿意付出一切挽回，而对方不理她，继续疏远她。她陷入自责，不断去找自己的错，觉得自己简直是一个怪物，在所有人眼里她都是一个怪物。

在谈话的过程中，我看到了她的手腕，两侧有许多道深深浅浅的疤痕。据她说，从小到大她都觉得活着没有意思，找不到存在的意义，觉得自己毫无价值，生活没有任何乐趣。她之所以没有决意去死，只是因为怕父母伤心。但活下去对她来说又太难了，她不断割自己……

三

我跟这位艺术生谈话的时候，她的父母就坐在等候室里。我想到跟她父母谈谈话，就过去跟她的父母见面。见到这对父母，我不由产生一种不快之感，一时也说不明白理由，我们就叫它直觉吧。在那一刻，我把自己当成了他们的女儿，一下子体验到了他们女儿为什么从小就抑郁的原因了。

在谈话中，我的直觉开始得到印证。我明白了这个女孩为什么要那么好，为什么好得那么累。从小到大，她的父母强求她好，容不得她不好。这给女儿造成了长期的压抑与伤害，他们至今一点都不知道。从这个女孩子一生下来，世界就向她呈现了一种不公平。这不公平，不只是家庭物质条件的贫乏与社会地位的低落，也包括养育者的生命品质，如观念的落后、性格的偏差等。这就是迎接这个小生命的家庭文化环境。她的父亲是一个不说话的人，从她的爷爷身上习得的一种封闭性格，加上被她的奶奶过度娇宠，她的父亲一直心智不成熟。在面谈室里，我看到她的父亲穿着一双拖鞋，衣衫不整。我跟他说话，他爱理不理，而他的手一直放在女儿腿上摩挲着，眼睛望着女儿，像一个痴情少年。我知道他这是在表达对女儿的怜惜，却不知道如何表达，让女儿非常尴尬、紧张，却不敢移动身子。他还不大能承担一个父亲角色。我猜想，女儿从小长大，他是不大能体会到女儿的感受的，也不大会回应女儿的需求。甚至，他很少关注女儿，却很讲面子，在乎女儿在别人面前的表现。谈话中讲到在女儿小的时候，一次跟亲戚一起吃饭，他发现女儿脸上显出不高兴，就当众用筷子敲女儿的头。这个动作的意味是：不允许女儿不高兴，即使不高兴，也不该在众人面前表现出来。

这让我想到，一个人不高兴，却不可以表达，那她的不高兴到哪里去了呢？就被压抑到内心里去了，就在那里累积起来，达到一定的贮量，就会形成一种盲目的力量。这力量如同阴影一样弥漫而出，遮蔽了一个人的生活，使她的人生都充满了灰暗，没有活下去的意趣。据这个艺术生说，她内心里有一个黑块，不管生活中发生了让人高兴的事或者让人悲伤的事，都不能触及到那个黑块。那个黑块是什么？便是一个人长期违背自己、压抑自己的情绪与需求而在生命核心之处形成的郁结。她自己不知道是如何形成的，她的父母也不知道。我试图跟她的父母说一说，但他们听不明白，也不想听。

当事人的母亲在一个律师家做钟点工，去年那位律师就建议他们带女儿来找我。回家之后，她的母亲跟她的父亲一说这事，他们就开始吵架，为要花钱吵了一年。今天来了，他们大概以为可以来一次，得到一个方法，就可以解除女儿的抑郁症。结果发现，却是一场谈话。加上她的父亲还有情绪，说太贵了。我让他们提出申请，可以为他们提供费用减免的服务，他们大概也不相信，在面谈结束之后，便带女儿匆匆离去了，可以料想不会再来了。

说到这个女艺术生的妈妈，她与丈夫关系不好，两人几十年来一直吵架，家里没有安宁的日子。父亲开三轮车，母亲做钟点工。父亲沉闷无语，母亲脾气急躁，动辄骂人，女儿在她面前感到紧张，因怕而乖。他们还有一个儿子。我问及儿子的情况，她说也不好，性格内向，一句话也不说。这便是这个艺术生的生存环境，那里物质贫乏，父母受教育程度低，社会资源有限。她的父母强求她成绩好、乖，以为可以走上一条改变命运的路，却不料用力过度，把孩子逼到一条抑郁症的路上去了。

这个艺术生跟我谈话，我们之间接通了，很通畅。我猜想，她感受到我能够理解她，她对我也有了信赖。我相信，她通过来跟我面谈，会慢慢走出一条新路，走出抑郁症，走向自我的实现。但我面对的困难是：她的父母不明白。而这个女儿又太乖、太好、太体谅她的父母，不会忍心去花父母的钱再回来面谈，她哪里会向父母提这种“不懂事”的要求？

父母带孩子寻求心理咨询，也是她生活中难得的一个机会、一条路。我所担心的是，这个艺术生会失掉这个机会，走不通这条路。在这个世界上，这个资源贫乏的家庭打开的门本来就很少，这时难得打开的一扇门也可能在他们打探一下之后消逝了。我只能祈愿我跟这个艺术生唯一的一场谈话会成为一颗种子，种在她那善良又善悟的心灵里，并渐渐从中长出一点觉察，又扩展开来，长出一些勇气，使她终于能够直面自己的现实，并基于现有的条件去为自己辟出一条路来。对她来说，我也只有祈愿奇迹发生了。

四

我把我的治疗称为直面模式的治疗，它有两个特征，让我的治疗能够直探核心，但也有冒险性。

第一个工作特征是，我会把自己放在一边，变成当事人，进入她的角色、她的处境、她的经验、她的感受、用她的眼睛在看，用她的思想在思索，用她的心在体会，仿佛是，我就是她。当我体验到她遭受的苦害，即使她无以言表，我也知道。当我用她的语言说出来，我就自然达到了同理，也让她感受到我的同理。但是，也有一个麻烦，我可以入乎其内，有时候却不能立刻出乎其外。特别是面对孩子遭受父母的压抑，父母还不知道，甚至在继续苦害孩子。我的情绪出现了。我成了对方，要替对方代言。这时，我的医者角色就得赶快出来克制和调节我的情绪，因为它有些部分已经逾越了边界。这便是我所说的冒险性。

第二个工作特征是，作为心理医者，我与个体工作，会少用道德评判，以为这是尊重。这让我能够更加接纳当事人，捍卫她的自我，使之突破过于限制她的道德藩篱。我有大量的经验证明，帮助对方走出道德评价，对她来说是一种自我解放。因此，我常常对父母用道德压抑孩子、要求孩子“好”，会更加敏感一点，这也是我写“好出抑郁症”的原因。但我必须反思，这里也有一定的冒险性。比如，当我面对那些用道德压抑孩子、自以为真理，让孩子感到无奈的父母，我也会感到一种无奈，会说太直接的话，以至于刺激了父母，引起了他们更强的防御，反而使孩子失掉了机会。

但我在根本上觉得，我们的文化有时候太强调好，而压抑了真，使许多的自我与潜能受到严重抑制。在一个更强调真的文化里，人的自我才会更加充分释放出来，一个民族的潜力与创造力才能真正发挥。因此我特别赞赏鲁迅所说的话：“真的猛士，敢于直面惨淡的人生，敢于正视淋漓的鲜血。”以及“横眉冷对千夫指，俯首甘为孺子牛。”还有陶行知一言以蔽之：“千教万教，教人求真，千学万学，学做真人。”一个总要孩子做好人的文化，一定是压抑个性的文化，也是导致症状的文化。我说“好出抑郁症”，意在提醒我们的社会，不要总是强调孩子要好；也提醒我们的孩子，不要强求自己那么好，当心你好到一定程度，就把抑郁症好出来了。

对一个孩子来说，他所经历的家庭的情形，是他将要遭遇的世界的情形。父母向他呈现的样子，是他将来要出去面对的人类的样子。父母与孩子的关系，就成了他将来与他人建立关系的原初经验与模式。父母的养育就是为孩子铺一条通向世界的路。不好的养育让孩子难以走通这条路。铺成这条路的材料，不只是好，还有真，甚至更多是真。

两个比喻，三个阶段

一个焦虑的父亲来访，说儿子（21 岁了）总在外面跟朋友一起玩，不大跟父母在一起多交流。我便跟他谈到人生的“两个比喻，三个阶段”。

比喻一，季节。生命成长也是有季节的，不同的季节会长不同的东西。前一个季节该长什么，没有长出来，就错过了季节，后来要去补长，就更难一些。因此，养育孩子要注意季节。比如，孩子小的时候，父母需要多陪伴孩子，因为在这个生命季节，孩子需要从父母的陪伴里获得依恋关系的满足，这样才会长出安全感和信任感。孩子长大了，就需要从父母身边走开，更多参与同伴互动，可以获得人际交往的经验，发展出关系的能力。这时父母就要对孩子放心和放手。如果父母拉住孩子不放，总想跟孩子在一起，就不太符合季节了。

比喻二，战场。人生如战场，孩子到了成年，就要到前方去打仗。这时，父母就成了孩子的后方。孩子在打仗，父母可以提供支持，如输送弹药、粮食、担架等，让孩子有信心和勇气往前冲。但父母不能到战场上去要求孩子回来，因为他要在前方跟战友们一起作战。

这位父亲说：“但是，做儿子的总得要让父母知道他的情况啊，不然我们哪里放心得下？”

于是，我又从“知道”这个角度谈到人生三个阶段。

第一个阶段：孩子幼小，父母需要尽量多知道孩子，知道孩子有什么需求，知道孩子在什么地方，知道孩子是否安全等。因为在这个阶段，孩子需要父母的照料才能成长。

第二个阶段：孩子到了成年，父母不需要太多知道孩子，孩子也不需要太多知道父母。因为孩子长大了，需要去闯生活，发展独立的能力。这时父母还年富力强，有自己的生活，可以尽量活得饱满。

第三个阶段：父母年老了，孩子需要多知道父母，知道父母有什么需要，知道自己可以为父母做些什么。因为到了这个阶段，父母需要得到孩子的关照，才能过得更加健康。

问妈妈

你知道你女儿为什么在情绪上那么幼小吗?

因为你太害怕她有情绪，天天给她吃奶，不让她吃成人的食物，她在情绪上就是一个小孩子。

你知道你女儿为什么那么性急吗?

因为妈妈总是满足孩子，就像她是一个小女儿，你把奶头一直放在她嘴里含着，生怕孩子哭，不忍心孩子哭，最后她就发展不出延迟满足的能力，凡事要求立刻满足，稍不如意，就嗷嗷乱叫。

你知道你女儿为什么那么依赖别人，一刻都不能独处吗?

因为在家她一直依赖妈妈，长大了，妈妈又为她安排了一个好男人做丈夫，好让她依赖丈夫。出现心理问题了，又为她安排住院让她吃药，以为可以依赖药物。最后不行了，妈妈又为她安排一个咨询师（就是本人）让她依赖，而不知道心理咨询是让她成长，可惜啊，你这个妈妈不知道什么叫成长（流泪）!

你知道女儿为什么没有妈妈就不行呢?

不管她到哪里，身边都有个妈妈——从小在家有妈妈，结婚之后丈夫是妈妈（妈妈在后面遥控），出现心理异常，医生和药物成了妈妈（妈妈安排一切）。最后，咨询师（即本人）也不断被妈妈要求成为她女儿的妈妈。最后她就离不开妈妈，或者，她身边必须有一个“妈妈”。现在，你巴不得你女儿每时每刻都跟着我，我好随时给她奶吃。

你知道为什么你也离不开女儿吗?

你这个妈妈整天焦虑不安，让孩子在家里呆了几年，每时每刻都在你眼前出现，你才放心。女儿说她呆在家里几年，成了呆子。你听不明白。你女儿说你控制她，说“我被妈妈控制了”，你以为这是你女儿在责备你，却不真正明白你女儿在说什么！你拼命解释说："我做这一切都是为了女儿好啊，这孩子怎么是个白眼狼啊！我做母亲的心都操碎了，她还这样说我。"

算了，既然你听不明白，我只好再度抓狂！

我要做警察

那是在十几年前的一天，我接待了一个小学生——他的妈妈带他来接受心理咨询。这个小家伙给我留下很深的印象：他长得壮壮实实，性格爽朗，一副阳光少年的样子，十分可爱。他听说我是从国外回来的，进门的时候，还用英语跟我打招呼。但在面谈之前，他妈妈在电话里对我说："这个孩子有偷东西的习惯，我们对他彻底绝望了。"据这位妈妈说，有一天，孩子的爸爸在暴怒之下，把他吊起来打，还拿出菜刀，要把他的一个手指剁掉。碰巧这时候外婆上门，拼命抱住女婿不放，苦苦央求，孩子才得以幸免。爸爸是个出租车司机，常常指着儿子说："你是小偷，是进监狱的料，将来只会成为社会渣滓。"

我在面谈中了解了背后的情况，发现孩子的父母在用钱上十分计较。比如说，学校安排旅游，每个学生要交 20 块钱。父母就会对孩子说："为什么要交这么多钱？ 10 块钱不行吗？"结果就只给孩子 10 块钱。孩子怎么办呢？就悄悄在家里各个角落找硬币，凑够这个数目。这种行为就被认为是偷钱。在学校跟同学玩，别的孩子有玩具，他没有，就借同学玩具玩，玩得高兴，就放进自己口袋，还想多玩一会儿。这也被老师认为是偷窃行为，告了家长。家长一听，就觉得太没面子，动不动就把孩子痛打一顿，骂他是小偷，是进监狱的料，是社会渣滓。

父母对孩子说这样的话，会损害孩子的自我形象，也就是孩子内部那个"我是谁"部分。这个"我是谁"是怎样形成的呢？它有自然的部分，也有长成的部分。一个人生命成长最核心的部分，就是内部长成一个怎样的"我是谁"，它代表孩子对自己的基本理解或评价。一个孩子形成怎样的"我是谁"，与周围的人怎样看待他、怎样对待他有很重要的关系，这就是塑造。为什么一个人的"我是谁"很重要呢？因为他内心里有一个怎样的“我是谁”，他就会按这个“我是谁”去思考、去感受、去行动，结果就真的活出这个“我是谁”来。如果父母总是对他们的孩子说“你是小偷”“进监狱的料”“社会渣滓”，很有可能导致这样的后果：终于有一天，这个孩子认定自己就是一个小偷、社会渣滓，他在遭遇人生磨难和诱惑的时候，这个内在的自我形象就会对他说话：你不过是个小偷、社会渣滓，有什么用？他就会选择自暴自弃，作奸犯科，真的用行为证明自己就是小偷、渣滓、进监狱的料。可悲的情况是，当这种情况发生了，他的父母还会说：“看吧，我早就料到他就是这样的！”

所幸的是，在咨询过程中，我发现这个孩子内心的自我形象（即“我是谁”）是很好的，竟然没有受到太大的损害。记得我问他：“你将来的理想是做什么？”他非常坚决地告诉我：“我要做警察。”我对他表达了认可，并鼓励说：“你一定会成为一个很棒的警察！”接下来很重要的是，我要提醒这对父母，停止对孩子做这种诅咒式的评判，同时满足孩子合理的需求。

时至今日，我时而还会想起那个小学生，他活灵活现的样子依然在我眼前，我听到他对我说：“我要做警察。”我也一直在想，他现在有没有实现他做警察的梦呢？或者，他会尽力去实现另一个梦？但我也担心他父母后来一直对他说：“你其实是一个小偷……”

揭秘

每见父母送孩子来跟我面谈，我辄赞其爱子之心。每与孩子谈话，我又有言以告其父母。但也有些尴尬。话说得委婉些，父母听不大明白。直言相告，甚至告以极言，父母又会觉得我太认真，甚至太粗鄙，可能拂袖而去。但我还是要把话说出来，尽量说得平白、明朗、真实，不避粗鄙之嫌。甚至，我会冒险从钱的角度来说，刺激一下父母们的神经，让他们有所敏感，便可达到提醒的目的。

我对父母们说：“你把孩子送到我这里来谈话，要花不少时间、付不少钱。你知道我是怎么帮助你的孩子的吗？这里我来揭秘一下——我对你孩子所做的，无非是下面要讲的这些内容，如果你作为父母，把这些用到自己的孩子身上，孩子就自然成长得好，你们也就不用花这么多时间、花这么多钱来找我谈话了。”

下面便是我跟孩子们谈话中所做的——而这些恰恰是父母在跟孩子的关系中不大去做的：

一、真诚。如果父母真诚对待孩子，孩子就从父母的真诚里学会了真诚，他们能够真诚待自己、真诚待他人，不用在别人面前装好，也不太害怕别人说自己不好，也就不用花太多心思去讨好别人、去应付别人、去糊弄自己。

二、欣赏。如果父母多欣赏孩子，孩子就会产生足够的自我价值感，就不用担心别人会对自己有负面评价，也不会故意出风头来引人注目、邀人夸赞。他知道自己真正需要的是什么，也会踏踏实实去做自己认为有价值的事情，并从中获得充分的自我价值满足。

三、信任。如果父母信任孩子，孩子会发展出充分的自信，敢于冒险去进行尝试与探索，会获得丰富的人生经验，生命也更加成熟、饱满。父母的信任是孩子宽广的土地，被父母信任的孩子在广阔的土地上自由奔跑，能够信任他人、与人合作。那些不被父母信任的孩子，就如同置身于荆棘丛中，畏首畏尾，踌躇不前。因为缺乏人生的经验，他们更容易受诱惑，时时让自己陷入危险的境地。

四、同理。如果父母能以同理的表达来回应孩子，孩子跟父母的关系就会畅通，从而发展出与他人畅通的人际关系，走一条畅通的人生之路。一个被父母体谅的孩子，也会发展出体谅他人的能力。这便是同理的意义。对同理这个词，许多家长不太熟悉，这里解释一下：对父母而言，就是在情感上理解和支持孩子，让孩子知道父母能够体会他的感受。

五、接纳。成长过程中，总会有错。如果父母接纳自己的孩子，哈哈，就又省了一笔日后带孩子来寻求心理咨询的钱。接纳是什么意思？就是父母知道孩子在成长中会犯错误，但不以他的错误来判定、否定他这个人。就像一个形象的比喻所说：不要把澡盆里的婴儿与洗澡水一同泼出去了。人性有一个很神奇的地方：当一个人被接纳了，他才会更好地反思自己的错误。相反，一个被指责的人，会拼命维护自己的错误。这是咨询师与你的孩子工作的另一个秘密。

好了，道理不必多说，只要点到为止。仅以上这几点，如果父母在跟孩子的关系里做到了，孩子就充分长大了。如果父母做不到，就得请咨询师替你在孩子身上把这些方面补起来。为此，父母就要花许多时间、花许多钱。为了时间和金钱的缘故，请你为孩子做到这些。不要说我太庸俗，说了我也不在意。

被宠坏的孩子

我们生活的世界是一个不确定的世界，这要求我们具有勇气去在这个世界上闯，而我们的勇气来自我们得到的情感与支持。

我们生活的世界又是一个有一定规则的世界，如果我们在这个世界上闯，却没有适当的规则意识，也就是不懂得一定的规则，便会撞得头破血流。而我们的规则感来自我们成长过程中接受到的规则训练。

知道了前面两点，我们便明白了养育与成长中两个十分重要的方面，一，父母需要给孩子丰沛的爱，以便使孩子因为被爱而变得有勇气。二、父母需要教导孩子规则，使孩子在世界上探索与冒险也有一定法度可循。

说到这里。我便要讲一讲一个话题：被宠坏的孩子。我发现，在我们的家庭养育中有两种正好相反的情况：父母对孩子一边是过度强求，一边是过度娇宠。这给孩子造成了成长与发展的困难。

关于压制与强求，我讲过许多，主要表现为过度要求孩子学习功课与听话，限制孩子玩耍和与同伴交往。而娇宠则表现在对学习之外一切孩子本来力所能及的事包办代替，满足孩子一切的要求，包括不合理的要求。于是，就出现了一些被宠坏的孩子，他们在成长与适应上遇到大的困难，但他们又不是坚持独特、发展自我的情况。

其中有些人发展出各种类型的适应性障碍，包括心理障碍、人格障碍和精神障碍。

有人有幸通过治疗而重获成长的机会，有人则成为终身病人，长期治疗或羁縻在家。

造成这种情况的原因大致有这些：

一、父母对孩子过度娇惯，未能教导规则，如把独生子女看作宝贝，只有宠爱，却没有管教。也有父母方面的个人原因，如自己小时候被父母忽略，或受到过度的强制，等自己做了父母，反而可能过度娇纵孩子、保护孩子。

二、有的父母因为不同的原因把孩子放在爷爷奶奶家或外公外婆家养，而上一辈人大多在隔代养育中容易娇惯孩子，很难对孩子实施适当的规则训练，导致孩子不熟悉一般关系的规则，也难以接受规则。

三、父母忙于工作。会请自己一方的父母甚至双方的父母交替养育孩子，形成一个孩子几代人共同参与养育的情况。即使父母愿意对孩子实施规则教育，也会受到爷爷奶奶或外公外婆的呵护，使规则性的养育归于无效，孩子依然受到娇宠，而发展不出适当的规则意识。

四、也有父母双方养育孩子的观念与方式严重不一致，导致孩子与父母中的一方“结盟”，排斥同他实施规则的另一方。或者，父母双方竞争与孩子亲近，讨好孩子，也会导致规则教育的无效。

五、也有父母关系不睦，一方出现婚外情，把孩子扔给另一方，也会使孩子与一方建立过度卷入的关系，失掉关系中的边界，更加难以在养育中实施规则。或者，父亲常常是局外人，孩子教育全部由母亲这一方进行，而父亲因为对孩子付出较少，会有过度补偿孩子的心态，无原则地满足孩子，规则教育被完全忽略了。

六、有的孩子在生下来时体弱多病，特别是母亲受到刺激很深，就会对孩子一直有过度的保护与照顾，在她眼中这个孩子即使后来身体健康了，她也一直会像照料一个病孩一样特别照料孩子，导致孩子在心理成长上变得很弱，没有规则的意识。

七、也有自幼丧父或丧母的父母，再加上老来得子，更是爱惜有加，生怕有任何闪失，使孩子在心理上难以长大，难以承受责任与规则。

凡此种种，皆造成了孩子被宠坏、缺乏规则的情况。

那么，这些被宠坏、缺乏规则的孩子会有什么麻烦呢？

一、被宠坏的孩子有过多的自我关注，难以体谅别人。因此也难以与人合作。而人生最重要的“生活风格”（阿德勒词汇）便是与人合作，被宠坏的孩子会因缺乏这种能力而陷入孤立。

二、阿德勒的研究也发现，被宠坏的孩子会争先成为众人关注的中心，仿佛人生的目标就是独占鳌头，他们会以“媚世”的、破坏公开原则的方式去达到个人的目的。

三、因为受到过度的娇宠，这使他们未能发展出适当的能力，这与他们的“野心”或欲求会出现严重不符的情况，会造成人生中的许多冲突与痛苦，也可能使他们产生回避、退缩的行为。

四、因为缺乏规则意识，使他们在适应社会上出现困难，在人际关系上也会承袭一种受宠的习惯，导致人际麻烦，他们可能选择某种症状躲藏起来。我曾遇到一个青年，他患有严重的强迫症，在症状的根源里便是被母亲过度保护与宠爱的经验。时至今日，他躺在症状里。母亲一直相伴，保护着她的儿子。真是“心比天高，命比纸薄”的情形：心比天高，便是欲求太高，想成为众人瞩目者；命比纸薄，是因为能力不足，特别是心智不成熟。

五、被宠坏的孩子走向社会，会遇到各种困难，答案是他没有预备好自己，看到与家庭不同的情况，受到与父母不一样的待遇，便充满了震惊与怨气。会抱怨社会，对发生的一切不满意，甚至也会转而怪罪自己的父母。有一个咨询师面对这样一位来访者，叹道：怎么办呢？只有回到妈妈肚子里再生一遍！他们缺乏反省能力。

六、被宠坏的孩子会过于嫉妒别人的好，巴不得天下的好都只自己拥有，他们也难以做到与人为善，为人锦上添花，但他们又总想得到别人的赞扬，想让别人无条件地满足他们自己，在他们眼中，别人是工具，是需求的供应者。如果让他们不满意，他们会跟人立刻翻脸，过后想挽回关系，发现已不可能，他们无法接受这样一个事实：别人不是他的妈妈。

七、被宠坏的孩子有这样几种可能性，在生活中经历了磨炼，变得成熟了，成为一个生活得好、对人有益的人，还有一种可能，他们发展出一套媚世的功夫，使用别人的精明，成为人类中的擅权者，会压抑与损害别人。也有一种可能性，他们成了各种心理、精神症状所猎取的对象，且从症状中走出来也是一条艰难的路。

一同被撕碎的还有什么?

我接待过一个来访者，他长期情绪低落，妻子建议他来找我谈话。我了解他的成长经历，发现他有一个非常成功的父亲，是企业界大老板。从很小的时候起，父亲就看不起他，对他相当粗暴，而他从未反抗过，把一切都隐忍下去。在谈话中他讲到一件事情：有一次他考试分数低，回到家里，父亲发火，把他的课本全部撕碎，扔到垃圾筒里去了。

那天晚上，在父亲睡着之后，他从垃圾筒里找回被撕的课本碎片，花了整整一夜，用胶带把所有碎片粘成他的课本。第二天早晨，他照常去上学了，就像没有发生任何事一样。父亲这样对待他的孩子，会给孩子的心理造成多深的影响，这会超出这个父亲所能理解的程度，也超出这个孩子所能理解的程度。心理学研究发现，当一个孩子对发生的事情感到无能为力的时候，他会放弃作为一个人的权利和空间。在我们的社会里，在有的家庭里，发生了多少让孩子无能为力的事情啊！弗洛伊德有一个观察，如果人类压抑自己的情绪，并且试图表现得好像他们的愤怒根本就不存在一样，那么他们最终会患上神经症。

一些年后，这个孩子长大了，成了我的来访者，他面对的一个很深的困扰是性无能。我难免会想到他强大的父亲看不起他，觉得他永远不行，让他从小到大都体验到一种无能感。我特别想到那样一个夜晚，父亲把他的课本撕得粉碎，而这个孩子选择默默忍受，一夜不睡，把碎片粘成课本，像往常一样去上学。其实，从他幼小的时候起，他的生命里已经埋下了神经症的种子。当父亲把他的课本撕得粉碎的时候，这个事业成功的父亲也同时撕碎了儿子的自尊、儿子的人格、包括儿子的“小鸡鸡”。

“好孩子”的代价

这些年来从事心理咨询，接触过许多困惑不已的父母，他们实在无法理解，自己的孩子一直那么好：听话、顺从、乖巧、懂事，特别是——学习好，怎么突然就出现了心理问题。

任何心理问题都不是凭空产生的，说它突然只是因为父母没有意识到这一切是怎样慢慢累积形成的。

而这一切问题的根源，其实来自孩子的父母。虽然，他们很难，也不愿意承认这一点。

“你们剪断了我的翅膀，却指责我不会飞翔。”

有个孩子来求助，他因为心里痛苦不堪而从大学退学了。我从这个孩子症状的背后看到一个典型“好孩子”的成长经历。

当事人自幼学习好、听话、懂事，父母一直以他为骄傲，在他身上寄托了非常高的期望。于是他成为“好孩子”自然是父母的功劳。父母对他的学习要求非常严，为了培养他们所认为的良好学习习惯，一到暑假就把他锁在家里做作业。

作业中如果写错一个字，要罚重写 50 遍。考了 100 分有奖赏，但成绩稍下降就要受到惩罚。

父母这种“严格”的教育方式，让当事人自幼就形成了这样的态度：考试我必须得第一名，如果是第二名，我就应该感到内疚。在咨询室里，孩子跟我说，有一次他为差了 0.5 分而嚎啕大哭，怎么也无法原谅自己。

父母对他的道德要求也非常高，要求他做到坐有坐相、站有站相。在外面走路手不能扶栏杆，吃饭的时候，嘴巴不能有声音。在家听家长话，在校听老师话，在外面听长辈话，因为“大人的话都是对的，都是为了你好”。这样教育的效果也是显著的：不管他心里同不同意，张口闭口总说：“阿姨说得对，伯伯说得对，爷爷说得对，老师说得对。”

好孩子的内心隐藏着多少压抑与痛苦

还有一名大学生，他有一个强迫仪式，就是“做保险”。

当事人每天早晨起床，穿上衣服又脱下来，脱下来再穿上，这样反反复复要折腾两个小时。因为在他穿衣服的时候，头脑里会出现不好的念头，他担心这不好的念头会污染衣服，而如果穿上被污染的衣服，他就会变成一个坏孩子或邪恶的人。他必须做一种自己设计出来的“保险仪式”，做得不够彻底，就只得一遍一遍做下去。

这名大学生每天都生活在极度的不安全感里，几年来都在用这种“个人迷信”获得自我安慰，也越来越深地陷入症状。考察当事人的成长经历，又是一个典型的父母眼中的“好孩子”。

为了让他安心学习，养成良好的品德，父母在生活上对他照顾得无微不至，处心积虑地为他营造一个“一尘不染”的生活环境。父母不让他跟同院里的孩子或者他们认为学习成绩不好的“坏孩子”玩耍，以免受到不良影响，即担心所谓“近墨者黑”。以至于他上了大学，父母还不断在耳边叮嘱，要跟成绩好、品德好的学生交往，不要跟“坏孩子”在一起。后来当事人逐渐发展出上文的强迫症状，父母为此震惊不已，一开始不停地给他讲道理，见没有效果，又开始指责他心理阴暗、道德太差、没有良心等。父母不知道，自己儿子症状背后的本质其实就是害怕自己被污染，从而变成了一个他们所鄙视的“坏孩子”。这种害怕已经深入到潜意识里，使他选择用这种虚幻的迷信方式进行艰苦卓绝的努力。

其实强迫障碍总是源于当事人被强迫的经验。

许多父母对孩子有非常高的期待，甚至是完美的苛求，巴不得孩子把所有优点集于一身。为了达到这个目标，他们煞费苦心，几乎要为孩子创造出一个天堂一般的成长环境，生怕孩子受到任何污染。结果往往是，他们的孩子成了一批从天堂里出来的人，拒不接受现实世界，也不接受在现实里的自己。他们的思维和情绪都变得极端，非此即彼，黑白分明，容不得生活和自身的一点不洁净。他们被塑造成不自由的人，被各种刻板的规条所束缚，不愿意走进这个充满着不确定因素的世界，不愿意在经验里获得成长，总是在寻求绝对的标准，以获得安全的保障。

孩子被强迫着不能做自己，这种扭曲的人生经验，将他们驱赶上了自我强迫的道路。

我们心中存在着一个渴望被爱、被接纳的“内在小孩”

“好孩子”是什么？是头脑里的理想自我，这个理想自我是父母、老师和周围的人用过多的赞赏、期待、过度保护、苛求与责罚等铸造出来的。只要自己“好”，就能收到过度的赞赏（它给孩子带来置身天堂般的感觉），一旦自己“不好”，就会导致过度的责罚（它让孩子感到像被投进地狱一般难受）。这会使一个生命总是要求自己完美，以期不断得到赞赏，永远不受责罚。

好孩子最害怕犯错误从而被逐出伊甸园。

俗话说“人无完人，金无足赤”，说的就是，完美的人是不存在的。一个人不需要苛求自己，也不应苛求他人。但好孩子绝不接受人是不完美的这个人性的本质与真相（哪怕他嘴里会说出这样的道理，但在情感上和潜意识里也不能接受），坚持用“应该”和“必须”强求自己完美，结果却让自己变得越来越不真实。

接触了那么多的“好孩子”，我发现，一个人内部的“好孩子”越是坚韧，他的真实自我就越难长出来。“好孩子”坚持认为自己必须是独一无二的，甚至会认为自己是神的化身，拒不接受自己是一个普通人；“好孩子”无法放弃自幼享受的自我中心体验，要求整个世界都为自己而存在；“好孩子”必须成功，让赞赏的光环永远环绕着自己；“好孩子”非常在意他人的看法，活在别人的评价里，不敢坚持自己的意见，总是把自己交给“别人”支配或控制；“好孩子”害怕犯错误，因为任何一个错误都破坏了他的完美，因此他不敢进入到经验里去尝试，总是在这个世界上到处寻求万无一失的标准。

“好孩子”苛求完美，不敢活得真实，“好孩子”的本质就是“失真”。特别是当“真”与“好”看起来冲突的时候，“好孩子”为了维持“好”的名声，不惜付出“真”的代价。“好孩子”总是为了“好”而委屈“真”，久而久之，就活不出真实的自己了。这时，他们的生活就变成了一场表演，而且一定要表演得完美，因为只有这样才会得到赞赏。他们总在试图避免犯任何错误，因为犯了错误会招致惩罚。就这样，一个个“好孩子”扛着社会要求的面具自我，变成了生活场景中的“演员”。他们与人谈话不是交流，而是表现“我口才多好”；他们迎合别人的意思，生怕自己的所作所为不讨人喜欢；他们拼命追逐光鲜好看的东西，不是因为自己真正需要这些，只是因为别人喜欢这些，他们得到这些东西是为了夸示于人；他们追求知识，成为标准答案“制造”出来的产品；他们回答问题可得 100 分，但生命内部从来不受触动；他们把生活变成一场苦役，拼尽一切要获得这样那样的“成功”，例如成为知识武装到牙齿的博士、资产上亿的富豪、权倾一方的高官。

但是，他们的真实自我丧失了——“我找不到自己了”——不是不想找，而是真的找不到了。

这就是“获得了全世界，但失掉了生命”。

不要让孩子因为“好”而失掉真实的生命

当一个人失掉了真实的自己，他的内部就充满了无法克服的虚无感，这虚无感来自“好孩子”（完美自我）的强迫。既然完美是不可能的，追逐它也就不过是捕风捉影，而这会导致“好孩子”们情绪瘫痪、意志缺乏、动力丧失、价值虚无，从而产生各样的心理障碍，甚至使人选择自杀——它的深层话语是：如果我不能完美，那我就要弃绝自己。

最后提醒父母，不要苛求孩子完美。反而是，如果你的孩子“太好了”，你才要当心。因为你并不知道这个“好”的背后隐藏着什么会给孩子造成伤害的东西；你也不知道，你的孩子要因为成为一个“好孩子”付出怎样的代价。

听爷爷讲故事

追溯我个人的原生家庭根源，很难找到任何与我选择从事心理咨询的关联。父亲说话不多，而且很直截了当，不大留情面，这跟心理咨询的风格搭不上边儿。母亲也不大在人前多说话，而且性子急，忍不住了，就在背地咕叨；也似乎与心理咨询不大相关。我爷爷算是能跟人说话的，但一听出别人话里有什么危险，或者嗅到什么地方不对，他就要尽量避开，或者带一家人搬家，一走了之。爷爷一生搬了许多次家，每次搬家都是一场逃避，这与我倡导的直面取向的心理学正好相反。

我找来找去，最后找到一点关联，听起来还有些牵强附会：据说我爷爷的父亲很有胆魄，口才好，喜打抱不平，看到乡间有权有势者欺负势单力薄之人，他就出来说话，为受欺压者写状子、打官司。他的身份大概类似民间讼师，也就是现在的律师，但肯定是没有执照的。因为他口才好、胆子大，敢面见县太爷呈案，又能用机智与对方面驳公堂，还善用时机，找到对方的漏洞而攻其不备，在当时搞垮了一些仗势欺人的权贵，让穷人得到一点点机会。后来，我和弟弟考上大学，读了博士，当地老人说我家祖坟上有那棵树，荫泽子孙。那棵树是指我的曾祖父。我爷爷也偶尔跟我们讲起他的父亲，说他做善事，修路，搭桥，暑天在路边设茶水摊招待过路人，清明时节上孤坟等。我之所以说这跟我从事心理咨询有一点关联，那是因为心理咨询师对受苦之人有怜恤之心。

曾祖父病故，当时我祖父还小。因为失掉了依恃，他变得胆小（据说小时候胆子也大，曾经操起一个斧头去找保长家的儿子算账），就靠头脑聪明学一些手艺，成了家，带一家几代人讨活路。

到我父亲这一代，兄弟姐妹多。父亲性格耿直，爱打抱不平，但说话直，得罪人。他生来高大，孔武有力，喜欢摔跤，没有对手。但心慈手善，甚至在遭受暴力时也不还手，只在口中反复说："怎么啦？不讲个正理啊。"我的少年伙伴大明对我说："以你老爹那块头，给他一根棒子，一人能打半个庄子。"

到了我们这一代，兄弟三个，还有一个妹妹，胆气算是壮了点。但我（我是老大）和老三考了大学，脱离了老家的文化系统。在乡村，家族之间总有争斗，兄弟常常联合亲属一致对外。老二在老家还有一小片土地，有时还会为乡间利益跟人相争。村上虽有亲属，但终究老大与老三不在家，老二孤身奋战，有所不济。再到了下一代，就散落到各地，家族系统不再紧密，下一代人也没有什么家族观念。我曾对儿子说："你有几个兄弟，在北京教书的王建是你哥，上海你叔叔家的儿子叫王陆飞，是你弟，你们是王家三兄弟。你有两个姐姐，一个是你姐王仪仙，一个是你大姐王阳阳。"但他对此相当模糊。后来他又出国读书去了，对老家的文化就更加远离了。他姐王仪仙也出国了。他爷爷（我父亲）十年前去世，那时他还是一个小孩子。今年他奶奶又去世了，他远在美国，在奶奶弥留之际，只是给奶奶打电话问候了一次。在爷爷奶奶眼中，他是长子的儿子，是王家的孙子。但他自己不以为意，也无所寄情。

说到心理咨询与我的家庭根源，更多来自我个人的文化经验，便是听人讲故事，也给人讲故事。我小时候喜欢讲故事，以致我的高中老师齐平远在许多年后回忆说，我给他留下的印象是一个说书人。他看到的一个场景是：在教室里，我穿着一件小红袄，有一群同学围着我，我坐在那里给他们说书、讲故事。有了，这就是时隔几十年后我现在每日生活的一个场景：在面谈室里，我跟来访者讲故事，同时我也听他们讲故事。

我上大学时，我爷爷病得重，父母对我说，爷爷不行了，回来陪陪他。我便回到家里，当时爷爷已从床上移到地铺上。我就跟爷爷一起睡到地上，夜里听他讲一生经历的故事。我躺在那里听爷爷讲故事，我当时还想，如果这些故事没有讲述出来，就跟着爷爷一起被埋没了。但它们被讲述出来，被倾听了，被承传了，疗愈就发生了——爷爷没有死，反而活过来了。

我给人做心理咨询，其实也是听人讲自己的故事，竟然也会发生神奇的疗效。记得一位来访者对我说："王老师，我觉得很神奇，每次都是我在讲，为什么讲着讲着我就好起来了？以前我根本不相信我会好起来，但现在我竟然好起来了。"这就是心理咨询的奥秘，跟一般人说，他们也不懂。

我曾经讲到祥林嫂，她有悲惨的身世，她向人讲述，但因为没人真正倾听她，她最终精神崩溃了。如果有人愿意倾听她，她就不会在绝望中死去。我爷爷的情况就是这样，他讲自己的身世，我听他的人生故事，他就起死回生，活过来了。我便相信，只要他讲，只要有人听他讲，他就不会死。我爷爷讲的故事，也都是关于他过去怎样一次次死里逃生的故事。他一生的故事，似乎只有一个主题：害怕和逃跑。（写到这里时，我不觉有些惊讶，在许多年后我到美国读心理学，我写的硕士论文竟然是：超越"恐惧—逃避"机制。这跟我爷爷的人生故事有关联吗？）我爷爷一生都在逃跑。他说，在他年轻时，家乡到处都是土匪。他被土匪抓住了，土匪拉他入伙。冬夜寒冷，土匪让他出去抢几床被子。但他胆小，一出门就两腿发抖。土匪看他这样，说这个家伙不行，也就算了。另有一次，也是在夜里，有人把他误当成仇家，追着要杀他。他拼命跑，一群人在后面追，子弹"嗖"地从他耳边飞过去了。

父亲跟我爷爷学会了奔跑，但不是为了逃命，而是为了救人。有一个记忆一直在我的头脑里保留至今：大概我在四五岁时生了一场急病，父亲把我扛在背上，奔向家住十几里外的一位老中医。这是深夜，我的耳边呼呼生风，像是骑着一匹飞驰的骏马。那是父亲一路狂奔，为了救他的儿子。

后来我爷爷又病了，父母又带信来说，爷爷不行了。我又回去陪爷爷。爷爷已经从床上移到了地铺上。地上铺着厚厚的稻草，上面是被子。我和爷爷睡在一起。爷爷又讲起他一生的故事。似乎总是在冬季。爷爷讲故事，我听爷爷讲故事。过了几天，我爷爷就从地铺上起来了，在太阳下晃悠，开始时走路还颤颤巍巍，后来就慢慢硬朗起来了。这样的事情发生了几次之后，我就相信，爷爷病了，我就回去，他给我讲故事，我就听他讲故事，他就不会死的。

但有一年，我在北方一个大学教书，老三（我的弟弟）过来跟我生活在一起。见面时，他对我说："爷爷死了。"我的第一反应是："怎么会？"弟弟不语。我又问："什么时候的事？"弟弟说："半年前。"我又问："怎么没有跟我说？"弟弟说："爷爷不让说，路远，怕影响你的工作。"我便流下泪来。这年回老家，说起爷爷死的事，我责怪父母为什么不对我说。父母说："你大老远回来了几次，每次回来爷爷都没死，心想这次也不会死，也就没有跟你说。"这次，爷爷真的死了。原因很简单：我没有回去听他讲故事。

我后来做起了心理咨询，我的工作很重要的部分，就是听人讲故事。有那么一个一个的人，他们来这里给我讲他们的故事，我倾听他们。他们讲着讲着，我听着听着，他们就一个个活过来了——从痛苦与挣扎中慢慢回转，从无奈与绝望中找到一条新路，恢复了生机，终于走向生命的蓬勃。

我也一直想，罗杰斯在他的工作中发现这个秘密，就创导他的当事人中心疗法。这个方法的核心就是，让当事人在讲述中经历觉察和疗愈，咨询师几乎不需要做别的什么，他只要倾听，做最简短的情感性回应。话说回来，这也不是什么秘密，其实人类从开始到现在一直在这样做：因为讲故事与听故事，人类才生生不息。

我是一个咨询师，我的工作就是听人讲故事。倾听是最好的治疗。因此，那个来访者对我说："王老师，这好神奇啊，怎么我讲着讲着就好了呢？"

女儿，做好事要先说一声

我的女儿是一个很有意思的人。我怎么来描述她呢？

她是一个几乎让你感受不到她的存在的存在，而她的存在又是那么好，这好就弥漫和渗透在你的周围，你可以感受到她的好，却不大能够感受到她的存在。也可以说，她是以自己的好而存在，却从不声张。她只有好，没有声张。她的好有很多，声张却一句也没有。你跟她在一起，不觉就享受到了她一切的“好”（偶尔也有意外的不好，我后面点题），却几乎看不到她这个“人”。她的“人”有些虚，就如同山水画中虚的部分，而她的“好”却在任何一个空间里着墨，几乎是无处不在、无微不至。

哎呀，我怎么说我的女儿呢？

你跟她在一起，她默默为你做许多，她所做的都是你所需要的，甚至你还没有感到这个需求，她已经为你预备好了。等你享受到了，才发现自己原来有这个需要。

我曾经讲过一个故事，就是我在国外读书的时候，学校里有一个“扮天使”的活动，即一个人为别人做好事，却不说出来，让别人不知道是谁，以为是“天使”做的。对，我的女儿就是我们身边的一个天使，她只做好事，却几乎从不说话。

我又想到中国传统文化里有一个故事，讲的是一个人家里墙壁上有一幅画，画里有一个姑娘，叫田螺姑娘。平常，她就在画里，家里没人的时候，她就从画里下来，悄悄把家里一切的事情（如清扫、洗衣服、做饭等）都做了。家里的人回来，只看到所有这些事情都做好了，而田螺姑娘还是静静地在画里。这，说的就是我的女儿。我女儿就是一个田螺姑娘！

在这个世界上，有许多人不做事，却说自己做了。做了一点点，却说自己做了许多。多做了一点事，就把自己吹到天上去了。像这样的人就需要跟我女儿学习默默做事、不要声张。这样的人应该去听花开的声音。我女儿也是一朵花，她静静开放，从不喧哗。

但今天早晨发生了这样一件事：故事的前因是，我每天晚上睡觉的时候，会在床边放一个保温杯，早晨起来口渴，就会喝几口水。我不知道，这天回老家，住在宾馆里，女儿早晨竟然悄悄烧了滚烫的开水，悄无声息地装在我的水杯里。这下大家就可以预料后果了：像往常一样，我拿起水杯就朝嘴里倒水，要喝上几大口，然后，我发出一声惨叫……

这样的事情，时而也会在我们家里发生。我们的女儿就像影子一样，走路都是悄无声息的，如猫，如微风。她妈妈生病期间，不能下床，还要很早（五点半）按时吃饭。20岁的女儿正读大学，连续三个月从住读生变成走读生。她早早为妈妈做好饭，悄悄放在妈妈枕边，妈妈一睁开眼，就看到了饭食，多样而可口。妈妈心里好欣慰：我有一个多么体贴的女儿！

但有趣的是，有时候，你根本就不知道，她就来到了你身边，这会把你吓一跳的。有时候你以为她不在，蓦然回首，原来她在最不显眼处。这就是我们的女儿！她真是一个很特别的人，我们需要慢慢去发现她。她像是一片神秘的树林。看表面，你根本就看不到她有多么丰富的内容，看到了，你也会吓一跳，原来你还有这个啊！比如，我一直以为她不大说话，但有一次参加工作坊，让我大跌眼镜的是：她竟然很会演戏。还有一次，我又发现，她竟然会跳舞，跳得还很优雅。我又惊叹。我有时看着我的女儿，心里想，你还有什么内容和姿态没有呈现出来？

发生了今天早晨的事，我提醒女儿：做好事，要宣称。一个人做好事，要说出来。不要多说，也不要少说，要说得正好。一个人内心有善，也要表达出来，要表达得正好。这叫合乎中道。

我有时也想，女儿这么好，却从不声称，别人就不知道。我们做父母的，都是在跟女儿切近的接触中一层一层才发现了她这个“人”到底有多好、到底有多美。那她周围的人哪能知道她有多好、有多美呢？还有，在这个时代有那么多粗心的小伙子，他们就更是看不到了，也就没有福分娶到我的女儿了。

哈哈，此文非为招亲。

你画我猜

辨识力

直面心理学强调生命成长的几个基本能力，称之为直面的能力。我常讲到其中的两种能力：一是关联的能力，环境中总有许多对自己成长有利的资源，能够与之建立联结。二是抗拒的能力，环境中也会有许多对自身有害的事物，敢于拒绝与抵抗。还有一种能力，与这两者同样重要，甚至是这二者的基础，即辨识的能力。其重要性在于，一个人首先需要辨别什么是有利的资源，什么是有害的事物，才会选择是与之联结或对之抗拒。

孩子在成长过程中，辨识力发展很重要。家庭的养育，学校的教育，以及更广泛的社会文化在怎样影响孩子的辨识力——具体来说，是阻碍孩子的辨识力，还是增进孩子的辨识力——是孩子成长很重要的方面。可惜的是，在我的心理咨询经验里，看到许多孩子在成长过程中经历了一个在不同程度上被愚弄的状态，而愚弄者不是有意要愚弄孩子，而是常常为了保护孩子。因此，愚弄情况发生，父母、老师和周围的许多好心人并不知道。看到这一切，我有很深的感慨，甚至想以极言来说：过度保护，就是愚弄！

你画我猜

最近，在直面迎新会上有一个游戏表演，叫“你画我猜”。游戏是很简单的，却很有趣，细想起来，其中别有意味。简单介绍一下游戏的方式：有几个人排成一排，背对主持人。主持人拍一拍一排人中的第一个人的肩，这个人便转过身来。主持人向他出示一张纸，上面是一个图片，或者是一个名词。这第一个人看明白了，就会拍一拍下一个人的肩，对方也转过身来。第一个人就把他刚才看到的图片或名词用动作表演出来（而不是说出来）。然后，第二个人再根据自己的理解，表演给再下面一个人看。以此类推，直到最后一位，把他对前面一个人的表演猜出来，并且大声讲出来他猜的结果，只有三次机会。

本来这是一个游戏，表演是为了好玩，但我却颇有一些反思。一个孩子生下来之后，他的养育者——母亲、父亲，以及家庭其他成员——就有一个责任，把有关这个世界的信息传递给他。养育者在怎么解读世界向他传递的信息，并把有关世界的信息传递给自己的孩子，这便是养育，也是教育。

在“你画我猜”里有一个女性给我留下的印象颇深。她是一个40岁的女性，假定她的名字叫洁。洁在队列中的第三位。第一位看到主持人的图片（只有他一个人可以看到），然后得把这个图片里的内容表演给第二个人看。第二个人再表演给第三个人看。第三个人就是洁。洁看不明白前一个人的表演。但游戏中没有足够的时间让她弄明白，洁就只得在限定时间内把她所不明白的内容再表演给下一个人。下一个人自然也不明白她在传递什么，也只有把一个自己都不明白的东西再传下去。到了最后一个人那里，不管他有多聪明或有多好的想象力，都会被弄得一头雾水，连续猜了三次都没猜中。因为在信息传递过程中，原初信息已经遭受过几轮应付性的、曲解性的表达。作为观众，我有一个观察：每次都是到了洁那一环，信息就会被曲解得很严重，以致她表演给下一人时，对方完全莫名其妙。最后，主持人出示最初的那张图片或名词，与最后一个人所猜形成对照，就会显得很离奇，产生娱乐的效果。

游戏背后的故事

我产生了一些遐想：在现实人生中，洁是怎样从世界接受信息，对之有怎样的理解，最后向她的孩子传递的是什么样的信息呢？而她传递的信息对她的孩子将会产生怎样的影响呢？接下来是我根据许多年来做家庭系统辅导的经验所假想出来的一个故事。

洁是一个教师。她出生在一个并不富裕的家庭。自幼靠听话、读书，考上了大学。后来在一个学校教书。她遇到一个很有能力的丈夫，他们生了一个漂亮的女儿，一家人过着小康生活，在这个小城市也颇让周围人羡慕。她丈夫在外面闯事业，她在当地工作，大多数时间独自养育女儿。平日里，她除了教书，也很少与人接触。女儿一直都听话，学习好，也很少跟同伴玩耍，要么在学校上课，要么在家里做作业。她只需要专心读书，生活中的事情，她一点不用操心，大大小小的事都由父母替她做了。她从学校得到的知识，大多也是标准答案，没有什么难的。她成绩好，门门考试总是第一。父母看在眼里，喜在心头，女儿完全符合教育的标准，考上名校，获得成功，是一条自然而然的路。这个女孩跟世界接触很少，有关这个世界的大量信息大多是从妈妈那里得到的。在她眼里，妈妈就是标准。她凡事都问妈妈，然后按照妈妈所说的去做。但是，在这个世界中，洁会不会向女儿传递一些自己都不明白的信息呢？这些信息里会不会有一些单一的、受伤的、曲解的内容呢？想来会有。但是，洁不知道。洁的女儿更不知道。妈妈传递的信息里有些因素可能滋养了她，但另外可能也有一些因素是模糊的、有毒的。女儿又一直缺少个人的经验，就大多让自己完全置于母亲的影响之中，不觉之间中毒——受到妈妈所传信息的糊弄，失掉了自己的文化辨识力，甚至陷入了症状。

星期五的故事

这使我想到阿德勒在他的书里讲到的一个故事。说有一个小教派的教主，有一天向他的信众宣布：世界末日就要到来了！信众们一听就很惊恐，说：啊？什么时候？教主说：就在某年某月的某个星期五，便是世界末日。信众相信教主，回去之后就把家里所有物品都送给别人了，车子、房子、票子，在世界末日面前都显得毫无意义了。信众只留下可以维持到那个星期五的食物。很快，那个星期五就来到了。但这一天像任何一天一样过去了，世界末日却没有到来。这时，信众陷入恐慌和愤怒，他们去找教主理论，说：我们这么信赖你，相信你说的世界末日在星期五到来，但世界末日并没有到来。教主对信众解释说：我所说的星期五，不是你们所理解的星期五。

什么是你的星期五？

这个故事很有意思，让我又想到“你画我猜”游戏，我在想：洁向她女儿传递的信息会不会也是一个星期五呢？她的星期五跟在世界上运行的星期五是不一样的，二者不能相通。但女儿接到了妈妈的星期五，却无法理解世界的星期五，她就难以跟这个世界对接和相通，更不能够相融和互动。世界本来有通行的星期五，但到了洁那里，就成了个人的星期五，然后她再把这个个人化的星期五传递给了完全信赖她的女儿。女儿也与世界不通了。从小时候起，她接受的都是妈妈传递给她的信息，在跟世界错位的状态里长大，最后就生活在自己那个孤立的星期五里。我有时候把“星期五”称为一个人的症状。在英文中有一个词叫“disorder”，就是用来说明心理上的“障碍”或“症状”，它的基本意思是把东西放错了地方，成了一种错置。因为错置，就会造成堵塞，一个人就无法从内部走出来，就不能跟世界与他人接通，从而充分长成自己。

在传递世界信息方面，我们的有些家庭养育存在一个普遍的麻烦是：父亲参与孩子成长太少，很少把世界信息传递给孩子。这会给孩子成长造成一种资源缺乏的情况。母亲又跟孩子形成一种“卷入”或“捆绑”性的关系，把自己人生中的大量信息不加选择和无所保留地传递给孩子。我们的假设是：洁的女儿缺少跟世界直接接触的经验，父亲在她的成长过程中又是缺席的，而洁又是一个天真的、回避的、过度正能量的，其实内心很焦虑的妈妈，洁的女儿几乎是不可避免的、别无选择地接受妈妈传递给她的关于世界的信息，而这些信息就是洁的个人“星期五”，其中充满了单一的、封闭的、有个人挫伤的、回避的、偏见的、完美主义的、刻板的、道德强制的内容，这便是有毒的信息，这些信息几乎不遇任何抵抗的、完全彻底地注入女儿的心灵，因为洁的女儿长期生活在封闭和单一的文化环境里，生命一片天真无邪，而且对妈妈形成了迷信一般的信赖，这样一来，她就在妈妈传递给她的文化信息里不知不觉被毒化了、愚弄了，她很难发展出对世界的个人见解，也就长不出真正的自我，反而觉得世界不是安全的，让自己长期生活在妈妈信息所建构的真理里才觉得安全可靠。妈妈的真理就成了她的“星期五”、她的牢笼，也是她的陷阱。

经历文化觉醒

洁的女儿出现了“症状”，这症状反映的是她长期遭遇文化愚弄的状况。直面的治疗从哪里入手？从文化这个地方开始进行。因为这个女孩从小经历的是被一种过滤的、扭曲的、被格式化的文化愚弄。治疗的第一步，是带动她经历一个从小到大的探索、分析、理解，直到实现某一种程度上的觉察。第二步，或者与此同时，帮助她从旧的文化模式里走出来，充分与世界接触，发展出个人化的直接经验，这些新的经验会帮助她去反思过去从妈妈那里获得的信息，对之加以辨别、分析、综合、融化，让过去那些单一的文化信息和声音慢慢变得多样，不再起主导甚至独占的地位和影响。第三步，直面取向的心理咨询，根本上是帮助一个人延展他的文化视野，看到他自身文化之外还有新的文化，其中有许多是可以跟世界对话、跟世界接通、在世界上通行的文化，然后在新文化里被重新培育，长得强健、饱满、丰盛、坚定，成为一个对自身文化有觉察，又拥有新文化的支持，并且在文化里让自我得到重新建立的新人。症状就是拒绝文化更新，而这种回避性的拒绝是文化洗脑的结果。在一种家庭文化环境里，只给人某一个单一的东西（如学习功课），然后不断重复这个单一的东西，让人坚定相信它是唯一的，其他东西都是不好的。这便是洗脑。一个人要长出自我来，就要全面地向更丰富、更有滋养的文化敞开，发展出充分的辨识力，便不会被单一的文化洗脑。

一个面谈记录

这是2014年4月28日的一次最简单的面谈记录：只是一些只言片语，反映的是我当时内心的感受，也许我在面谈中零星地跟当事人谈到，为了引发她的反思：

一、我发现这是关系的困难，是一个女儿与她的父母——特别是与母亲——纠缠不休的关系。

二、这种纠缠来自当事人无法接受她有这样的爸爸——特别是这样的妈妈——因此对他们有所期待，不愿从家庭离开，就把自己成长的进程搁置在那里，痛苦不堪，又无可奈何。

三、我心里对她说：接受吧，才为自己开辟了一条可以走通的路。对父母的期待是自讨苦吃——或许他们有爱的意愿，却没有爱的能力；或许他们有生存的欲求，却没有生存的智慧。他们之所以是这样，背后有更深远的根源，而你不要为此负责。他们改变起来是难的，至少这是他们自己的事，你不必强求。

四、有些人没有了父母，却可以成为自然的孩子，从自然中吸收成长的资源，长成自己。或许，从现在开始，你可以做自己的父母，用你认为做父母最好的方式，暗自把自己养大。改变妈妈的尝试是白费力气，至少是得不偿失的，因为你到了可以去尝试改变自己的时期了。

五、是的，你当然有权利期待，但你也可以选择不去期待，特别是当你意识到这期待是不可能实现的。把焦点放在一个不可控制的人或事情上面，结果是让你自己长期被该人该事所控制。你就是这样误了自我成长的行程。

六、据你所说："我对她（母亲）又愤恨又无奈，她对我也是这样。"这便是你与母亲难分难解的关系谜团。这个谜团已经被带入到你与男朋友的关系里，成了一种模糊的、冲突的、不确定的、没有目标的状态，也是难分难解。然后，你放弃了男朋友，回归了母亲，向母亲提出了新的诉求，继续这种难分难解的纠缠，因为这是你最熟悉的关系模式。

七、因为不能接受，所以不能离开。因为不能结束，所以不能开始。

妈妈的神话

我往日的一个记忆突然回来了——那年我三四岁，这个场景我竟然记得，而且，很难得的是，这是我妈跟我共同保留的一个记忆。我妈去世前的一些年，大多跟我生活在一起，我时而跟她讲起过去的一些事，她常说不记得了，但这件事她记得很清楚，跟我记忆中的样子一模一样——那是在老家村前的水塘堤岸上，冬天的日子，地上的草都衰干了。我妈在那里用锄头铲草，装进筐里，这柴草是用来烧饭的。我妈在那里干活的时候，我竟然也拿着一个小镢头，在地上刨呀刨，干得很带劲。甚至，我至今还记得汗粒从我脸上落下来。我妈慈爱地看着我，也觉得这很有趣。

这一个场景印在我妈的脑子里，太深了。也就是从这个时候开始，我妈认为我是一个勤劳的人，用她的话是：他很会砍柴。

一些年后，我读了高中，参加完高考，回到家里。我爷爷坚持认为我是考不上学的，他的理解是：龙生龙，凤生凤，老鼠生下来会打洞。我是鼠辈，绝非龙凤。因此，在高考之后的日子里，我爷爷时常劝我去找城里的同学，看能不能求他们的爸爸给我找件事做。他担心我不好意思去求人，也说了一句俗语：不要怕求人。求不到大米有大麦，求不到粮食有布袋。

现在想来，我爷爷的话其实代表着一种开放的人生态度。但我妈对我爷爷的话是很不满意的。妈妈不主张求人，她总是拼命干活，有很敏感的自尊。因此，每逢爷爷对我说，去求求你城里同学的爸爸找件事做吧，我妈就会用她的咕叨表达抗议。有一天，我听清楚了她的咕叨："腊有（我的小名）能砍柴，就考不上学？我才不信。"

现在想来，妈妈的道理很简单。在她看来，砍柴与考学之间存在一定的关系，但这"一定"其实是"不一定"的。

那一年，环城高中只有极少数人考上了学，我是其中之一。但稍微想一想，在这个有几百学生的学校里，砍柴好的孩子很多，考上学的却不多。再说，考上学的几个学生中，也不见得都是砍柴好的。

但我妈就认准了这个理儿。她愿意这样相信。这相信也没有什么坏处，反而还有些好处。

妈妈的这种相信，就是罗洛·梅所说的“神话”。每个人都需要有自己的“神话”，它代表着一个人对生活的理解，代表着一种价值、一种信念、一种意义、一种目标。这相信里有很强的动力、影响力……虽然这些并不是可以证明的。罗洛·梅说：我们现代社会正在失掉它的“神话”，这让人类变得无力、空虚……

孩子只欠父母踢他一脚

从事心理咨询许多年，遇到各种复杂而深的心理问题，这我不怕。因为知道症状的根源与本质，就不怕它们的表现形式。因为了解生命的需求与动机，就知道帮助一个人怎样突破症状的阻碍。然而，我怕来访者的父母。

按说，孩子出现了心理障碍，父母送孩子来接受心理治疗，他们最期待孩子好起来，但父母却常常是孩子接受治疗的最大阻碍。因为父母不知道、也不会与治疗师合作——不是说他们没有合作的意愿，而是说他们不知道如何合作，合作起来很难。更大的麻烦是，许多父母根本不知道他们孩子的问题出在哪里，也不会带孩子来寻求专业救助，孩子就失掉了机会，大多被“症状”毁掉了。

当今社会里有的家庭，因为孩子发展出心理的、精神的、人格的障碍，又因为接受了无效（乃至有害）的治疗，或者根本就不相信治疗，就在家里一直拖下去，渐渐失掉了学业、职业的发展，中断了社会交往，恋爱、婚姻的机会也渐渐没有了。在父母眼里，他们的孩子“病了”，只好让他们待在家里。孩子心有不甘，就在家里跟父母“胡闹”，父母深受其扰，苦不堪言。然而，父母不知道，他们的孩子根本不必有这样的病，他们自己也根本不必受这样的苦。这是白白受苦，而且苦海无边，似乎没有回头之岸。这便是我从事心理咨询看到的最普遍、也最惨痛的现象。

我当然不想把事情说得太简单，但从本质上来看，事情有时候真的会很简单。这病的根源是什么？是父母过度强求孩子，也过度保护孩子，导致孩子的自我很弱、经验很单一、心灵太单纯、对父母形成了依赖。父母从苦中解脱的办法是什么？很简单：孩子长大了，父母就要让孩子出门了。孩子不愿意，就一脚把他踢出去！结果会是怎样的？被踢出去的时候，孩子会哭闹。哭闹了一阵，发现没有回返的指望，只好朝世界上走，去奋勉于自己的人生了。这时，他们的病就好了，因为走上了自我实现的路。他们自己会发现，原来他们能够做到，甚至能够做得很好。这时，回想起来，他们会感谢父母当初踢的那一脚！

但在这之前，往往有两个麻烦。第一个麻烦是：孩子不情愿，父母便无奈。第二个麻烦更大：孩子想出去，父母不允许。

我这里来分析一下父母与孩子的矛盾心态：孩子不情愿离开家，躲在家里依赖父母，这只是其矛盾心态的一面。另一面是：他们很想走出去经历成长，通过做事和与人交往来活出自己的生活。当他们想要出去时，他们心里害怕。当他们呆在家里时，他们心有不甘。因为无法作出决定，他们情绪不好，动辄跟父母胡闹。真正有心的父母就知道，在这个当儿，孩子最需要的就是父母踢他们一脚，帮助他们一下子跨出门去。

再看父母的矛盾心态：孩子躲回家里，时而胡闹，父母感到很烦、很苦。但孩子要出去，父母又不放心，觉得还是让孩子呆在自己身边安全。甚至当孩子表示要出去时，父母会说一些令人担忧的话，孩子一听就丧了胆，刚迈出门的脚又赶忙收了回来。

在这样一些家庭，有这样一些孩子，他们在家难受、出门害怕，这矛盾就变成了情绪，朝父母身上发泄，特别是针对母亲发泄。父母有苦说不出，只能默默忍受。因为害怕刺激孩子的情绪，父母在家里连大声话都不敢说，大气也不敢出，走路轻手轻脚，言行举止完全被“病了”的孩子控制了。而父母这样的反应，对孩子是一种诱惑。长此以往，孩子就更难以走出家门了。因为，当孩子成功控制父母的时候，会从中获得一种虚妄的满足，就不肯到生活中追求真实的满足了。在家门之外，是他们失掉了统合感的生活。而在家门之内，他们对父母享有一种随心所欲的操控感。

我上面所说的情况，有些父母能听懂，并且通过跟我合作做到了，我们就共同创造了奇迹——他们的孩子得了疗愈，开始迈开大步成长了。父母觉得这变化太神奇，暗暗向我竖起大拇指：感谢不尽啊！我也暗暗向他们竖起大拇指：心照不宣啊！我们都知道了：孩子最需要的就是父母在必要的时候踢他一脚！

为什么你的孩子跟你闹？

这话说了父母会不高兴，但弄明白了却有好处。

我从一个问题开始：

为什么你的孩子跟你闹？

因为你欠了他的债！别说气话，这不是上一辈子的债，而是他从小到大你欠了他成长的债。

你不仅不承认欠孩子的债，还指责孩子欠你的债。当然我们所说的债不是一样的概念。我说的是成长的债。

你欠了债，不仅不还，还赖债，拖债不还，还四处躲债，你孩子跟你闹，便是向你讨债。

你可能越听越糊涂了，我们慢慢来说。

这个孩子生下来，你成了他的父母。孩子便要在这个称为家的地方得到培育，从而成长。父母在培育孩子成长的过程中出现了问题，便是我所说的欠债，即父母欠下孩子成长的债。

你欠了孩子的债，孩子本是不知道的，或者他知道一些，因为害怕，就忍着不说，积压在内心里。外面做个好孩子，各方面都很好，乖顺懂事，成绩好，但这不一定是真好，其中有装的部分，因为害怕才装，他自己也不一定知道，于是，父母以为孩子很好，孩子也以为自己很好，大家都不知道欠债这回事，但已经有欠债了。

到了一定年龄，内心压抑的东西多了，就把外面的好撕了，开始闹。

他也不知道为什么闹，理由都是比较浅显的。父母也不知道为什么，其实是孩子在向父母讨债。父母也不知道自己欠债的事，便不认这个债，孩子便闹得更厉害了。父母开始忍，内心里也有许多的压抑。情况似乎颠倒过来了。

我跟父母说起欠债的事，父母便生气，说，我生他，养他，怎么还欠他的债？岂不是他欠我的债？

我说：你生他养他，做得好，便不欠债，其中总有做得不好的地方，便在那里欠了债。天下没有不欠债的父母。欠了些债，向孩子认这笔债，孩子也便不追讨欠债了。

父母说：那你说说，我到底欠了他什么债，我看他就是我上辈子的冤家，这辈子来讨债。

我随后便给父母列举了一般父母都可能欠的债：

一、父母会欠孩子情感的债。孩子对父母有依恋，而父母忽略孩子，很少陪伴孩子，使孩子的依恋需求得不到满足，在情感上造成了空缺，便是父母欠下了情感的债。

二、孩子对父母还有其他的需求，父母未能及时回应，或者回应方式不好，让孩子不得满足，反而造成了阻碍，便是父母欠下了债。

三、父母强求孩子听话、乖顺，孩子不敢向父母表达自己真实的需求，只好做父母眼中的好孩子，把自然的天性压抑了，便是父母欠下了债。

四、父母限制孩子，只让他学习功课，不让他读课外书，导致他的精神世界不丰富，只在那里堆满了单一的知识，却缺失了思想的资源。这时父母也欠了债。

五、同样，父母要求孩子把大量的时间放在功课上，限制他与同伴玩耍以及在大自然中的游戏，导致他缺失了人际的经验，也压抑了游戏的天性，以致他在生活中感受不到快乐。这便是父母欠下的债。

六、孩子有探索的兴趣，有好奇心，有尝试做事的热情，父母却把孩子学习之外的所有力所能及的事情都包办代替了，使孩子的能力发展被削弱了。这时，父母便欠下了孩子的债。

七、孩子有自己的难处，有痛苦，父母讲一通道理，告诉孩子许多“应该”，孩子只好把一切憋在心里，向父母关闭了心门。内心很苦，却说不出口。这时，父母又欠了一笔债。

八、孩子有自己的想法，你说他不切实际；孩子犯了错误，你贬损他；孩子有不足，你以完美苛求他……这些时候，你都在欠孩子的债。

九、孩子在不同的年龄阶段需要跟世界有不同程度的接触，你却限制他与世界接触的直接经验。在不同年龄阶段，孩子需要知道不同的事情，以便对人对世界有与其年龄相符的了解，你却过度保护他，以“为了他好”为理由向他屏蔽世界的许多真相，包括你自身真实的部分，让孩子生活在一种被过滤的“纯洁”文化中，变得过于单纯，缺乏起码的辨识力。这时你欠了孩子的债。

十、我们生活在一个有规则的世界里，你却过度宠爱孩子，不教会他有关人生的一些基本规则，这时你欠了孩子成长的债。

十一、我们生活在一个充满不确定性、光影交错的世界里，你却用过度的正能量（其实隐藏着你的焦虑）遮蔽你孩子的眼睛，让他以为人性与世界全是光亮，以致他走进生活无法承受自身与世界合理的阴影，这时，你欠了孩子的债。

还有许多父母可能会欠下的债，这里不一一列举。这里只要提醒两点：

一、你欠下的债，会显示为孩子生活中的某些困难或阻碍，看到孩子正在面对并与之挣扎的困难，我们便知道自己欠了孩子的债。

二、当你体谅了我以上对你说的话，我便知道你已经成了体谅你孩子的父母，也是不会再欠新债的父母了，你的孩子就不再跟你闹了。

情感的储备

一个孩子自幼成绩好，一路读名校，这自然是好的。但他是否能动力强劲，渐行渐远，却不只靠学校教育，更靠他所来自的家庭对他有怎样的培育与造就。好的培育与造就是情感的储备。如果缺乏情感的储备，仅靠知识的储备想过一个丰盛的人生，那几乎是不可能的。那么，什么样的父母会给孩子提供丰足的情感储备呢？便是不断在生活中学习的父母。

不断学习的父母会有自我觉察，也会体谅他人，他们与孩子在情感上是相通的，哪怕他们并没有什么知识与能力，孩子就会获得充分的情感上的理解与支持。不学习的父母是一个封闭体，既没有自我反思的能力，也难以理解他的孩子，他们的孩子因为情感储备不够，想单靠知识的储备前行，便会力所不达，他们会在人生途中耗费大量的心力去索情补力，又常常因为未能得到完全的补偿而受伤、而泄气，停顿下来，陷入封闭自守的状态。

至此，他们还有两条路可行：

一、他们的父母开始理解他们、支持他们，为他们输情，使他们重新加力、重新上路。

二、他们的父母依然不明白，还在指责他们，也永远不会反思自己，以真理的面目对他们说话，而没有真正的同理，这时他们就得选择离开父母，独自上路，不再对父母抱有期待，接受自己情感储备不足的事实，与人结伴而行，在人生每一个有资源的地方为自己加添油料，且行且加，也能渐行渐远，直至实现自己的人生。

文化反思

咨詢師的信念是：
成長是可能的。
咨詢師的工作是：
永遠在等待。
咨詢師的報償是：
看見鐵樹開花。

——王學富

苦大仇深的学习者

有一种情况，是我这个咨询师感到无奈的。但不管怎样，这里还是把我的无奈说出来：我们现在的孩子玩得太少了。我几乎有些害怕那些只学习不玩耍的孩子，几乎可以断定，他们生病了，是因为玩少了。

他们现在玩得太少，将来便会生病。我这里说的病，是心理的“病”，也包括身体的“病”，也反映为情感、社会交往的“病”。我有时候的担心就集中在一点，在你孩子成长的过程中，他有没有充分的、愉悦的、在关系中获得满足的玩耍。

最近接待一位在大学读研的学生，他感慨：“我过去有那么多时间可以玩耍，为什么没有玩耍？现在想来追悔莫及，真傻啊。”

我的另一个朋友曾对我说：“我后悔过去把大量的时间浪费在读书上。”

最近接待了一个高中生，才真真切切体会到这话的意味：这是一个出生在很苦的家庭环境中的孩子，他父亲沉溺于赌博，完全不顾这个家，孩子成长过程中父亲未参与，是一个缺席的父亲。他的母亲包揽了这个孩子，又控制他，只让他学习，把自己与丈夫、公婆相处中所受的苦全部倾吐给孩子，为的是刺激他“争气”，这是一个在妈妈的苦水中泡大的孩子，他是妈妈，也是这个家庭唯一的希望，妈妈的一切都寄托在他身上。他自幼苦学，即使在小学时期，他也开始成功地克制自己想跟同伴玩耍的欲望。到了中学，更是每天晚上学习到两三点钟才睡觉。几乎没有玩伴。学校老师发现布置十道作业，有人完成，有人不能完成，就布置一百道，一个学生能完成十道，便达到了要求，这个孩子把一百道都完成。有时作业量太大，学生完成不了，会形成互助小组，在 QQ 群中共同完成，而他是独自一人完成。实在完成不了，还受老师批评。他觉得好不公平啊。他感叹第二个不公平是，在与人交往中，他总是十分客气，一让再让，一忍再忍，别人却体谅不到他的苦。别人有什么要求都直接说出来，提出要求，他不提，自己的利益就得不到维护。受到误解或不公正对待，他也不问明白，还是隐忍下来。第三个“不公平”便是，他如此拼命学习，成绩反而下降了，脑子不清楚，身体也出现各样的症状，而且发展出强迫行为，体相障碍……

在面谈室里，我跟他们分析这背后的原因，母子二人抱头痛哭，真是追悔莫及啊。

这便是一个苦大仇深的学习者，他会考上大学，但后来的人生会经历相当多的挣扎，因为他为学习而失掉的人性自然的部分会来找他的麻烦，就像一个人欠了债，债主最终会上门讨债。这债是什么？便是生命自然成长方面受到的压抑、遭受的剥夺，被损伤的人性部分。而玩耍便是天性的部分。

这些年来，我接待了许多孩子，他们考上了大学，甚至读了名校，他们身上有两种极端相反的情况：要么继续压榨自己的人性，拼命追逐某一单一的目标，以致陷入抑郁，要么在进入大学之后便失掉了动力，完全处于一种无所谓的状态。在这一切的背后，我会看到一个被强求学习、被剥夺玩耍经验、苦大仇深的孩子。

神经症与俗世人

在这个世界上，有这样一群特别的人，他们被称为神经症。我也借用这个词来描述这样一群人。

这群人有这样一些特点：单纯，美丽，聪明，敏感。他们的心灵有对纯粹的渴望，因此不大适应这个俗世，但他们缺少一种抗俗的能力，就常常沉潜到内心里去了。他们有很深、很多的内在体验，不觉在暗处炼就出非同一般的悟性。这种暗藏的领悟力又被压在层层顾虑之下，不能发挥出来，就如同灯盏放在漏斗之下，光亮被遮蔽了。

这个世界是由俗世人主导的。俗世人的特点是：神经坚硬，不相信心灵，或者，他们以为心灵大概是有的，只是没有什么用。俗世人看人看事，全看有用没用。说俗世人没有价值观，也不全对，他们遵从的是一套现世原则，即生存主义法则。在俗世人看来，生存本身就是价值，生存之外没有价值。这是俗世人的真理，也是俗世人的武器。俗世人会用这个真理的武器打击相信心灵的人们。俗世人常胜。

在这个世界上本来只有人，但渐渐分化出两类人，一类是俗世人，一类是神经症。还有一类人生活在中间地带，他们是中间人。中间人可能成为俗世人，也可能成为神经症。世界正在大量发生的情况是：大量的俗世人正在把越来越多的中间人变成神经症。

俗世人为数众多，势力庞大。这个世界的许多标准都是由俗世人订出来的。例如，什么是正常行为、什么是不正常行为，都是俗世人说了算。俗世人说你是神经症，你就是神经症，无话可说。俗世人看不起神经症。

其实，世上本没有神经症，是一群俗世人把一群中间人逼得没了出路，他们就成了神经症。特别是当中间人幼小的时候，更容易把他们变成神经症。俗世人有时候把“逼”称为“爱”。

被定义成了神经症，是一件痛苦的事。神经症很痛苦，但内心里坚持着一种东西，那是一种精神的品质，在俗世上稀有的。俗世人会嘲笑精神的品质，说这些东西根本就不存在。你如果相信，就说明你很傻。只有神经症才相信，俗世人不相信。俗世人知道，相信精神品质，就会有精神苦痛，不相信，就可以回避精神苦痛。俗世人才不傻呢！神经症因为受到俗世人的否定，就非常惶惑，他们在俗世中生活，总显出一副犹豫不决的样子。俗世人就觉得他们很可笑。神经症心里害怕，行为上总是回避，眼睛又总是盯着一点，不断重复一样东西——一个念头，一个行为，一种情绪等——他们内心的冲突越来越大了，就干脆找一个地方躲起来算了。他们躲的地方，名字就叫神经症。因此，俗世人就用“神经症”来称呼他们——这既是他们的状态，也是他们的称谓。

神经症是一群携带着精神品质（不管做什么，他们都要求品质）的人，却秘不示人，因为他们担心被俗世人否定、嘲笑，就只好把品质藏起来。如果要在这个世界上寻找有品质的东西，大多也只能在神经症那里可以找到了。俗世人太聪明，就扔掉了这样的品质。

因为太关注心灵的品质，神经症甚至可以说是一群有精神洁癖的人。在俗世里，他们很容易被玷污，很容易受伤害，也会因为受伤而更加敏感、更加害怕、更加犹豫不决了。他们就在症状里躲了起来。他们曾向世界提出各种关于品质的要求，但世界无法满足他们，反而指责他们，说他们错了，说他们不该。他们就更加小心翼翼，说话闪烁其词，行为躲躲闪闪，生怕触碰了世界一点点，惹得俗世人不高兴。

神经症有很深的不安全感，也有几乎压不住的生之欲求。有时候，他们也忍不住反叛。当他们的反叛也被俗世人诊断为神经症时，就更加证明了他们就是神经症。

在俗世人眼里，追求精神的人太天真、太不实际、太自讨苦吃，纯粹就是些胡思乱想，因此他们把这些人定为神经症。俗世人是享乐主义者，及时行乐，拼命追求权力、金钱等，他们说，这才是实际的，别跟我玩虚的。在俗世人眼里，别人是可利用的工具，用来满足自己。俗世人会犯错误，但他们会立刻架起防御、否认错误、自我安慰，他们不大会为错误感到内疚。在俗世人看来，内疚是一种软弱。俗世人总认为自己是对的，如果有不对，他们就会装对，装对了，就是对。俗世人当然不会得神经症，因为他们的神经简直就像钢丝，是用坚硬的理性构成的。他们被称为俗世人。他们也很骄傲自己是俗世人。从他们对神经症的态度里，就可以看出他们有多骄傲。俗世人是世界的主宰。

我自认是一名医者，叫直面医者。这个医者不是医学的，不是生物学的，不是身体的，也不大是认知的，而是心灵的、生命的、生活的、意义的。行医 20 年，我接触了许多神经症，以及遍布他们周围的俗世人。我喜欢神经症，在内心里称他们为美丽的神经症。我不喜欢俗世人，但我得跟俗世人合作，为的是帮助神经症，为的是让神经症最终能够活出自己——不是活成俗世人，而是活出某种高于俗世人的价值或意义，而且要活得像俗世人那样坚决，敢于宣称，但他们不是宣称俗世的原则，而是宣称心灵的价值。

神经症的心灵，如同开放在这个世界各个角落里的花朵，很容易被粗暴地践踏、揉碎。那些践踏和揉碎心灵花朵的人，就是俗世人。俗世人就在神经症的周围，甚至可能是神经症的父母、兄弟姐妹、婚恋伴侣、老师、老板、同事、朋友、同学……俗世人为数众多，遍布各地。俗世人常常显得鄙陋和粗暴，却不自知。他们容不得别人跟他们不一样，他们会打击别人身上跟他们不一致的部分，特别是关于心灵和价值的部分。如果他们是父母，他们的孩子就容易变成神经症。如果他们成了丈夫，他们的妻子就要备受压抑，变成神经症。如果他们的妻子从父母的压抑里产生了神经症，到了婚姻里还会持续受丈夫的压制，神经症就会变得恶化，那可真是雪上加霜啊！

父母是俗世人，孩子是神经症；丈夫是俗世人，妻子是神经症（或者相反），这就形成了一种鲜明的对照，显出这个世界上让人看到最不舒服的不协调：美丽的神经症与粗鄙的俗世人。追求心灵纯粹的神经症，遭受俗世人的打击和压抑，被迫就范，有许多的痛苦与挣扎。俗世人执掌一套俗世原则，人多势众，强大而坚定。在他们面前，那些敏感而脆弱的心灵不堪一击。

神经症代表一种心灵的品质，神经症本身包含强烈的成长渴望和丰富的创造潜能。即使他们在俗世遭遇打击，成了神经症，他们却在暗中保守着这种品质和资源。可惜的是，他们不断受到俗世人的轻侮、嘲弄、贬损，他们总以为自己错了，就依从了俗世人，就跟着俗世人走了，就为俗世人所用，还对之感恩戴德，恭奉左右，甚至很想把自己变成一个俗世人。

在最低落的时候，神经症会带着一种“自暴自弃”的情绪，选择嫁给一个俗世人，或者娶了一个俗世人。这就如同一只毛毛虫选择嫁给一只蚯蚓，却不知道有一天自己会从痛苦中蜕变，化身为蝶。那时，毛毛虫将面对难以抉择的痛苦状况：到底是化身为蝶跟另一只蝴蝶在花间飞翔，还是钻进土地去跟一只蚯蚓长相厮守？

有一个女子，她的父母皆是俗世人，她自幼受到压制，发展出一种神经症。在一群俗世人的劝说下，她嫁给了一个俗世人。此后的生活中，神经症一直困扰着她，她一直寻求直面医者的帮助，想让自己经历疗愈，走上一条自我成长的路。在痛苦中，她经历了文化的蜕变，生命变得丰富，视野变得开阔。在她身上，我看到神经症里蕴含的心灵品质，同时她渐渐发展出来了清醒的现实关注。我为她的成长感到万分欣喜，因为她正在成为更好的自己。在我眼里，她是一个美丽的神经症。

这时我看到了她的丈夫，看到他们形成鲜明的对照：一个是神经症，一个是俗世人。一个是蝴蝶，一个是蚯蚓。她的心灵生动而蓬勃，而她丈夫的生命却一片荒芜、一直贫瘠。她经历着成长，实现了相当程度的成熟，并忠实于自己，踏实地生活，而她的丈夫，一直枯守一隅，带着一套僵硬的道德原则，生活在褊狭的文化观念中，充满生存焦虑，而且心理幼稚，逃避现实。她因着神经症去经历有意识的成长，长大了，长出了丰盈的人性，并且对生活充满信心，而她的丈夫，还生活在一套既定的旧文化程序里，固执而褊狭，拒绝成长，也不相信成长，还会压抑身边这个相信成长并追求成长的人。他坚定地对妻子说："不要相信任何人，他们只是骗你，因为你很傻啊！"

俗世人会压制神经症，却离不开神经症。甚至，俗世人会在暗中羡慕神经症，因为在神经症身上有自然、自发、自由、创造力，俗世人却没有这些。俗世人有精于算计的头脑，神经症身上却有天才的闪光，这是俗世人无法想象也无法企及的。精明的俗世人一边责骂神经症很傻，一边把神经症据为己有，完全置于自己的控制之下。

但神经症或许会觉醒，变得确信而坚定，开始反思从前的选择，觉今是而昨非，决定从此不再依从俗世人。她知道自己已经从毛毛虫变成了一只蝴蝶，她不要去假装做一只蚯蚓。

我想到马克思论宗教时说的一段话："宗教里的苦难既是现实的苦难的表现，又是对这种现实的苦难的抗议。宗教是被压迫生灵的叹息，是无情世界的感情，正像它是没有精神的制度的精神一样。"我这里就用这段话来理解神经症。神经症里面有现实的苦难，也有对现实苦难的抗议。神经症是"被压迫生灵的叹息"，是"无情世界的感情"。神经症既显示一种最受局限的状态，又包含一种追求自由的强烈意愿。神经症没有错，是世界错了。是世界达不到神经症所期待的样子，才把一群有品质的人变成了神经症。神经症是为世界保留的品质。

心理治疗就是让人变得有趣

现在网上的段子很多，许多段子本来是为了搞笑的，我却从中看出另一番意味。

比如最近有一个段子说：有一个青年人在大学读研究生，他回到农村老家去参加一个亲戚的婚礼。村子上所有的人都受邀参加婚宴，其中有许多人他根本不认识。在婚宴上，这个研究生跟一个女性坐在一起，两个人相谈甚欢。后来，他问爸爸："这个人很有趣，跟我很谈得来，她是谁？"他爸爸说："她是我们村上有名的精神病。"

听到这个段子，许多人都会笑，也会一笑而过了。而我是认真的。在我们这个时代，可能真的出现了这样一种情形：有了精神病才有精神，跟"正常人"无话可说，跟精神病才谈得来。为什么呢？因为"正常人"落入俗套，变得越来越没趣了。

我想到一个学者叫辜鸿铭，他的天分极高，觉得诸事无趣，其言其行常常颠倒过来，显得"怪诞"，却自得其乐。在德国留学期间，一天他坐在公交车上，手中拿着一张德国报纸——倒过来看。有两个德国青年以为他看不懂德语，就在旁边议论他："看这个土老帽儿，不懂德语，把报纸倒过来读。"辜鸿铭自个儿说（故意让德国青年听到）："这德语也太简单了，倒过来读才有点意思啊。"

我由此推想，也许精神病人就是倒过来活的人，在一个无趣的世界里倒过来活才能活出点趣味儿来，而精神病诊断手册却显得十足无趣。当然，精神病人不见得有这个意图，却自有一番"倒过来活"的趣味在其中。这种趣味儿，在那个研究生跟一个精神病人的谈话中充分呈现出来了，给人造成一种"错愕"。

想想我们生活的这个世界，看起来五花八门、五光十色，却没有真正的意思。于是，有那样一群特别的人，拒绝按这个世界通行的方式去做、去活。他们中间有些人被定义为精神病、神经症，他们却成了这个世界一道特异的风景，成了这个苦难大地上开放的精神与情感的花朵。

我做心理治疗，许多人以为这工作一定很苦、很无趣，我却从中发现了一种“异趣”，因为我遇到了一个个在这个世界上最有趣的人。在大多数情况下，我跟那些被世界定义为“神经症”的人谈话。极其偶尔的情况下，我也会跟恢复期的“精神病”谈话。做久了，我回头跟生活中的正常人谈话，就感到太浅，只是按常规套路应付一下，很无趣的。而跟神经症者谈话，我却惊叹于其中的深度、创造力、精神的丰富性、心灵的纯粹，以及与这个世界不相一致的各种别样新姿。

我在从事心理治疗的过程中，有一个很深的感受，用一个比喻来描绘就是：当魔怪被杀死了，天使也飞走了。

我是想说，在神经症里，既有魔怪，也有天使。人本来就是魔怪与天使的结合，只是在神经质者和神经症者身上更加突出而别致。当他们身上的魔怪（不正常）被杀死了，天使（有趣）也飞走了，就剩下一个苍白无趣的人生。这并不是心理治疗的目的。

神经症里有丰盈的创造力，只是它没有找到一种适当的方式去表现自己，就成了所谓症状，即魔怪。但是，神经症里又暗藏着非同一般的创造力和心灵品质，往往非正常人所有。当今世界上通行的一种“治疗”模式是诊断与用药，其本愿是杀死魔怪，却把天使赶走了。更多的情况是，魔怪没杀死，天使却杀死了。亦即，症状并没有真正消除，创造力和品质却被压抑了。所谓“治好了”，也大多是把这个有趣的“病人”变成了一个无趣的“正常人”。这是治疗的目的吗？不是。直面取向的心理治疗要达到的目标是这样的：让创造力和品质保留下来，并为之修通一条最适合的渠道使用它、实现它。当阻碍消除了，当事人才会更充分地成为一个“人”，在生活的大地上行走，他的天空有许多的天使，他的森林里也有各样的妖怪。这是一个多么有趣的人生！

我又想到鲁迅的《狂人日记》。在狂人——一个患有被迫害妄想的病人——的症状发作时期，他的生命呈现出多姿多彩，他的精神世界真是意趣隽永。后来他恢复了“正常”，到一个官僚体系“补阙”去了，自此，他的人生落入“常态”，却在“生动”之外了。当然，我这里所说，不是鲁迅的创作意图。

因此，当人们来关心我，说：“你的工作该是多么无趣！”我说：“非也，我的咨询室里有常态世界难得一见的趣味与意义。”人们又体谅我，说：“你的工作该有多苦啊，你怎么能够忍受呢？”我又说：“正好相反，跟生活场中的人谈话，全是世故，那才让人难以忍受。”人们之所以说我太苦，是以为我接触的全是悲伤与眼泪。我的回答是：“但在这里面我发现了生命的可贵品质与价值：悲伤会长出意义，眼泪会变成笑靥。世界的干涩被置于外面，而我接触到一个个心灵的剧场。有一种创造精神，回避了世界，却在这里悄然呈放了。我的工作就是，为它们找到一个更有效的形式，让这种创造不只是私人的，隐秘的，而成为有益于大众的，被认可的，被欣赏的。”

这是我的“治疗”：不给那种在痛苦中失序的精神与心灵做诊断，因为诊断不能定义那么丰富的“人”。我也知道，药物的目的是抑制“症状”，却会压抑心灵与生命的效能。我另辟蹊径！

神经症和精神病显示的是人生最艰苦卓绝的战斗，虽然这些“不识时务”的战斗者暂时失败了，甚至可能彻底失败，但与那些在生活中已经放弃战斗、在防御中精神变得麻木的正常人相比，他们具有更高的生命价值。在现实层面上，他们被击碎了，症状却遮挡不住他们的心灵透露出来的意义。而且他们永远保有疗愈的希望。在一个黯然无趣的世界里，这些遭受重创的心灵显得更加生动、可贵、令人尊敬，与那些在毫无保留的妥协里变得一片枯竭的人性相比，他们的生命熠熠生辉。

我陶然于神经症背后的丰富精神资源与生命渴求，珍惜其中所保留下来的心灵品质。我与美丽的神经症同行。我的治疗，是帮助他们确认自己，活出更丰盛的生命，而不是把他们变成无趣的正常人。

我赞赏英国诗人王尔德，并把他引为心灵的知己，他在《狱中记》（又名《从深处走来》）里说了这段话："耶稣把罪人看作最接近完全的人而加以爱护。把有风趣的盗贼变成乏味的正人君子，并不是他的目的。他使用世人未曾知道的方法使罪恶和苦恼变成美丽神圣的东西。当然，罪人不得不悔改，不过这是他完成耶稣所做的事情。希腊人认为人是不能改变自己的过去的，甚至有这种说法：神也不能改变过去。但是耶稣使人看到最普通的罪人也能变好。当那个浪子跪倒哭泣的时候，耶稣一定会说，他使过去的罪恶与苦恼变成了一生中最美丽神圣的时刻。"

纪伯伦也明白这个本质，因此，在他的笔下，耶稣是一个生动有趣之人，是一个艺术家的心灵。耶稣的治疗本身就是艺术。

人类有许多心灵意义上的启蒙者和解放者，都是生动有趣的人。

陈丹青曾著文说鲁迅是20世纪最有趣的人，这是独到之见。在那样一个时代，鲁迅用最有趣的方式"抗俗"。这里举一首他的新打油诗《我的失恋》中的几段为例，是跟当时社会已经变得俗到肉麻的情诗风气开的一个玩笑：

爱人赠我百蝶巾；
回她什么：猫头鹰。
从此翻脸不理我，
不知何故兮使我心惊。

爱人赠我双燕图；
回她什么：冰糖壶卢。
从此翻脸不理我，
不知何故兮使我胡涂。

爱人赠我金表索；

回她什么：发汗药。
从此翻脸不理我，
不知何故兮使我神经衰弱。

爱人赠我玫瑰花；
回她什么：赤练蛇。
从此翻脸不理我，
不知何故兮——由她去罢。

还有金圣叹，因为看透了人世间的恶俗与凶残，他把自己的生与死变成了一个“玩笑”，对世界进行一种达到极致的反讽。据说在刑场上，金圣叹对刽子手说：“先砍我的头。”刽子手说：“凭什么？”他说：“我耳朵里有宝贝。”刽子手就先砍了他的头。然后，刽子手从他的一只耳朵里找到一个纸团，展开一看，上面写着一个字：好。刽子手又在另一只耳朵里找到另一个纸团，展开又一看，上面写着：痛。合在一起：好痛！如此痛快又悲怆的幽默！

鲁迅也是。看他在临死之前写的《死》，算是遗嘱，其中有干脆淋漓语：“埋了拉倒。”再看他写的《复仇》(其二)，其中描述耶稣被钉十字架的痛苦，却说“这使他痛得舒服”，“碎骨的大痛楚透到心髓了，他即沉酣于大欢喜和大悲悯中”。如此辛辣的幽默！

不管是耶稣，还是金圣叹，以及鲁迅，仿佛是在对世界说话：你恶俗，你残暴，我用生命跟你开一个玩笑。

在本质上，心理治疗是艺术的治疗。当心理治疗越来越像科学，它的路就走错了。它将衰微。只有在艺术里，它才恢复生机。我这里说的话，许多从事心理治疗的人不知道能够体会多少，就如亚隆的老师（耶罗姆·弗兰克）读不懂卡夫卡，正是这个世界在进行的心理治疗和精神治疗的一种缺憾。

弗洛伊德与荣格是从文化（包括文学艺术）里获得了丰富的治疗资源，其潜意识之说，就让治疗变得意趣无限，如同一个奥妙无穷的谜，至今吸引着无数的人。欧文·亚隆从枯燥的精神病治疗中拓展出文学和哲学的取向。更不用说罗洛·梅更是倾向艺术性质的治疗。最好的心理治疗是文化的话语、艺术的话语，让生命变得有趣。温尼科特也沿着这条路走到这里：他发现玩耍中有疗愈的意义。人有玩耍的天性，但玩耍的天性受到压抑，就丧失了，而心理治疗就是帮助一个个人恢复他们玩耍的天性，让生命变得生动有趣起来。

只有自由的人才会充分玩耍，恣意释放天性。因此，心理治疗是帮助来访者走向自由，充分成为自己，而不是给这些本来受束缚的人加一套捆绑的绳索。如只对人进行生物医学意义的病理诊断、用药、电击、住院，就成了一根一根绑缚人性的新绳索。我所不解的是，如果用的是这样一套限制人性的固定程序，怎么给人带来自由？如果不能让人获得自由，为什么称之为心理治疗？

真正的心理治疗是这样的：它对人性的看法不局限于生物医学的单一视角，而有一个更加开阔的文化视野，既看到文化给人造成的损伤，也积极寻求文化中丰富的疗愈资源。那些走进治疗室的人，是在这个过度程序化的世界里受到太多压制和损伤的人。他们经历的治疗不是被诊断，而是被尊重；不是被看做是一个病的载体，而是被看做有各种潜能的生命；不是受到电击，而是得到鼓励；不是用药物抑制，而是通过探索，获得觉察；不是住院，而是充分释放天性、活出存在的意义。

人生有两种幸运

在这个世界上，每个人都会追求一种东西，它叫幸运。幸运是什么呢？它真的那么好吗？如何得到它呢？

人生有两种幸运，或者说幸运有两个层面。第一种叫天然的幸运，就是你几乎不用做任何努力，就走了好运。有一天，一位来访者给我写信，信中说了一句话："我刚才在想，我运气怎么这么好？遇到了王学富和某某（她的男朋友），而且是在我还不知道我需要的时候。"我就跟着回复说："那没有办法，在这个世界上有些人就是运气好，哪怕踩到狗屎都走运，叫狗屎运。他们还不知道自己有多走运。"当这样的人知道自己运气好，并且顺势而为，勤勉于人生，他们就得到了第二种幸运，或者走进了幸运的第二个层面，这叫勤勉的幸运，也就是成熟的人才会得到的幸运。

天然的幸运是人们最想得到的幸运，却常常求之而不得，因为它本是可遇而不可求的。运气是怎么运作的，它由谁在操作，我们根本就不知道。运气是最大的奥秘，人类从头到尾为了解开这个奥秘付出极大的努力，还是解不开。或许它可以解开，但天机不可泄露。解密的方法很多，人世间的各类宗教，智慧书，包括各种奇门异术，皆莫衷一是。得不到的人感慨不已："算我倒霉！"或者"这是我的命啊！"古往今来，运气挫败了多少孜孜以求者，在它没有光临的地方倒下了多少英雄好汉。

运气就像鸟儿在天上飞，也不知道它出于什么理由落在你头上，你就成了幸运者。在你根本就不知道的情况下，你生到一个富贵之家；或者，你出生的家并不那么富有，却家学渊源；或者，你的父母既没有多少钱，也没有多少学问，却是生命通达之人，性情良善，人格成熟；或者他们没有以上一切，却深爱你，也知道怎么爱你，你一生下来就享有丰盛的情感资源。这皆是天然的幸运。

有一位来访者，她生来是幸运之人，但她并不知道，也不以为然。她自幼被各样幸运的条件所簇拥，生活在一个天堂般的环境里，天真烂漫，不知人情冷暖、世态炎凉。她以为这幸运是理所当然的、是永远的。她不把幸运当一回事，说："这没有什么啊，本来就是如此嘛。"当她到了社会，看到周围有许多拼命奋斗却所获无多的人，她很不理解，说："成功很容易啊！他们太笨了！"她不知道，她并不比他们更优秀，只是比他们更幸运。

天然的幸运本来是好的，却会在暗中滋生一种危险。有一种危险是：幸运者可能刺激人性的嫉妒，给自己造成料想不到的阻碍甚至陷阱。我至今记得一位来访者讲的故事：她生于一个军官家庭，在中国最困难的时期，她家有国家供应、丰衣足食。她在当地一所乡村学校读书，每天去上学之前，妈妈都给她带一个苹果。有一天，老师家访，对她妈妈说："请不要给你孩子带苹果，这会给她带来麻烦……"当时她听不懂这话，一点也不知道她的这个行为会给那些连饭都吃不饱的同学造成怎样的刺激，幸运与不幸之间的落差会让人性变得险恶。社会必须有一双眼睛看到，人性的嫉妒可能借着制度的不良，给幸运者造成灾祸。

对于生活在天然幸运层面的人来说，也需要知道，天然的幸运是好，却是脆弱的、不可靠的。君不见，旧时王谢堂前燕，飞入寻常百姓家。世界是不确定的，幸运也是一样。它像鸟儿一样，有时飞来了，有时飞走了。人生是在这个本来不确定的世界里尽力走出一条自我确定的路。这条路不是靠天然的幸运，而是靠有意识的成长。只有通过成长，才会走到幸运的第二个层面（后面再说）。因此，幸运之人也会有另一种危险，就是有了天然幸运却不成长，当幸运不再，甚至厄运降临，就抵御不住、承担不起，可能一下子崩溃了。我常常看到，当一个本来幸运的人被打垮了，他比那些本来不幸之人会过得更惨。

心理症状会寻找生活在幸运的第一层面的人，把他们变成自己的猎物。这真是"祸兮福所倚，福兮祸所伏"的道理啊！如果一个人生在幸运里，他脱离了世界，以为自己不属于世界，会永远活在天堂里，高人一等，而没有为走进世界做预备，这在外面看为福，里面就隐藏了祸。他只有天堂的体验，却没有人世的经验，不懂世界的规则，无法与人有深的连接。这样的人后来就“病了”，这病不是别的，是无法在世界上活的病。病因是，在天然的幸运里生活得太久、太深，被保护过度，心灵太纯洁，思维太单一，自我太幼弱，适应不了世界的不确定性、多样性、复杂性，以及人生中惨淡的时刻和尖锐的方面。

因此，如果你是幸运的人，切当珍惜。你的眼睛不只看到自己，也要看到世界、看到他人。你知道人世间有幸运，也有不幸。你知道自己是幸运之人，那是天然，或叫偶然，并不表明你了不起或高于不幸之人。作为幸运者，你对不幸之人当有怜恤之心，得饶人处且饶人，能助人时即助人。当你做到这些，你就不再是一个小孩子，只能生活在天然的幸运里，你还能够在世界上自由走动，在关系里四通八达。你不仅是幸运的人，还是成熟、良善的人。你不仅能够承担幸运，还有能力培育幸运。幸运之时，你在“积德”，遭遇不幸，也有“荫泽”。这样，你不仅避开了人为的灾祸，你还尽力造就了他人。这时，你就进入到幸运的第二层面。

幸运的第二层面是这样的：你知道你是幸运之人，并且顺势而为，勤勉于人生。你知道这个时候你是幸运的，你也知道人生有不测，在另一个时候你可能不那么幸运。在幸运之时，你勤勉于事，用心待人，尽力成长，让自己变得成熟。你这是在为可能遭逢不幸之日做好预备。这预备不仅是能力、条件上的预备，更是人生态度上的预备。当你预备了一种成熟的人生态度，你就高于世界的不确定性，也因而高于这个世界。这个态度便是：我不只是在幸运里活，我也可以承受不幸。这就是一种自在的状态：当你明白“天有不测风云，人有旦夕祸福”时，你便可以“望天上云卷云舒，看庭前花开花落”。

世界是不公平的，毫无理由地让一些人生来幸运，让另一些人生来不幸，这是第一层面的情况。如果世界只有第一层面，这个世界上就只有两种人：幸运之人和不幸之人，而且二者固定不移，状如注定。如果我们只看到第一层面，我们就只看到幸运之人和不幸之人，只能因为自己是幸运之人而得意忘形，或因为自己是不幸之人而绝望透顶。不成熟的人只看到这个层面。所幸的是，这个世界不只有第一层面，还有第二层面，这是成熟的人能够看到的。第二层面透露出这样一些本质：一、幸运和不幸是偶然的，不是绝对的。二、幸运与不幸不只是天然的，还是可以靠人为争取的。三、幸运与不幸不是互相隔绝的，而是可以彼此转换的。

虽然有了上述理解，我们依然要知道，从绝对的角度来看，世界并不像我们期待的那样公平。在天堂或许有绝对的公平，我们现在还不知道。我们所知道的是这个世界的情形：第一层面的人是幸运的，因为得了先机，拥有了更好的条件。跟那些天然不幸的人相比，天然幸运的人总是更有条件、更有机会。即使后来也会遭遇不测，他们从不测中恢复的机会也会比本来不幸之人更多。而那些天然不幸之人，因为条件薄弱，也因为条件薄弱而影响了心态，就更加没有机会，也不敢去争取机会，他们被削弱甚至被毁掉的概率也就更高了。因此，这个世界需要一种基于对人性的怜恤而建立起来的制度来调节这种不公平。

人生有一个常态，勤勉者总会有所收成。但也有一种情况，大概可以叫非常态吧，那就是，有时候，不管你多么勤勉，还是达不到，这要么因为幸运没有到来，要么因为你没有赶上幸运甚至因为你遭遇了不幸，凭你一人之力也胜不过去。这时就需要你在态度上能够有所超越了，这个态度叫接受。本来生活在第一层面的幸运之人会因为“不能接受”而陷入病中，后来失掉了幸运。而生活中的不幸之人，靠着接受自己不幸的事实，又靠着坚持不懈的勤勉，也有机会成为幸运之人，获得了第二层面的幸运。因此，不管是幸运之人遭遇不幸，还是不幸之人面对不幸，接受的态度都很重要。当我们有了足够的成熟和觉察，我们也可以接受这样的情形：幸运不是靠努力就一定能够得到的，它的发生还需要很多条件聚合而成，人们说天时地利人和，即此之谓也。因此，幸运需要等待，需要培育。在等待和培育之后，它依然不发生，那就需要接受。

心理咨询效果之发生，也是各种机缘巧合的结果。当它的效果达到极致，一个人的命运就在那时发生逆转了。因此，文前提到的那位来访者意识到了，她说“我幸运地遇到了王学富”。那个酗酒30年，把生活过得一塌糊涂的女性在火车站遇到了埃里克森，那就成了她大半生不幸中遭遇到的一个最幸运的时刻。还有那个撒玛利亚妇人，她在井边遇到了耶稣，也成了她觉醒与改变的巅峰时刻，也叫幸运。

最后，虽然幸运无法可依、无迹可循，但勤勉之人与幸运相遇的概率总会高一些。至少，勤勉之人为幸运预备了条件，为通向幸运铺好了一条路，或者，就像一个比喻所说，栽了一棵梧桐树，就更有可能飞来金凤凰。甚至，勤勉本身就是一种幸运，它是自己创造出来的幸运，比天然的幸运更实在、更可靠。

天才被毁的悲哀

最近媒体报道了几个人的自杀，特别是那个天才高中生自杀，以及大学教师江绪林的自杀，让我联想到在面谈室会遇到有自杀倾向的来访者，不由感慨万千，便想到提醒人们注意：天才更容易受损伤。

我们称为天才的人，就是那些有天分的人，他们比一般人更敏感，对品质与意义有更高的要求，他们的心灵更纯净，渴望情感，追求纯粹，甚至苛求完美，他们的生命是一个比一般人更显著的悖论：更有创造力，也更容易受损伤。

天才之所以比一般人更容易受伤，是因为他们大多并不真正知道自己的天分，也不真正认识自己。他们天分丰盈，生活的经验却不足，因此不大会保护自己的天分，反而会不在意这天分，甚至随意就糟蹋了自己的天分。有天分的人后来经历了生活的磨砺，变得成熟了，就会更了解自己的禀赋，并且有意识地去保护自身的禀赋，尽量不让它受损，也不会胡乱使用它。但情况常常是，天才还没有长成熟，就受损了、自杀了。

天才也是人，是生出来的，这跟普遍人一样。鲁迅曾说，天才生下来的时候，发出来的也是一串啼哭，而不是一首诗。天才也有一个成长的过程，但在成长的过程中，他们的天分就慢慢显露出来，表现出跟一般人不一样的部分。这些部分，天才自己不大认识，周围的人也不大认识，天才的苦恼有时是：我怎么跟别人不一样？周围的人，包括天才的父母，也会奇怪：你怎么就跟我们不一样呢？如果这些不一样是不被认可的，甚至被打压的，天才就觉得自己很倒霉，就巴不得跟别人一样，却常常做不到。

鲁迅的思想与情感中最深刻的部分有二，一是对天才的渴望和呼唤，二是对天才被扼杀的悲哀与愤懑。鲁迅最大的愿望是我们的民族造就自己的英雄，我们的文化培育自己的天才。但当年鲁迅最深的悲哀是，他看到我们的民族和文化在伤害英雄、摧残天才，甚至大批谋杀他们。鲁迅还具体地揭示了人们谋杀天才的方式：一是棒杀，一是捧杀。

鲁迅曾做演讲，主题是“在天才未产生之前”，呼唤中国的民众要成为培育天才的土壤，要理解和保护我们的天才。他很具体地描述天才的特征，说他们身上也有脆弱的方面，很容易被旧势力抹杀。这是一个很了不起的提醒。在一般人的理解是，天才远远高于人类，是横空出世的，是从神迹里生出来的，如古代传说里的有母亲踩到天神的脚印而怀孕（履帝迹而受孕），或者如孙悟空在一声天崩地裂之中，从岩石里蹦了出来。而鲁迅提出的观念很重要，天才并非一生出来就是一个天才，天才也需要得到培育和保护。天才也不完全是先天的禀赋，也有文化因素的造就。许多人身上有特异的禀赋，与他们个人的成长环境、生活经历中的特别的文化影响颇有关联，大体可以说，他们身上具有某些先天的因素，在后来生活环境中又受到某些特别因素的刺激，天分便发生和生长出来。比如，鲁迅有敏感的心灵，经历了“家道中落”，便在世态炎凉里练就出一双看透世人真面目的敏锐的眼睛，因而造就一个思想与创作的天才。也有一些天才生活在某种过度保护的环境里，缺乏在生活经验中的磨练，心灵纯粹却也脆弱，就更容易受损伤，甚至被毁掉。我时而忍不住想，人类的文化如滚滚洪流，从古到今弥漫而来，汹涌向前。在这历史文化的洪流里，有多少天才被湮灭了，没有一点声息，也没人在乎，甚至人们想都不曾想到。在我从事心理咨询的经验里，对天才被毁有无限的悲惜。

我们怎么来评判一个文化？如果从天才的角度来讲，一个好的文化，是培育天才、保护天才的文化。因为天才总会有许多不寻常的地方，如果一个文化缺少一定的空间，没有一定的宽容，容不得特异的人，缺乏自由与多样化的资源，对天才没有识别能力，也不能够理解天才、支持天才、保护天才，这便是不好的文化。在好的文化里，有许多条件让天才茁壮成长，在不好的文化里，天才难以产生，或者天才产生了，却纷纷陨落。

天才很容易成为被人嫉妒和攻击的目标，因为天才在某些方面是卓越的。俗话说：木秀于林，风必摧之。这话里包括多少惨痛的经验啊，又是一个多么令人悲哀的提醒啊！这经验意味着天才遭到过迫害，这提醒又会压抑和扼杀多少天才。把这话说给一个正在生长的天才，很可能让他丧胆、让他退缩了。甚至这话为摧残天才提供了一个合理化的理由或借口。

天才被毁常常涉及人性的阴影、人性的邪恶，人性本有迫害异己的倾向，就是说，人对跟自己不一样的人会产生猜忌，对跟自己所为不一样的行为会觉得奇怪，对比自己好的人，不觉心生嫉妒。坏的文化与制度会刺激人性中这种迫害天才的倾向，让它出来去压制跟自己不一样的人，嫉恨比自己卓越的人。这种迫害行为的基本潜台词是：凭什么他比我好？而好的文化，以及由此造就的好的社会环境、好的体制、好的教育，就会更加了解人性的恶端，有意识地去遏制人性中这种潜在的嫉妒和迫害天才的盲力，不让它有条件和机会恣意妄为，以致给天才造成压抑与损害。

天才常常是对文化最敏感的人类分子，因此可以说，天才是文化的试金石。这就如同一片水域，水的品质如何，决定着某种对水质最敏感的鱼类能否在这里生息。再如一片土地，某种植物是否可以在这里生长，也是看那片土地的品质。一个文化是否适合天才生存与发展，才显示那个文化的品质。

有一种迫害天才的方式是污名化：先把天才称为疯子，然后迫害之。理由很简单，既然你是疯子，就是危险的，就要对付你。比如，鲁迅的老师章太炎就被人称为“章疯子”。在鲁迅写的小说《药》里，夏瑜被茶馆里的人称为“疯了疯了”，他的被杀，被民众认为活该。

我想到希特勒迫害犹太人，各个领域中的犹太人天才或者被杀了，或者逃跑了。有不少人跑到了美国，美国就成了一个天才聚集的地方，因为它的文化保护天才。希特勒时代的德国和欧洲，文化生态被糟蹋了，不再适合天才的生存。这许多的天才就像动物一样，要么被杀，要么自杀，要么逃到一个适合他们生存的地方。结果是，世界心理学界就发生了一次重大的迁移，心理学的重心从欧洲转移到美国。在科学界、商界、哲学界都有类似的情况。天才有权利选择适合自己生存与发展的社会文化环境。

有些天才发现没有空间了，发现这个文化里的空气稀薄，他们感到窒息，没有办法活下去，有些天才就死了，有些人只是活着，把他们身上的天才的部分妥协掉了。天才是有翅膀的，当没有足够的天空，他们只好把翅膀剪掉，落入鸡群中，为了生存的缘故，只是为了生存。在鲁迅的《狂人日记》，那个狂人后来被治好了，就补了一个官阙去了。补阙的意思就是，他成了一个“正常人”，那样可以苟活下来。然而，常人可以用常人的方式活，不一定是苟活，但一个天才被迫按常人的方式去活，便是苟活。他本来是另外一个人，却不能按他的方式去活。

在塞布鲁克大学有一位很重要的教授，叫尤金·泰勒，他就是一个怪人。在美国社会里，有一些人说他很奇怪，也不喜欢他，但也有不少人很佩服他、尊敬他。他有些不通世故，对人不太客气，但他对学生很好，对相知的朋友很好。我见过他，跟他在一起吃过饭，他跟我谈过一些禅修方面的东西。他在2013年去世了。我在赛布鲁克修读心理学，赶上毕业典礼，授发博士学位的学生上台表达感谢，提到尤金·泰勒，一些学生泣不成声，讲他是一位多么好的教授。我当时的感慨是，这是一个兼容的社会或文化，能够容纳天才和怪人。当然，天才不等于怪人，但有一些天才在普通人眼里的确是怪人。我的朋友埃德·孟德洛维兹在许多人眼里也是一个怪异的人，但他的文化允许他按自己的方式生活，他有自己的地方，写自己的书，做研究，有许多真知灼见。

在某所大学里有这么一个人。他是个天才，也是个怪人。他天分突出，心理也敏感而脆弱。他不大具备一般人的生存能力，用的是很特别的方式跟人打交道，时而造成麻烦。他在读博士期间，跟导师产生了矛盾，怀疑导师抄袭他的论文成果。他写的博士论文引述七八种外语资料，让答辩委员会感到为难，论文没有通过。他转而修读其他专业的博士，每到写博士论文和论文答辩的时候，就会出现麻烦。甚至，为了避免他的博士论文被抄袭，他完全用符号来完成论文。结果是，他的博士答辩又没有通过。他修了几个专业的博士，一个博士学位也没有拿到。他的师兄弟们看不懂他，一方面觉得他是个天才，但另一方面又心存疑虑。有一天，一位该领域的世界顶级学者来大学演讲，几位师弟们请他去跟他们这位师兄谈谈话，帮助鉴别一下他们的师兄。这天，两个人做了彻夜长谈。谈完话，这位学者对这几位博士生说："你们这位师兄，如果他将来得诺贝尔奖，我一点都不会意外。"师弟们听了十分高兴。但那位学者又说："如果他将来在精神病院度过一生，我也一点都不会意外。"这就是一个悖论的天才。这样的天才身上"怪"的部分需要得到接纳、保护和支持，而他身上"天分"的部分就可以得到尽量的发扬。但一些年过去了，这个人已经完全脱离社会，学业和研究中断了，老婆跟他离婚了，家人也受不了，不再管他了。他把自己关在一间屋子里，每天吃方便面度日，随时可能饿死病死。

天才身上的奇思异想，会被一般人看成虚妄，不切实际，不可理喻。但他们可能在某些方面具有常人不及的前瞻性，他们提出的某些概念可能来自于人类集体潜意识的深处。如果他们被看成疯子，他们可能真的成了疯子。如果他们得到接纳，可以料想有无数个在疯子中掩藏的天才会被发现、被激发。天才身上的天分常常和异常在一起。如果我们容不得异常，我们就容不得天才。

人们压制天才基于这样几种态度：

第一，他们不习惯天才。他们会说：咦，他怎么跟我不一样？鉴于人们不喜欢自己不习惯的东西，总想把别人搞得跟自己一样，然后就变得习惯了。因此，他们会压制天才。同时，他们压制天才的行为也会起到杀鸡儆猴的作用，让正在成长中的孩子也受到威胁，感到害怕，不敢做自己。他们有极深的不安全感，总害怕自己跟别人不一样，出于安全考虑，他们会强求自己跟别人一样。

第二，人们会嫉妒天才，因为天才高于自己。

第三，天才让人害怕，是因为人们认为天才是不安全的，天才会打破常规，但人们喜欢生活在常规里面，常规让人感到安全。但天才出来就是破坏常规的，就把秩序搞乱了。鲁迅很赞赏西方社会中的“摩罗诗人”。“摩罗”是什么意思？就是魔鬼、撒旦，就是离经叛道的人。在西方，一般民众会将他们称之为撒旦派，他们就故意把自己称为撒旦诗人。实际上，他们是一群反叛现世秩序、推动人类进步的人。这些很有思想和精神的人包括雪莱、拜伦、托尔斯泰、尼采等等。鲁迅还举过两个例子，一个是耶稣，一个是苏格拉底。耶稣被人钉死了，苏格拉底被毒死了。他们给苏格拉底定的罪名是“毒害青年的心灵”。事实上，他们是一群革命者、创新者，人类迫害他们，是因为他们走到人类的前沿，普通人类达不到那个境界，不理解他们，就觉得他们是一群危险分子，或者称他们是一群疯子，然后就把他们改变了、压制了、干掉了。

从直面取向的心理学来看，我们做咨询的意义是什么？就是相信每个个体都有潜在的天分，每个个体都需要活出自己的天分。其中有些人天分更卓出，是天才的类型。我们跟每一个个体工作，培育天才，保护天才，让天才能够生活在这个充满暴风雨的文化和社会环境里，不仅能够活下去，还能充分活出自己的天分，有所创造。有人说心理咨询是让人适应文化环境和社会，这个说法有它的保护性价值，但也有危险。人们不仅要能适应文化环境，更要对我们的文化说话，要求我们的文化学会去适应天才、接纳天才，让天才有自己的空间去活，按自己的方式去活。在一个好的文化里，普通人能够活出普通人的样子，天才能够活出天才的样子。

平等的心

有一天，我带儿子去跟一个多年不见的老同学见面，一起吃饭。饭桌上有一个教授，大家谈起出国留学这个话题，这位教授对我儿子说："到了外国只能做二等公民。"

中国人在国外被人看不起，这是一个相当流行的说法，大概是有些出过国的人回来这样说，没有出过国的也有人跟着这样说，大家听了，都相信这种说法。但我总觉得这种说法有些想当然，有夸大的成分，甚至是以讹传讹。而且，这种传言的背后也有很深的文化心理，我称之为不平等的心。

因为有不平等的心态，我们就会凡事跟人比较，很难平等待人，看到不同的条件，面对不同的特点，就有各种的猜想和偏见，累积多了，就会导致冲突。

我做心理咨询，发现心理问题总显示为人际关系的问题，而人际关系问题又常常是自卑与自负的交织。自卑，就是看不起自己。自负，就是看不起别人。二者皆是没有平等看待自己和他人。自卑与自负交织在一起，又呈现出相当复杂的情况，让一般人看不明白。例如，自卑者常表现得很自负，为了掩饰自卑。在平常的生活中，或者在辅导的谈话中，时而有人对我说："别人看不起我。"我会问他两个问题："一，你看得起自己吗？二，你看得起别人吗？"我想提醒的是：当我们有了一颗平等的心，我们就不会总去想别人"看得起我"或"看不起我"，我们只管真诚对待别人，坦然活出自己。

涉及外国人，许多中国人的不平等心就更深了。鲁迅曾经批评中国国民性，说，中国人历来都不是把外国人当作平等的人来看待，要么称他们为"夷"，要么称他们为"大人"。冰心也曾谈及中国的教育，表达这样的期待：要培育健康的国民品格，使他们在国际事务中有平等的心态。失掉了平等心，就会导致个体之间与群体之间的各种冲突，一个人总会担心被人“看不起”，总要表现为“看不起”别人。我曾接待一位来访者，她曾在新西兰留学，在那里接触了许多中国台湾人和香港人、中国大陆人，以及新加坡人，还有她称为的“洋人”，如新西兰人、澳洲人等。一方面有现实中不平等的情形，另一方面也因为她失掉了平等的心态，便把人分成三六九等，觉得中国人是被人看不起的。结果是，她在跟人交往时，心理上有过度的防御，情绪上有极端的反应，造成许多关系上的挫伤。

回想我在国外留学、做访问学者的经历，以及在国内教留学生和与来访的外国专家打交道的经历，我有一个基本发现：外国人，中国人，都是人！我们就立身于“人”这个基础上，用平等的心与外国人交往，可以得到信任、尊重，可以化解误会、建立友情，可以展开对话与合作。

这些年来我倡导一种直面取向的心理学，即在人际关系中保持一种坦诚、平等的态度与方式，这也可以用于国际交往之中。我一度在美国富勒心理学院做访问学者，其间，因为校方一位财务人员在涉及我的研究经费上出现疏漏，我以直面的方式向校方提出抗议，问题很快得到了解决，因而我没有发展出“他们看不起中国人”的怨愤情绪，反而觉得他们也相当直面。直面是一种成熟的态度。

用直面的眼光来看，人性容易产生偏见，而偏见往往出自褊狭的文化经验，当一个人生活在单一而封闭的文化状态里，他会把自己的经验当成标准、当成真理，就会对其他人滋生偏见，认为别人不同的观念与行为是谬误的、恶意的，就慢慢养成不平等的心态。我特别喜欢“跨文化”这个词。在我的理解里，跨文化并不只是说一个人出国去经历另一种文化。每个人都生活在特定的文化里，每个人都有自己的文化，每个人都是一个文化的载体，他在接受别人对他的文化影响，他也以自己的文化影响别人。当一个人跟另一个人发生接触、进行交往，这本身就是一种文化行为。从出生之日起，一个人进入了家庭文化。然后，从家庭到学校，从学校到社会，从乡村到城市，从城市到城市，从一个国家到另一个国家，都是跨文化的活动。这种跨文化的活动，可以帮助我们拓展视野、开放心态、突破地域局限与文化偏见。丰富的跨文化经验让一个人人格成熟，在人际交往与国际交往中，保持一颗平等的心。

我们的生命教育和心理辅导都有一个目标，就是在我们孩子的生命里培育一颗平等的心。不是对孩子说“考不上大学就卖菜、扫马路”“不要相信外人”“害人之心不可有，防人之心不可无”“外国人看不起中国人”等等，这些是偏见、成见、先入之见，会在孩子幼小的心灵里培植不平等、不安全、不信任，阻碍他们从跟人坦诚相待中获得直接的、真实的个人经验。

当一个人怀有不平等的心，他会扛着一个过于敏感的自尊，随时担心被别人看不起，也会随时看不起别人。甚至，他扛着个人的面子，扛着家人的面子，甚至会把容易受伤的自尊变成民族的面子，认为别人的个人行为触犯了他的民族尊严，而他个人的行为也总像是在捍卫民族的尊严。这就是我们过去所说的上纲上线。

有一个在美国读书的中国留学生向我反映了这样一个情况：中秋节来了，中国学生邀请其他国家的学生一起过节，大家在一起分享中国食物。在一张餐桌上坐着一个美国女学生，旁边有空位，她就过去坐了下来。这时她听到那个美国女学生嘴里咕叨说：“Chinese，all cheaters！”她很生气，觉得这个美国人看不起中国人，是有意羞辱中国人，羞辱中华民族。虽然她感到很羞辱，却没有对那个美国女学生做出直面的反应，比如向她了解一下情况，为什么这么说话等。聚餐回来，这个中国留学生想了许多，把自己在美国留学期间遇到的个人挫伤变成了家仇国恨，越想越气愤，最后学上不下去了，负气回国。

面谈中我跟她探讨了几个问题：这个美国学生，是恨中国人吗？如果她恨中国人，为什么要来参加中国学生的中秋晚会？会不会是她来参加中秋晚会，遇到不开心的事呢？会不会她跟一个中国男生恋爱，失恋了呢？

或者，跟一个中国学生恋爱，失恋了，跟另一个也失恋了。她气得不行，便独自抱怨：Chinese, all cheaters！不管怎样，如果你当时觉得她说话不适当，是否可以前去过问一下，了解她这样说，是出于一时情绪表达，还是有意要损害中华民族的尊严？

做了讨论之后，这个中国留学生笑了，说：现在想来，她说的话，可能不是针对我们整个中华民族。

一个人的存在，首先是他自己的存在，他所代表的，首先是他自己。一个人成长了，成熟了，就成为了自己，也就是成为了一个独立的个体。作为一个个体，他在关系中怎样呈现自己，怎样理解自己和他人，怎样做出情绪的、言语的、行为的反应，他首先为自己负责，不必把这些归于他自己的国家或者别人的国家。

鲁迅的思想有一个核心，就是“立人”，他说，立国必先立人。意思是说，要建立一个好的国家，先要造就好的人民。人立，则国立。立国，也不只是有强大的经济和军事，更重要的是，要造就心智成熟的国民。不管国家怎样强大，如果人民心智不成熟，立国也只是一个虚幻的梦。一个强大的国家，需要是一个成熟、健康的国家，其根本在于，要培育我们的人民，让每一个个体心智成熟。如今，我们中国人走到世界上，总觉得自己被看不起，这是一种不成熟的表现，这是出自不平等的心。

狗的诱惑

人与人的关系成了问题，狗对人产生了巨大的诱惑。从事心理咨询，我看到一种现象，人在关系里发生了一个转向：从人转向狗。

案例一：一个综合的情况

她自幼在跟人的关系中受了伤，就从人转向狗。

她是一个孤独的人，就跟狗成了伙伴。

她得不到人的关心，就接受了狗对她的关心。

她也无人可以去关心（似乎别人也不在乎她关心不关心），就转而去关心一只狗。

她跟人在一起感到很乏味，就去跟狗玩，觉得很开心。

她看到人类相处的行为也觉得无趣，就在家里看她的两只狗在一起玩耍、打闹，发现它们真的比人有趣多了。

她在生活中没有什么人在意她，也似乎没有人需要她，但她的狗在意她、需要她，视她为唯一。她带她的狗出去玩，故意躲起来，狗很着急，到处找她，找不到，就急得汪汪叫。她从树后出来了，狗就开心不已，欢欣跳跃。

在生活中，她没有什么影响力，无足轻重，但对狗来说她很重要、很有影响力，简直具有绝对权威性。

在生活中，她找不到可以说说话的人，每个人都很忙，她不敢打扰，但她有了狗，可以跟狗说话。而且，狗一点都不忙，巴不得跟她形影不离。

在生活中，她常常被人安排，从小是父母安排一切，长大了在单位工作，领导安排一切。父母和领导都可以训斥她，说她太幼稚，她也不敢回应。但对狗，她可以生气，也可以快畅地表达生气。

在生活中，人们会用各样的标准评判她——小时候的标准是听话不听话，成绩好不好。长大了的标准是工作有效不有效，事业成功不成功，有没有找对象，有钱没钱，好看不好看……但狗对她不做任何评判，狗也没有这些评判标准。

她是一个单身女子，住在一个简陋的房子里，没有人期待她回家，也没有人在乎她出门。但她的狗期待、她的狗在乎。下班回来，她走在楼梯上的时候，狗就听到了她的脚步声。当她用钥匙开门，狗早已在门内等待多时，急不可待地叫呀叫，她一进门，狗就扑上来亲昵一番。她从来没有体验过任何人对她有如此大的热情，人类最炽烈的爱情也不过如此，而且情侣的热忱不会像她的狗对她保留得这么持久。

她出门时，狗舍不得，不肯让她离去，千般万般挽留，也只好让她离去。但从她离去的那一刻开始，狗就在期待她回来。在她上班的这一天里，对狗来说，那是一日三秋。当她回家，狗的眼神流露出单纯、执着，毫不掩饰地对她凝望。这让她知道，狗一直在期待她回来，简直望穿秋水。

她养了两只狗。它们互相嫉妒与排斥，争夺她的宠爱。而在生活中，她几乎从来没有被人真正追求过。现在，她的狗儿们为她争风吃醋，那对她来说是一种怎样的感觉呢？

她的狗那么依赖她，让她觉得自己很行。而在生活中，她大多觉得自己是不行的。

她照料自己的狗，并且很享受自己作为一个照料者。人有被爱的需求，也有他爱的需求。狗让她有对象可爱，为之付出，这本身也给她带来一种满足。

在跟人的关系里，她有一种“无爱的悲哀”“无所可爱的悲哀”，对于狗，她却感受到一种被爱，内心洋溢着一种“施比受更为有福”的情怀。她在设想，将来要开办一个流浪狗收养基地。

案例二：昨天接待的来访者

昨天来的面谈者自幼失掉了母亲，20多年来，她内心里一直都有一个小女孩，在找自己的妈妈。她接近一个又一个女性，仿佛她们就是自己的母亲。但她们都是别人的母亲，她无法被接受成为别人的女儿。有一天，她在街上看到一个场景：一个小女孩站在妈妈面前，向妈妈伸手："妈妈抱！"她不觉向那个母亲走过去，几乎也要向她伸手，说："妈妈抱！"但那个母亲抱着自己的女儿走了，她站在那里呆呆地望着，良久。

她没有在人类中找到自己的妈妈，她找到了一只狗。事情是这样的：一天，她看到一只脏兮兮的狗在街角溜来溜去，她仿佛看到了自己，20多年来，她只身一人在这个世界跑来跑去，从乡镇到城市，把自己打扮得光鲜，但在她内心里，她是一个脏兮兮的小女孩——妈妈死了，爸爸又成家了，爷爷奶奶自杀了，没人管她，她饿了，就在地上捡垃圾吃……

那天，她把狗带回了自己的住处，从那一刻起，她有了一个自己的家。她照料那只小狗，就如同自己也这样被妈妈照料，她的心就得到了补偿。她的情绪安静下来了，不再朝人堆里扎，仿佛一个孤寒者凑近火堆。以前，她总睁着一双可怜的眼睛看人，想从人群中找出自己的妈妈，但她找不到，最后只好独自一人回到自己的住处——那不是家。但现在小狗来了。她就有了自己的家。她想起一句话："是爱把这个房子变成了家。"是的，没有爱，她住的地方只是一个房子。有了爱，这个房子就成为一个家。虽然那爱不在人与人之间，而在人与狗之间。

不久之后，她不得不搬家。因为她又从外面带回一只狗，不仅很脏，而且眼睛还是瞎的。再后来，她见到了另一只狗，忍不住又带回来了。于是，为了小狗，她搬到了郊区一个民宅里。因为在城里，她带着几只小狗，很难找到同租者。再说，到郊区房租也便宜些。虽然生活不方便，她也认为值得，为爱去做的事都是值得的。

她是小狗的妈妈，要照料小狗。小狗也是她的妈妈，给她爱。她的妈妈走了，过去妈妈没能给她的爱，现在小狗都给她了。与人交往她有许多惶惑与恐慌，但在她与小狗的关系里没有这些，她坦然自在。有时她睡觉时把小狗当枕头，把头枕在小狗软软的身体上，就仿佛睡在妈妈的怀抱里。小狗似乎也乐意，或者，小狗即使不乐意，也接受，也承受。

现在，她天天跟她的小狗们在一起。当然她也出来工作，因为要养她的小狗们啊！

我的感慨：狗的诱惑

我不免有一种担忧，在小狗的诱惑之下，人会不会越来越脱离人类呢？人会不会越来越懂狗性，因而越来越不通人性呢？人会不会把跟狗相处发展成一种成瘾行为，以致越来越难以适应人类生活了呢？我在心理咨询中看到这一种情况，并且感慨：狗对人类是一个多么大的诱惑啊！

设想一下，你跟人在一起，要花许多时间和心思，也难免有误解和冲突，甚至对方生气了你都不知道为什么。好烦啊！人跟人文化不同，处境不同，角度不同，角色不同，关系不同，跟人相处时，即使你把诸多因素都考虑在内，也不一定就能相处得好。人与人有时相去甚远，甚至正好相反，双方都觉得很难接应。而你与一只狗，甚至跟一群狗相处，都不会那么难。即使跟不同种类的狗，你也很容易去了解，很快就能接通。而且，你了解狗，狗也会来了解你，甚至它更想了解你，比你更主动、更配合、更热切。可怜的狗儿，在它跟你相处之中，它为你花的心思要比你为它花的心思更多。你得罪了它，忽略了它，它并不生气，会依然在乎你，不计前嫌。如果是人呢？你的麻烦就大了。你甚至不由感慨：跟人很难认同，跟狗却容易，甚至狗会来认同你，认同你的感受、你的喜好、你的生活方式。狗最能体会你，最能跟你调频。狗是你最好的陪伴者，忠诚于你，一点都不强求你。狗以最纯真的方式触摸到你的心。

特别是对那些在人际关系中受伤的人，那些在情感上得不到满足的人，那些自幼被强求太多、受压制太深、又被父母忽略的人，那些在人口大流动的社会中漂泊无依的人，狗的诱惑是最大的。总有一天他们会找到狗，或者被狗找到。然后，他们就投身于狗，跟狗认同。我的另一位来访者，他跟人越来越远离了，跟他的狗几乎完全认同了。有一天，他的狗出门了，他在家里等，狗没有回来，他就很担心，怕狗被车轧死了，怕狗吃了有毒的食物，怕狗受到其他狗的欺负，怕狗找不到回家的路，怕狗被人打死了……其实他对自己也有这许多的怕，在相当长一段时间里他躲在家里不敢出门了。

我也联想到20年前，我在美国修读心理咨询，班上有人分享一个故事，说美国有一个老太太因为孤独，时常找心理咨询师谈话。后来她养了一只狗，就用不着心理咨询师了。

我的朋友霍夫曼反复说："我做心理咨询，大多是跟Amaya学来的。"Amaya是他的狗，也是教他做心理咨询的老师。

说起来也可笑，在中国心理咨询行业里，咨询师自嘲为"咨询狗"，有一句很流行的话是：努力吧，咨询狗！单身的人自称"单身狗"。人都想做狗了。

我写此文是想提醒：狗是人类生活的一部分，不是全部，甚至也不是大部分。狗跟人是一种关系，但不是唯一的关系，甚至也不是重要的关系。因此，人类可以跟狗建立适宜的关系，但不是以"人—狗"关系替代"人—人"关系。对那些正在成长中的年轻人来说，人际关系尤为重要。不管人际之中有多少麻烦，人都得在场，而不能离场、不能缺席啊。

同时，人类最需要自省：如果你伤害同类，伤害你的亲人、你的孩子，他们就只好离开你，去找狗，去跟狗在一起，寄情于狗，托爱于狗。的确，看到人类之间（包括亲人之间）的伤害，我有时候难免感慨：人不如狗啊！

狗也在这样提醒人类：如果你作为父母并不珍惜跟孩子相处的时光，如果你认为关系是没有用的，只有学习才是有用的，如果你强迫孩子学习，只是为了让他成为高效的机器，而你的孩子从你那里感受不到尊重和爱，他就会离开你，转而跟有情有义的狗相处，宁愿成为一只狗，也不愿做一个人。

个人化叙事

最近我提出一个词，叫个人化叙事。

什么叫个人化叙事？

当你用自己的眼睛去看、自己的心去感受、自己的头脑去想、自己的嘴去说、自己的笔去写，或自己的方式去做，你就在进行个人化叙事。

我们的家庭养育和学校教育，乃至于我们的社会文化有一个问题，就是压制甚至取代个人化叙事。而直面取向的心理咨询，就是帮助一个人恢复或重启他的个人化叙事。

一个人与另一个人相遇，就是因为双方都有个人化叙事，他们才走到关系深处。而在关系的边缘走动的人，是失掉了个人化叙事的人，他们就不能从关系里获得真正的满足。

曾经有一个人问我："你为什么这么确认你自己？"我其实知道，他问"为什么"算是比较客气，他真正想说的词是"凭什么"。那意思是："你并没有多少好的条件，凭什么如此确认自己呢？"可惜，我当时回答不了他，但现在我知道了："我从小到大一直都有一种个人化叙事。"

这些年来，我接待了许多来访者。其中一些人是学霸。在他们幼小的时候，本来都有个人化叙事，却压抑了它，更不敢确认它。渐渐地，他们的个人化叙事就被爸爸妈妈和老师等压抑了、绑架了、替代了，让位于父母的叙事、老师的叙事、社会公众的叙事。他们说一句话，做一件事，写一篇作文，都要经过严格的审查。为了通过审查，他们只好让步、屈从，把个人化的部分取消，换上父母的、老师的、社会公众的。他们的生命经历了这种持续性的"割爱"，一路血迹斑斑。周围的人在庆贺他们完成了叙事的公共化过程，他们自己也忘记了自己是怎样一步步丧失了个人化叙事。

在咨询过程中，我让他们充分进行个人化叙事，可我听到的几乎全是公共化叙事，可以在电视台播放，在报纸上发表。这些失掉了个人化叙事的人，你在生活中几乎找不到他们，他们也找不到自己，他们没有自我，他们的生命成了一个传声筒。他们的叙事所呈现的是妈妈爸爸的眼睛、心、头脑，以及老师的、书本的、社会的，独独不见他们个人的视角。他们有一些共同的特点：成绩好，读书多，知识至上，讲最好的普通话，使用最精确的词汇，有不同的才艺，在许多方面都是训练有素，却没有自己的视角，独独不见个人化叙事。他们的个人化视角与个人化叙事在被养育和受教育的过程中被一点一点妥协掉了、审查掉了、和谐掉了。

我便想，如果没有个人的视角、个人的感受与思考、个人的经历与体验、个人的表现方式或叙事，那么一个人的独创性在哪里？一个人的魅力在哪里？独创永远是个人化的。不管是养育或教育，文学创作或文化评判，如果文网密布，审查森严，损害的是个体乃至于民族的独创精神。一个失掉了个人化叙事的作品，就是一个枯燥的、没有生命力的作品。一个失掉了个人化叙事的人，他也同时失掉了他的魅力，失掉了个体存在的基础：自我。

然而，在咨询中，那压抑在深处的自我及其个人化叙事是会渐渐呈现出来的。有一位来访者对我说："我弹琴是因为我在其中可以遇见另外一个我，虽然那是一个陌生的我。"我说："很好，这就是你的个人化叙事。你看，伴随你的个人化叙事，你的自我就回归了。"

在我的理解里，她的那个陌生的自己，是自幼被爸爸妈妈吓跑了，被教育吓跑了，甚至被她一度参与的一个闭塞的教会吓跑了。在强大的公共话语系统里，她让渡了她的个人化叙事。但现在，她开始恢复她的个人化叙事，开始找回她自己，不管它曾经跑得有多远，不管它有多陌生，它听到召唤，都会回来。

我想到了"尊重"。在我看来，尊重就是有意识地培养孩子的个人化叙事，而不是审查它、压制它、替代它。因为，当个人化叙事失掉了，我们就会一同失掉许多。同样，当个人化叙事回归了，跟它一起回来的也有许多。

她问：怎样才能唤回我的个人化叙事，以及自我？

我说：不管遇到什么事，都问自己两个问题：一，我自己怎么看，怎么想？这是为创造个人化视角。二，我自己要怎么说，怎么做？这是在唤回个人化叙事。

就在昨天，我的弟弟、我的儿子、我的女儿与我一起做了一场谈话，这场谈话之所以是好的，是因为在场的每个人都可以呈现他的个人化视角与个人化叙事。

与此相对照，这位来访者在现实中经历的情形是：她爸爸总问她："你的领导对你满意吗？你的同事怎么看你？你的老师、同学怎么评价你？"她妈妈曾三令五申不允许她在大学谈恋爱，读研最好也别谈。现在呢，研究生毕业了，她妈妈急了，开始逼她找对象结婚生子，还说要过来给她带孩子。她害怕，想到自己一路成长遭到怎样被挤压的情况，就怕生出一个孩子来。

现实中的公共评价够强大了，再加上从小到大父母会不断加添一种假设中的公共评价，就更加消解她的个人化叙事。现在，在单位里，她拼命工作去满足公共评价，不断按领导的意思去修改文案，但领导永远不满意，她永远不对，永远很累。她牺牲了自己天然的鉴别力，换来的却是领导的"不对不对不对"，她不知道该怎么办了。暗中想，要不要换一个单位？但父母不会答应的。维稳第一重要。

很有意思的是，这个单位是她潜意识的选择。所谓潜意识，就是记忆中累积的最多、最深、最熟悉的东西。一个人在做选择时，常常不是选择最好的，而是选择自己最熟悉的。这就是潜意识的影响。当事人最熟悉的环境就是她的家，最熟悉的人就是父母，最熟悉的关系模式就是她与父母。这是记忆中的一个单一原型。如果现实与原型还不够符合，她就会把现实变成符合的。例如，她把学校变成了封闭的家，只管学习，什么也不管，就生活得很单一。她把老师变成了她的父母，对老师很依赖，内心里又很反感，这本是她与父母的关系。她加入一家封闭而保守的教会，这也是她的选择，同时她又把牧师变成了她的父母。当然，二者之间总有相似之处，她基于这种相似之处再做进一步加工。现在，她选择了这样一个单位，也慢慢把单位变成了她原来的家。她对领导有很高的期待，但领导永远都在苛责她，如同她的父母。这关系是她最熟悉的，也是她难以摆脱的。

在生活中我们也发现，特别是那些热衷于参与、构成、维护公共评价系统的人，本身就在不自觉中放弃了自己的个人化叙事，他们成功地把自己纳入公共评价系统，却牺牲掉自己的独特性和鉴别力，但他们获得了权力。在他们手下总会有一群有鉴别力、独创性的人，却把自己置身于一种艰难的处境之中：因为受到压抑和威胁，他们只好放弃自己的个人化叙事，让生活变成一场挣扎，让自己很累。

有个人化叙事，也有公共化叙事。公共化叙事是对公众讲话，它讲的是一种普遍的情况，以便对广大公众产生益处，但不可能符合每一位个体的情况与需求。因此，当一个人强求自己完全符合公共化叙事，他就在强求自己，一定会给自己造成压抑和损害。因此，面对公共化叙事，每个人都需要为自己保留一份选择的意识：一方面我们需要意识到，公共化叙事可能限制和压抑个人化叙事。同时我们也要防备，过度膨胀的个人化叙事会借着权势变成公共化叙事，这时它谋求的不是公众的益处，只是利用公众来满足个人或一个小集团的贪欲，那损害就大了。

我们永远强调培育个体，个体的特征是，他有个人化叙事。古人说“万物皆备于我”，便是资源丰盛（resourceful）的自我的状态，也是个人化叙事充分呈现的景象。

抄袭者

我曾在赛布鲁克大学修读心理学博士课程，有一个词给我留下的印象特别深：plagiarism（抄袭）。在西方大学的学术训练特别重视研究方法，倡导批判性思维，鼓励独创精神。为了保证研究有效进行和取得的研究成果得到保护，它们建立了一套严密的监督检测系统，严防抄袭，严惩抄袭行为。据说，检测系统发现连续七个单词与曾经发表的文献出现雷同，而没有注明引文出处，就会被视为抄袭。甚至论文中使用的特有名词都要使用引号和括号加注。因此，特别是研究方法的课程，教授会反复提醒：千万不要抄袭！不然你将为此付出很惨的代价，甚至会毁掉你的学术、职业生涯。这简直是在学生头脑里装了一个警报系统：抄袭是绝对不能做的，如果你做了，你就完了。因此在西方社会各界，抄袭现象相对很少。

我国古代有“宓子治理单父”的故事，其中说，敌人要来进攻，麦子已经成熟了，种庄稼的人没有时间收割完自己的庄稼了。宓子宁愿让麦子落入敌手，也不肯打开城门让所有的人去抢收近郊的庄稼。他的理由是，让庄稼落入敌手是一时的损失，但让不劳动的人得到收获就破坏了公平原则，会泯灭百姓的自强之心。

抄袭就是把别人的东西拿来自己用，违背社会公平原则，损害人民的自强心理和独创精神。抄袭是不劳而获，通过不正当手段获取别人的成果。抄袭是欺骗，是盗窃，是对劳动者、原创者利益的损害。按社会公平原则，劳动者付出辛苦，理应得到报偿。勤劳致富是社会的基础。一个人利用自己的才智去有所创造，他的成果得到相应的奖赏，许多人看到了，就会效仿他们，社会因而产生自强不息的自然动力与根本活力。相反，在一个社会里，劳动者、创新者的后面跟着一群盗其成果、从中非法得益的人，他们却不受惩罚，就成了坏榜样，许多人看到了，也会去模仿这种行为，不劳而获多了，投机取巧多了，就损害了这个民族的自尊自强精神和创新意愿。

对于一个国家来说，它的立身之基在哪里？我提醒两点：第一是对个体的尊重；第二是有公平原则。这两点搞好了，社会根基就建得扎实，社会就有旺盛的力量去蓬勃发展。社会的原动力来自：勤劳者得到报偿，懒惰者自食其果。创造者受到保护和奖励，抄袭者受到惩罚和剥夺。

过去有一个说法：榜样的力量是无穷的。细说起来，不管是好榜样还是坏榜样，它们的力量都是无穷的。如果意识不到抄袭对个人、对社会的破坏力，就不会对此加以严密的监督和坚决的打击，就损害了社会公平原则，颠覆了“勤劳致富”这个普通人的基本信念，压抑了创新精神，导致人民的精神品质下降，各行各业小偷肆虐。

我之所以要写这段文字，事出有因。最近在搜索引擎上打“南京直面心理咨询研究所”，后面出现的是某某医院。搜索“王学富”或“直面心理学”，发现是一些机构和个人用了我的文章，却不注明作者。这就让我颇有些愤愤然。我想，这样的行为是那些机构或个人亲自做的吗？或许不是，而是网络推手之作为，为了从中得一些利益。当然那些机构和个人肯定是花了钱的，搞这种不正当竞争。朝深处想，这背后会不会还有一个更大的利益获得者呢？我相信政府有长远的眼光，基于对人的尊重来建立公平原则，严格监管，杜绝抄袭行为，让我们的国家成为一个劳动者受到保护的地方。

我是罪魁祸首

我们可以这样概括生命成长的意义：每一个人生下来都是独特的，成长就意味着他意识到自己的独特性，并且敢于活出自己的独特性。独特并不是说一个人是完全与众不同的，而是说，他不是跟别人完全等同的，他有与众不同的部分，也敢于活得与众不同。好的教育就是有意识地去培养孩子与众不同的勇气、支持他与众不同的行为。

但我们的父母和老师会太多考虑孩子的安全，对孩子过度保护，太强调孩子听话，太害怕孩子犯错误，太看重从众，容不得不同，不习惯多样化，总要求一致性。在我的记忆里，有一句话给我留下很深的印象，甚至造成极深的刺激，至今让我担忧：当一个小孩做了一件与众不同的事，或者他犯了一个错误，父母、老师和周围的人会对他说这样一句话："如果每个人都像你这样，这个世界会成为什么样子？"这句话人们随口就会说出来。我终于弄明白这句话里其实含有一种很深的威胁，每个人都曾受过它的威胁，每个人都会用它来威胁别人。本来，不管我们做了一件什么事，它不过是一个个人的行为，但这个个人化的行为却被假设成一个每个人都会仿效的行为，会导致万分可怕的后果，即整个人类或全世界陷入一种万劫不复的灾难，而我们自己就成了这场世界灾难的罪魁祸首。

我也是到了很大的年龄才意识到，这个假设是不成立的。不管一个人的行为有多么特别，也不会让全世界都来模仿，更不会让全世界陷入可怕的灾难之中。但在我们幼小时，我们的心灵还没有那么明确的辨识力，成人们把一个可怕的后果和我们一个特别的行为联系在一起，就让我们受到一种莫名其妙的威胁。一个人在受到威胁的时候，是不会看清事情的真相的。这便是症状的根由与性质。

我接待每一位来访者，都会非常关注他的文化。每个人都有自己的文化。在一个人的成长过程中，与他产生互动并对他造成影响的因素，就是他的文化。一个神经症者感到害怕，他的害怕很深、很剧烈，甚至看起来毫无来由，以至于他自己都不知道自己在害怕什么，这就是焦虑。焦虑被描述为“对害怕的害怕”或“对恐惧的恐惧”。如果只是害怕，我们会知道一个具体的威胁对象，但当我们陷入焦虑，我们就不知道在害怕什么，却在那里害怕着，那害怕如此可怕，仿佛世界末日就要到来，让我们惶惶不可终日。这种害怕真的没有根由吗？或者我们没有理由害怕吗？那些根由与理由常常掩藏在生命成长那悠远而模糊的背景里。

我举一个例子。有一个师范大学的学生要毕业了，到一个学校去实习。在上课的时候，因为是初出茅庐，他感到很紧张。也因为紧张，他在黑板上板书的时候写错了一个字。我们知道，这件事本身并不那么可怕。即使是一位经验丰富的老教师，也难免会犯错。作为成熟的人，我们都知道，每个人都会犯错误。甚至可以说，犯错误是人类的特性。西方用一句话用来定义人：To err is human！意思就是，是人就会犯错误，不然怎么被称为人呢？中国也有话说，“人非圣贤，孰能无过”，就是这个意思。但这件事情却给这个实习大学生造成了很深的恐惧，他越想越怕，暗中把这样一个小小错误变成了一个世界灾难——在他的灾难化臆想里，班上的学生放学回家，会把这个错字告诉父母，父母会以讹传讹，导致周围的人都会读错和写错这个字。这些学生将来长大之后，有人也会做老师，又去把这个错字教给他们的学生，他们的学生又传给下一代学生……这个错误就会蔓延到全世界，导致整个人类因为他犯的一个小小的错误而受到影响，他就成了罪魁祸首。

患有心理症状的人，常常会把一个小小的私人事件变成一个巨大的世界灾难。追溯其文化影响的根源，我们会发现，对于他们来说，独特是不安全的，只有跟众人一样才是安全的。为了安全的缘故，他们不敢非同一般，不敢与众不同，不敢标新立异。在整个成长过程中，他们越来越习惯违背自己，拼命压抑自己的独特性，强求自己跟别人一样。他们越是这样强求自己，越是这样掩藏自己，他们就越是遭遇来自天性的抵抗，越是陷入冲突，越是削弱自己，最终不能活出独特的自己，反而活成了“病人”。

这些年来，我做心理咨询工作，内心一直有一种期待，这个期待包括两个方面：一个是对个体的期待，就是每一个人有活出自身独特性的勇气。第二个期待就是，我们要给每一位个体留下足够的发展空间，让每一个人呈现和发展自己的独特性，而不是强求他们跟别人一样。

不只是知识，还有智慧

生命成长，不只是身体长大，也不只是知识增多，还要在人生智慧上不断成长。可惜的是，我们有时候忽略了智慧的增长。在咨询室里我经常看到的情况是：一个人身体长大了，知识累积了，智慧却不见长。

在犹太民族，人们不仅关注身体的成长，也看重知识的增进，更重视生命智慧的培育。在犹太传统里有一种精神导师，称为“拉比”。拉比教导人生智慧，培育人格成熟。人格成熟是教育的最高目标，而智慧是人格成熟的根本。

在中国传统里也有重视智慧培育和人格造就的教育，如孔子不仅传授知识，也教导为人之道。《论语》里记载了他与弟子互动的经验，其中充满了人生智慧的教导。

但现在有一种注重教知识、授技能，却不注重智慧培育的倾向。这给孩子生命成长造成问题，对此我的感受颇深。

从事心理咨询多年，我接待了一些有心理困扰的来访者，归纳起来，他们的症状反映了这样一个根源：身体长大了，知识也丰富了，却缺乏人生智慧。其中有被称为学霸的人，从小学到大学全读名校，门门功课都好，所有时间都用在学习上，不大关注周围的同学，没有跟人交往的经验。进入社会后，在职业发展、人际关系、恋爱情感上都出现了麻烦，从巅峰上跌落，陷入人生的低谷。他们本以为借着知识可以超绝于人类，没想到知识不足以支撑自己的人生。他们或许会明白（我说或许），真正给人带来力量的并不是知识，而是智慧，而是成熟的心灵或人格。

智慧本是从经验里长出来的，单一追求知识是一条褊狭之路，在这条路上走得太远，就会失掉经验的土地，最终长不出生命的智慧。关于求知，有这样几点需要弄明白：一，求知是生命成长的一部分，不是全部。

二，知识的增长不能代替智慧的生长。三，以求知来回避丰富多样的人生经验，就会失掉培育智慧的土地，必将为此付出代价。

在心理困扰的背后，我看到人们付出的代价：心智不成熟，人格有偏颇，知识虚妄，思想贫弱，情感缺失，人际困难。根源便是：别人在拓展人生的经验，你在追求课本的知识；别人在恋爱里经历了情感的成长，你读了一批关于爱情的书，累积了知识；别人探讨思想，你在显示知识；别人呈现真实的自己，你在小心翼翼地防御别人；别人明确表达自己的好恶，你在讨好对方为了得到赞扬，也是害怕批评；别人恋爱，是寻求心灵上相遇相知的伴侣，你在相亲，看见的人只是大量信息和条件的组合；别人在经历人生，你在设计人生；别人活得自然，你追求效率；别人脚踏实地，你目光游离；别人坦然，你很紧张；别人的生活是有趣的，你的生活充满无奈；别人走过每一个丰盛的人生阶段，依然劲头十足，你错过了一个个生命的季节，变得有气无力；别人在现有的条件下尽力而为，生命越来越饱满，你在知识的虚妄里自我嫌弃，人生开始枯萎……

我们要认真对孩子说：不只是知识，还有智慧。

I'm fine. Fuck you.

这真是一个最具有典型英语特色的表达，其中用了一个脏词，却把人的某种状态如此精准地表达出来了。它有三个意味：

一、"I'm fine！"这是个非常优雅的表达。

二、"Fuck you."这是个非常粗鲁的表达。二者分开使用皆再普通不过了。然而请看以下第三。

三、"I'm fine. Fuck you."二者并列使用便非同寻常了。它表达的便不再是某种明显而简单的意味，而是一种相当复杂、悖反、曲折的内在光景，因其出其不意，妙到无以名状。"I'm fine. Fuck you!"这便是潜意识无可替代的神妙，一语道破天机。原来，我们一方面向外人呈现的是那么美善的表情，另一方面却在不经意之间向人泄露了我们内心的难言之隐：一个人在"I'm fine"中要受到怎样的压抑，积累了多少情绪才会冒出这句："Fuck you!"而且可以想见的是，这句冒出来的话是当事人自己都不会料到的，他也反应不过来。当他说 fuck you 的时候，他的脸上呈现的一定是 I'm fine 的笑容，而他的口中却是这句 fuck you，泄露了内在的情状。如此内外失调让讲者与听者皆在一瞬间惊呆了，空气顿时凝固。讲者本来的意图是说 thank you，听者期待的也是 thank you，他们谁也没料到，从 I'm fine 的笑容后面会窜出一句 fuck you——这如此不相协调，却是最具表现力的配搭，简直洞穿了许多人的心理状态与生存处境。人类何竟分裂至此——外面是应付性的 I'm fine，内心却是充满愤懑的 fuck you，真是情何以堪！这便是我在面谈室里时而见到的一幕，它灼伤我的眼睛，触痛我的心：我看见一张脸上满是笑，眼睛却噙着泪水。我心里说：你既然要笑，为什么眼中噙泪？你既然想哭，何必脸上带笑？这便是典型的"I'm fine, fuck you"。什么时候我们可以做到把它们分开？如果是 I'm fine，内外都是。如果是 fuck you，也内外都是。在我看来，这是健康，因为这处于本真。

隐 忍 者

我们的文化中有一种隐忍的文化，这种文化会产生隐忍者。

所谓隐，就是藏起来。所谓忍，就是压下去。二者合在一起，可以解释为暗中把心杀死了。有许多的隐忍者，堵塞了自然的情理，不能通人情而达常理，暗中变成了残暴的人，对自己残暴，对他人也会残暴。

的确，在我们的社会里，有一些隐忍者通过压抑正常的人性，换来了成功。他们能忍常人之不能忍，也会对他人有超常的残忍，自己还不知道，还习以为常，甚至视之为公理。人性的健康状态是通达，即能够适当表达自己的需求、情感、情绪、思想，隐忍者却不做合理的表达，反而把它们压抑在内心，就在内部形成了苦毒，终于忍出头了，就用苦毒回应他人、回应世界。遭受他们的苦毒所对待、所毒害的人，是他们周围的人，最可能是他们的亲人。

一个非常隐忍的人，把不好都藏起来，以表面的好去赢得别人的好感，但在暗中失掉了对人的真诚和自然的善意。隐忍者不能用出自人性的自然情感对待他人，他们对人并不信任，也没有体谅，很容易受到刺激，产生敌意，却暗中藏起来，到了一定的程度，有了某个机会，就会做出残害他人的事情，这种残忍程度可能骇人听闻。人类中那些最残暴，对人类做出罪大恶极的行为的人，很可能是一个隐忍者，自幼经历了很多很深的隐忍与压抑的人。

隐忍者还有一种可能，就是残害自己。因为有太多的隐忍，一个人内心里积累了大量的阴影，会导致心理学上所说的阴影投射。这阴影要么投射到他人身上，造成对他人的攻击与伤害。要么投射到自己身上，攻击自己，伤害自己。

在我的工作中，接待了许多的来访者。当我去考察他们的成长过程，我发现一个最基本的事实：他们是一些隐忍太多的孩子。比如，为了成绩好，他们一路压抑了生命许多自然的需求，如玩耍。为了成为好孩子，他们过度地依从了道理、标准，而牺牲自己的想法。他们比其他孩子更能隐忍，并且换来了成绩和成功，但他们的人性受了伤。不管拥有多少条件，内心里却有一个受苦者，在暗中不断折磨自己。

当我在跟一个个受苦的个体工作的时候，我一直都在提醒：如果我们有太多对道德、隐忍、好等的强求，那么就会缺乏对真实、自然、勇敢精神的欣赏与培育。过度强调忍与好，就会压抑人性、摧残人性，会在许多个体身上培植出太多的毒素，它导致的结果是：要么毒害他人，要么毒害自己。因此，我们不要总说忍，我们要讲合理的表达。忍难免有压抑，对孩子来说更是这样，合理的表达才会让生命通畅。

让死人埋葬死人

今天做了一场面谈，内心有很深的感慨，想起耶酥说的一句话：让死人埋葬死人吧。

许多年前读到这句话，心里很惊讶：让死人埋葬死人，这是什么意思？

故事的背景是：有一个人跟耶稣相遇，耶稣对他说："你跟随我！"这个人说："请允许我回去埋葬我的父亲，再回来跟随你。"耶稣说："让死人去埋葬死人吧，你跟随我。"耶稣说话这么决绝，让我觉得太不通情理了。

经历了今天的一场面谈，就突然想起耶稣说的这一句话："让死人去埋葬死人吧……"竟觉得很理解了耶稣当时说这话时的决绝。

今天遇到了一对母女，女儿那么渴望妈妈能理解她一点点，但她的妈妈完全不能理解，就像一片完全的黑暗，连一点亮光也接受不了。女儿站在黑暗里，绝望了，也说了一句决绝的话："算了，也有很多孩子本来没有妈妈，也是可以活的，我就当自己没有妈妈……"

我回头去想：耶稣所说的"死人"是什么意思？并不是那个人说的死去的父亲，或许他的父亲并没有死，他只是为自己找一个借口，回去与父亲一起生活。或许他想等他为父母养老送终了，再回来跟随耶稣。而耶稣所说的话，是一个比喻，另有一番喻义，是为了提醒当事人。

那么，耶稣所说的"死人"，并不是指那个人的父亲死了，更不是说他家乡的其他人也都死了。死人怎么可能埋葬死人呢？这里的"死人"，就是不觉察的人，就是内心是通透的黑暗、一丝光亮也照不进来的人，就是拒绝任何一丝光亮的人，坚决要生活在黑暗里的人。这黑暗就是他们的"铁屋子"，待在铁屋子里的人，就是不觉察、也拒绝觉察的人。耶稣的意思是说，那就让不觉察的人待在他们那黑暗的铁屋子里吧，但你不能像他们一样。他们住在黑屋子里，你要去做光明之子。他们内心有浓重的黑暗，拒绝光亮，你却要接受光亮，让光亮照进内心的黑暗。当你接受了光亮，你就避免了死亡，因为在觉察里没有死亡，死人之死，不是死于身体，而是死于不觉察。觉察者被钉在十字架上，却对那些钉他的人充满了悲惜，因为他们生活在巨大的黑暗之中，就不知道他们自己在做什么。他们是不觉察的人，耶稣说："父啊，饶恕他们，因为他们所做的他们不知道！"

在面谈中，我看着那个不觉察的妈妈，也充满了悲惜之情。她的女儿内心里却有悲愤，在她眼里，妈妈是一个"死人"。但她不会对我说："请允许我回去埋葬我的母亲。"她已经决定跟随我走一段成长的路，不肯回到她的旧文化中去了。这时，她的决绝情绪也如耶稣所说：让死人埋葬死人吧。

我们在生活中，时而也会遇到这样的情况，不管我们怎么说，对方就是听不懂，我们会说：你真是个死人啊！

这与耶稣所说的"让死人埋葬死人"有那么一点相同的意味。

人喜欢“被骗”

作为一个称为“直面者”的咨询师，我常常得直面人性中的一些特性或倾向。这个部分在比较浅的人际层面上是可以避过去的，但到了深处就会看到这些事实，无法回避，没有办法做到你好我好，得说出来。

我现在要说的一个人性的情形是：人喜欢被骗——被别人骗，被自己骗，最根本的是：人喜欢骗自己。

症状不过是一种骗局，而且是自设的骗局，最后把自己套进去了，还很无辜。

说起来也的确无辜。被骗了，哪里不无辜呢？因为无辜，还会被骗下去。

当一个人被骗了，他会沉迷于被骗的无辜感里、委屈感里、愤怒里、抱怨里，要求奇迹发生，要求补偿一切，要求改变发生的事情，要求他人为此负责，却一点都不会反思自己：到底谁骗了我，我怎么受骗了？特别是，他不会相信，是他自己骗了自己。他说：是别人骗了我，是发生的事情骗了我，是环境骗了我，是整个世界不好，骗了我——他说：一切本来就不该如此！

直面者的难处就在这里，他是来告诉人们真相的，他会被拒绝，一次次被拒绝。因为人们不喜欢真相、不相信真相。人喜欢被骗，更多是被自己骗。这便是人性中一种极深的倾向：喜欢骗子，更喜欢自欺。

这自欺者也总怀疑别人骗自己，把那来讲真相的直面者称为骗子，并且对他们的孩子说：看呐，远离这个人，他是一个骗子，他会给你洗脑。

他们的孩子便哭，说他不是。

他们夫妻彼此看了一眼，在这一点上他们是心领神会的：果然女儿被洗脑了！

怕人笑的文化

我先讲一个故事：

直面举办了一个迎新会，迎新会有许多好节目。我且不说，我要说有一个人的表演。她叫小双（非真名），来自一个乡村。曾在直面接受咨询，因为她家境太困难，我们一直为她提供免费的服务。她在我们的陪伴与支持之下，便走出了人生“死阴的幽谷”，成了一个把好消息告诉别人的人，让我想起一句话：向人传递好消息的人，他的脚踪何其佳美。

小双听说直面办迎新会，便从乡下赶来，还给直面带来老家的特产：双黄鸭蛋，并且主动报名要做一场表演。

这是我要讲的第一个人。

我要讲的第二个人是一位父亲，他带着自己的儿子来参加直面迎新会。这是一位很有心的父亲。他的儿子正读初中，是一个很害怕别人笑话他的孩子，因此他会回避和人交往，以致都不敢去上学了。他的父亲便带他到人多的地方去锻炼，希望他变得真实、勇敢一些，不怕人笑。

现在回到迎新会现场，小双上台唱一首歌、讲一段话。小双的歌唱得并不好，却很入迷、动情。唱完歌，小双又讲了一段话，便是我说的“传递好消息的人”所表达的。她讲自己对直面的感情，话说得很质朴，又真诚而有力量。她显然克服了自己的害怕，让自己尽量自然。她敢于表演，敢于表达，也学会了付出，并心存感恩，她不再在“病”中，她的生命已获自由。

接下来，是那位父亲向我讲述关于他儿子当时的情形。他说：小双上台时，他的儿子有些惊讶。看到小双上台表演，唱的歌实在让他觉得不好，唱这样的水平竟敢上台，他实在不明白，并且他的脸上露出嘲笑，独自为小双难为情。然后他听小双说话，是听不大明白的普通话，他也不大知道对方在表达什么。一个在乡下的女性，在台上说着断断续续的话，他的脸上的嘲笑便流露无余了。这一切都被他的父亲看在眼中。这个孩子朝周围看去，发现他的爸爸在认真听小双讲话，又发现周围的人都在认真听，没有丝毫嘲笑之意，他脸上的嘲笑的表情便挂不住了。要是这发生在他的学校，那些同学不知会怎么拿这个小双开玩笑呢。但在这里却不同，他不明白了，也有些不自在。

这时小双讲话结束了，身边，他的爸爸带头鼓掌。场内掌声一片，持续了好一阵。这个孩子脸上的嘲笑消退了，他也跟着鼓起掌来。在那一刻，他有了一个新的经验，让他有一些震惊的经验：他本来以为这个唱歌不好听的女性会受到嘲笑，却发现众人为她真诚鼓掌。也许，他还会有一些反思：他之所以休学，是因为他害怕自己的言行会被人嘲笑，他为什么要这么怕人笑呢？

面子文化无处不在，面子的文化是为了活出面子而失掉本真的文化。许多人耗尽了一生，是为了争得一个面子。

有一个来访者活在一种害怕里，怕让父亲失掉面子。我问她父亲在哪里，她说父亲已经去世几年了。原来父亲的面子才是她的精神文化遗产。

面子的顾虑渗透在家庭里、学校里，甚至到处弥漫着它的声音。我们总喜欢嘲笑别人，便增加了人们对面子的保护，怕失了面子，怕被人嘲笑，不敢表达自己，不能直面，大大压抑了个体与民族的潜能。让骗子、凶暴者们在各行各业肆虐，他们很会利用别人怕失了面子的心理，便把各样的坏事做成了。

我想起十年前我们一家人在美国住了一年，儿子与女儿正读小学。当时学校组织家长与孩子们开一个会，其中有一个部分是，孩子们都可以自由上台发言。我儿子和女儿初来乍到，自然是不敢上台发言的，而上台发言的孩子中有的讲得好，有的讲得不好，我儿子凑近我说：“爸爸，要是在我们学校，大家都会笑他的。”这便是我儿子当时携带来的文化。仅仅几个月后，这种面子文化就被新的文化冲淡了，我看到儿子向别人介绍他与几个同学做的水循环模型时充满了自信，他不怕别人笑话，坦然呈现自己。

这些年我接待了许多来访者。他们的所谓症状中隐藏着一种害怕，便是怕被人嘲笑。为了保证面子，我们宁愿牺牲自己的利益，不敢真实，也不求真相或真理，我们宁愿相信假象，从而留住面子。这便是一种逃避，不敢直面。

犹太人是求真的民族，释放了民众最大的精神能量与智能，而我们却受沉重的面子的压抑。

好与真

有两样东西，最关注人的成长，一是教育，一是心理咨询。

本来，教育本身就行了，不需要另有心理咨询的。如果教育做得好，心理咨询就是不必要的。但在当今世界，心理咨询却变得越来越重要了，这里至少有一个原因：教育的问题越来越多了。在教育产生问题的地方，心理咨询就开始了它的工作。

教育的问题不少，有一样是很明显的，即，教育大多成了知识的灌输、技能的训练，却不大去管心理、人格的造就。这一点，许多人都在这样说。但这样说却是不大准确的。因为不管是家庭教育、学校教育，还是社会教育，都在管心理、管人格，只是管得不大恰当，管错了，管出了问题，不是在培育心理、造就人格，反而给心理和人格造成了扭曲，形成了障碍。于是，心理咨询就有事可做了。

这教育的问题到底是什么呢？我想谈的是一个悖论性的问题：教育的好处是让人变好，但教育的坏处也在这里——因为太要让人变好，反而出了问题。

我跟从事心理咨询的同事在一起讨论，我们得出这样一个观点，听起来相当惊世骇俗：教育与心理咨询的不同就在于：教育的目的是让人变好，心理咨询的目的是让人变坏。

听了这话，谁都不愿意来接受心理咨询了。变坏，这多可怕呀。但我要说的，恰恰就是这个问题。

做心理咨询许多年，接待了许多来访者，也算是阅人多矣，而且这“阅”还是“深阅”“精阅”。渐渐地，我就“阅”出一点门道来——我发现，前来寻求心理咨询的人，都是好人，且是太好的人。

如果说，心理咨询的目标是要把他们变得“更好”，那不是我能够做到的事情。因为，我简直可以说，我的每一位求助者都比我好，他们好得如同天使，好得让我感到羞愧。

但在羞愧的同时，我也大为惊讶：他们如此好，却也如此痛苦。

难道这“好”与这“痛苦”之间有什么关联？我确认：这里的确存在关联——因为太好，所以太痛苦。原来，他们的问题，恰恰就在于他们太好了。

于是，我开始意识到，我做心理咨询，真正的任务是，要把这些“好人”变得“坏”一点。但不是变成“坏人”，而是变成“真人”，即，帮助他们恢复被太多的好压抑了的“真我”。

我这样描述我的工作：我的求助者是一群天使，我所要做的就是在他们不知不觉之间，在他们那太过洁白的生命上抹一些泥巴，让他们从天使变成人类，好在这个人世间活下去，活得不那么阳春白雪，活得不那么格格不入，活得不要有那么多的顾虑与防御，活得不那么痛苦。原因很简单，这个世界不是天堂。

我没有读过这本书——但颇能领悟书名的意味：《好女孩上天堂，坏女孩走四方》。

我也没有读过这本书——却联想到它可能没有表达的另一层意思：《为什么好人总受苦？》

我也没有读过这本书——但可以猜想到它要说的是什么：《总是不够好》。

这些年来，我接待了许多许多求助者，在我眼里，他们已经够好了，但他们却觉得自己不够好，永远都觉得自己不够好。他们以为，只要他们足够好，他们就不会活得这么痛苦。他们所说的“好”，其实是完美。那意思自然就是：如果他们变得完美了，一切问题都没有了。

但他们不知道，也不愿意接受，恰恰就是对完美的追求，给他们造成了问题，带来了痛苦。原因很简单，人不可能完美。如果要用一个词来定义“人”，我想这个词就是“不完美”。因此，西方有一句话说：人的本性是会犯错误。

但在人类中，有这样一群人，就是要追求完美，要让自己好到天上去。不完美的人要变得完美，就如同一个人提着头发要让自己脱离地面（鲁迅用的比喻），难免就要痛苦了。于是，我仿佛看到，我的许多求助者在抓着自己的头发往上提，因为不能让自己脱离地面，他们痛苦着，而且痛苦不堪。

我关心的是，他们是如何变得这么好的，以及，为什么他们这么好，还觉得不够好、还要更好，一定要完美才觉得好？这时，我的眼光就从心理咨询转向了教育，看到我们的有些教育对孩子成长造成了怎样的影响。

在面谈室里，我跟许多困惑不已的父母相遇，他们无法理解，他们的孩子这么好：一直听话、乖巧、懂事、成绩好……怎么会出现心理障碍？怎么会变得如此稀奇古怪、不可理喻？父母苦口婆心，把道理说尽，都不管用，只好把他们送来接受心理咨询。他们以为，心理咨询不过是说一番道理。恰恰不是，心理咨询是把许多人从“道理”里解救出来。

有一个年轻的求助者，因为患强迫症，主要表现为吞咽口水恐惧（此不赘述）。他长期为此痛苦不堪，最终从大学退学。在他的症状背后，我看到一个好孩子的成长经历：在所有人眼里，他几乎是一个百分之百的好孩子，一直都是父母的骄傲。

他成为这么好的孩子，当然是父母的“功劳”：

一、他学习成绩好。假期，父母把他锁在家里做作业。为了培养良好的学习习惯，只要他写错一个字，父母就罚他重写 50 遍；考了 100 分有奖赏，成绩下降受惩罚。长期的训练给孩子造成了这样的结果：“考试我必须得第一名，如果是第二名，我就感到内疚，有一次我为差 0.5 分嚎啕大哭。”

二、他道德品质好。他的父母要求他“坐有坐相，站有站相”；在外面走路，手不能扶栏杆；吃饭的时候，嘴里不能有声音；在家听家长话，在校听老师话，在外听长辈话，因为“大人的话都是对的，都是为了你好”。这样的教育，对孩子的效果是显著的：“不管我心里同意不同意，嘴里都说：阿姨说得对，伯伯说得对，爷爷说得对，老师说得对。”

强迫障碍源于被强迫的经验。试想，这个出现口水吞咽恐惧的大学生为了做“好孩子”曾经“吞咽”了多少自己不情愿的东西？这种被吞咽下去的东西积累到一定程度后，一定会用某种象征性的方式表现出来，而这个表现方式就是心理症状。

我在心理咨询里大量看到，父母把自己的人生缺憾转移成对孩子的无限期待，要求孩子一切都好，巴不得孩子占尽天下之美。为了不让孩子受到任何污染，他们为孩子创造一个天堂般纯净的环境。他们习惯于对孩子说：“不要跟坏孩子玩，要跟成绩好的孩子在一起学习。”如果孩子犯了一点错误，他们就会指责，说极端的话，包括道德品质不好、没有良心等等。结果往往是，他们的孩子成了从天堂来的人，不通人情世故，不食人间烟火，用一双天使般的眼睛看世界，看到的都是脏污、混乱，容不得生活中的一点不洁净之处。他们不接受在现实里的自己，总觉得自己不够好，没有天使好，会因为一点小小的错误而苛责自己。他们内心里有极深的不安全感，他们的自我受到各种刻板规条的束缚，不愿意走进这个充满不确定因素的世界，不愿意在经验中获得成长，而是到处寻求绝对的标准，以获得安全的保障。

追根溯源，他们在成长过程中，有两种相反的经验对他们影响很深：因为“好”，他们得到周围人的许多赞赏，这赞赏给他们带来一种置身于天堂般的感觉；如果“不好”，他们会受到各样的责罚，这责罚又让他们感到像被投进地狱一般难受。我在许多求助者身上发现，他们坚守着幼年时期的经验，并从中发展出一种根深蒂固的信念：如果我做得最好，就会得到所有人的赞赏；如果我出了差错，就会招致所有人的责罚。于是，他们一言一行，皆出于“应该”，他们是在各样的“应该”的强逼下生活。如果说“‘应该’是暴君”（卡伦·霍妮的词汇），他们就是“暴君治下的臣民”（鲁迅的词汇）。从小到大，他们受到“应该”的强制，现在他们更加用“应该”来强迫自己。

前面谈到“好”，现在来谈一谈“真”。

我在心理咨询里有这样一个基本的观察：为了“好”而牺牲“真”，是许多人受苦的原因。可以这样说，心理问题的本质就是“失真”。一个人内部的“好”越是坚韧，他就越会压抑自己的“真”。特别是，当他以为“真”与“好”是冲突的时候，他更会为了维持“好”，而不惜牺牲“真”。因此，我们看到许多人，他们对“好”敬若神明，对“真”忽略不顾。久而久之，他们变成了“好人”，却失掉了“真我”，自此不敢活得真实，在生活中设置重重防御。

那么，心理咨询可以做什么？用罗杰斯的话来说，心理咨询的目标，是让当事人“从防御的面具后面走出来”“活出真实的自己”。当事人的问题在于过于“求好”，现在，我们要帮助他敢于“求真”。让他们觉察到，那“好”是出于恐惧，是为了防御，却局限了自己。现在，在一个可以充分被接纳的关系里，他们可以尝试变得勇敢一些、真实一些，敢于让自己“不好”，勇敢接受自己“不好”的地方。这样一来，那“好”就不再是折磨他们的东西了，反而成为他们真实自我的一部分。因为“真”里有好，也有不好。当一个人可以去做得好，也可以接受自己做得不好，这时，他的生命就获得了平衡，也变得整全了。

在心理咨询经验里，我看到好多人成了“好”的牺牲品，它带来一个文化意义上的反思：从家庭，到学校，再到社会，过于“求好”，过于“抑真”，简直成了一种不自觉的、无所不在的集体无意识行为。这是一种保守主义的东西，一种防御主义的东西，它很容易在一个道德主义、群体主义、家族主义的文化土壤里滋生和蔓延，我们对此更需要觉察。它会压抑个体和民族的力量。好而不真，是假好。假好不能造就自己，也不能造就他人。我看到，人类生活中有各样的迫害行为，其本质就是对真实的压制与打击。我的许多求助者（在某种程度上，包括我们每个人），从小经历了太多的打击，早已变成了惊弓之鸟。他们的真我被压抑在深处，不敢走出来。因为害怕，他们只要在别人眼中看起来好，不敢表现自己的真。作为咨询师，我所能做的，就是尽量让自己真实，从而让求助者学习真实、敢于真实。只有当他真实了，他才会真正释放自己的力量，才会真正感到快乐和充实。

我相信，真实就是力量。我期待，我们的教育，我们的文化，不只“求好”，更去“求真”，这样的话，我们的民众就会成为培养天才的土壤，我们的民族就会焕发更大的力量。在我看来，犹太人的文化是“求真”的文化，而不是“求好”的文化，这也是我们的文化的方向。

求真，不只是心理咨询的目标，也是教育的目标。在陶行知先生那里，我看到真正的教育与心理学携手并肩，朝着同一个目标行进：“千教万教，教人求真，千学万学，学做真人。”信然！

当然可以做学霸

现在有一个颇流行的词叫学霸。其实，谁不想做学霸呢？可以读名校，有发展的前途，各样的荣誉，学校为之骄傲，父母为之骄傲，令所有人都羡慕。

但是请不要为了做学霸而做学霸，请不要过度强求做学霸，请不要不顾一切做学霸，那样的话，成了学霸却要付出成长的代价。

你当然可以做学霸，但要避开做学霸可能会遇到的危害：

一、只学功课，而缺乏课外的阅读。结果成了：你只是在学业上成了“学霸”，却没有对人类思想有广泛的涉猎与丰富的贮备，精神世界不丰富，要不了多久就枯竭了。你的光荣也是暂时的，只能靠“学霸”争取到的一些条件，仅够在生存层面上获得一些条件。

二、为了做“学霸”，只把时间花在学习上，缺少与同伴的交往经验，缺少社会接触的直接经验，缺少人情世故的起码常识，可能会成为学霸，却也成为失掉自我的“套中人”，生活在十分封闭而固守的意识状态里，甚至感受不到活着的乐趣。

三、为了成为学霸，你有非常强的目标感，以至为了目标可以牺牲一切，很有可能成为一个只有目标驱动的人，而缺乏对价值的选择以及对生命的尊重。因为长期把自己当成了实现目标的工具，也可能发展出以人为工具来实现自己目标的思维与行为模式。便是一个单向发展的人，一个残缺的人。

四、为了成为学霸，你追求高效，一切都是效率，便不觉把自然压抑了，让自己的人性转向机器性，因为机器是接受指令，永远高效运行。最后你可能成为“human doing”，而不是“human being”。你不工作便不存在，生命的其他性质与品质被排除了。或者你会发展出强迫症，或者你已经完全成了高效的机器。

五、要成为一个学霸，要比一般人更压抑自己的本真，去附和考试的要求，自己真实的想法或判断被妥协掉。也因此更要有意识地保护自己的本真，包括为受伤或受抑的本真疗伤，让它重新长出来。

六、成为学霸，可能比一般人更加要对自己天性中的许多内容进行压抑，更成功地训练它们与你合作，完成这个成为学霸的使命，但极有可能你会做得过分，让天性受损，甚至让潜能受损，让你对自己、对他人、对世界那么自然的爱受损。因此，你需要做到两点：一是不过分压抑自己的天性。二是如果你压抑了它，甚至损伤了它，预备好为它疗伤，让天性恢复它的生机，这并不容易。

最后，当你考虑到以上所有方面（当然还有更多的），并且知道如何更好地应对这些方面，不过分苦待自己，反而养成自然的奋勉精神，那就放心大胆地去做学霸吧。

最怕死的人

活着的时候，拼命折腾找死。死亡来找他的时候，又拼命折腾怕死。

自私，只想自己活，不在乎别人死活。这样的人最怕死，因为他以自私抓取的一切，都会被死亡夺去。

创造了丰功伟业，却是为了自我标举而缺少精神品质的人最怕死，如古代的某些皇帝，因为他被周围的人视为神，而一直活在虚妄里，以为自己永远不会死。太幼稚的人最怕死，因为他天真的眼睛看不到自己的死，以为死是在别人身上发生的事，与他无关，直到有一天死来找他，他捂着眼睛拼命哭喊："不要，我不要……"

一个人活得越不真实，就越怕死。他活着的时候如同影子，死的时候却是自己。一生只为某个单一目标而活的人最怕死，因为他没有活出丰盛的生命，却把自己活成了工具。死亡来了，工具不知道害怕，人却害怕。因为只有死亡才会真正提醒他："你是一个人！"

因为时代、环境等原因，一个人未能走一条正常发展与实现的路，这样的人也怕死，但他会跟死谈条件，感慨自己生不逢时，却不会怨怪自己。

因为成长受阻或个性原因而失掉了关系能力的人最怕死，因为他一生活得十分孤独，情感需求不得满足，留下太多空缺，死亡前来叫他，他实在不甘离去。

才智颇高却发展出心理障碍（又未得疗愈）的人最怕死，虽然他的行为看似求死，内心里却有最强的生之欲求，故而陷入症状的挣扎，看不出是为了求生还是求死。

最后，直面取向的心理学疗愈包括学习死亡、直面死亡、以死观生、且死且生。

请别对我好，我烦着呢

渐渐地，在我们的社会里有了这样一群人，他们特别烦别人对他们好。

即使他们表面接受了别人的好，那也是出于客气，其实他们心里烦得很。

如果印一种文化衫，上面印着“别对我好，我烦”，说不定会流行，因为这的确符合这样一群人的心态。

别人对你好，你为什么心里烦？

这看起来奇怪，其实并不奇怪。

有这样一群人，从小到大，父母——尤其是妈妈——对他们太好了。他们自己都没有意识到的某种需求，父母便送来了，而且堆上一大堆。这叫无微不至吧，但他们害怕无微不至。

那么多的好，让他们餍足，让他们怎么消受，实在撑得慌，简直要呕吐了。还不能表达反感，那样会内疚。

更有一些好，并不是他们需要的，是父母以为的好，强加给了他们。

这更加让他们反感，也不能表达，只得忍着。

还有，父母对他们的好，有时候也让他们生疑，因为这好里似乎暗藏了其他的目的。比如，父母不让孩子做任何事情，是为了让他把所有的时间用于学习。父母在家里蹑手蹑脚走路，是担心影响孩子学习。父母让孩子吃多吃好，也是为了有精力学习。

说得更多一些，父母不让孩子谈恋爱，说是为了学习。当然，父母说，这是为了你好。

到了后来，父母逼孩子相亲、结婚，这也理所当然地是为了孩子好，但这好里，总混杂着许多其他的东西。

孩子到了社会上，就成了一群被好败了胃口的人，遇到别人对他们好，他们就接受不了、消受不了。别人对他们好，他们不以为然，甚至厌烦，自然也想不到回报别人那诸般的好。

渐渐地，生活中各样的好，包括自身也有很多好的条件，都让他们提不起劲来。

甚至，他们也分不清好坏了，还更喜欢坏，以坏自许，以坏自娱。

他们的父母自然看不懂，便对他们更好了，也让他们更烦了。

父母就需要有所反思了：大概是自己过去受了许多苦，就不想让孩子也受苦，因此加倍对孩子好，把孩子当成了自己去补偿。这不是有意识的好。有意识的好，是让自己的好对孩子的成长有益处。而过度的好，败坏了孩子自然的胃口，也会削弱孩子生活的动力。这动力来自本能。被过度喂养的动物，会失掉到自然中猎食的动机。同样，父母对孩子太好，孩子为什么还要自己去争取好？更何况，父母的好里还有一些让人生疑的方面，更加会扰乱了孩子。当孩子的周围堆满了父母的好，他们就无法按自己的意愿去奋斗了。因此他们好烦。

析梦的境界

艾瑞克之析梦

如果要用一个词来形容艾瑞克析梦的状态，这个词可以是孜孜不倦。

这是一个对梦极其迷恋的人，不管是谁提出一个梦，他就在那里与之展开梦的工作。他工作起来，总是一副好奇、入神、欣欣然的样子。

艾瑞克分析过六万多个梦，在析梦上他已经达到了自由的境界。在他那里，析梦早已不是一种技巧。即使他使用技巧，也是不着痕迹，化技巧于无形，这个境界，叫大象无形。我想起荣格的一句话："尽你所能去学习各样的理解与方法，然后就要忘掉它们。因为当你遭遇生命的奇迹时，除了你个人化的经验，没有什么东西能够真正帮助你。"艾瑞克学习了各样的析梦理论与方法，包括弗洛伊德的自由联想法，荣格的想象扩展法，佩尔斯的戏剧法，现象学的描述法，包括他的朋友和同事戴兰妮的外星人采访法，以及其他各样的方法，皆烂熟于心，得心应手。看艾瑞克做析梦，就是那种与生命奇迹相遇的时刻。

如果一定要把他的析梦归于某个体系，那是存在——现象学的方法。梦是一个现象，不能对之有强求，而是一种邀请——这种邀请的方式叫描述——邀请事情呈现它本来的样子，让梦的本质自己走出来。

艾瑞克的析梦是从一个完全清空（bracketing）的地方出发，当他开始接触一个梦，他让自己处于一种"无知"的状态。这也是荣格的析梦出发的地方："对于你的梦，我一无所知。"接下来，艾瑞克就从"无知"一步一步走向"知"——在这个过程中，梦向他呈现了自己。在析梦过程中，我不断暗自惊异的一个地方还在于：对于梦者，艾瑞克也是"无知"的。其中有的梦者是我熟悉的人，至少是跟我在同一种文化里的人，甚至其中还有人跟我做过面谈，我对之有极深的接触和了解。而艾瑞克通过析梦的工作，从对梦者的“无知”也一步一步走到“知”，而且这“知”跟我的“知”达到同样的地方，甚至是更深、更本质的“知”。原来，艾瑞克在析梦中不仅看梦怎样呈现自己，还会看梦者怎样呈现自己。并且，艾瑞克作为析梦者，他自身有丰富的生命经验，包括梦的文化和析梦的经验。我们是可想而知的：一个人曾经解析了六万多个梦，当他遭遇一个梦，他几乎可以从任意一个角度进入到那个梦中，进入梦者的文化。艾瑞克作为一个来自另外一种文化的人，对中国文化并不真正了解，对眼前的这一批又一批的人几乎一无所知，对他们的成长经验、生命故事都不知道，他竟然从一个“空白”的地方出发，通过一个梦走到他们的深处，并且揭示出某种本质的、对其自身有个人意义的东西。他以一个不知道的人走到了一个知道的地方，是那样一个个梦把他带到了那个地方，然后他把自己在那里看到的东西说了出来，让每一个梦者惊讶，更让在场的我惊讶。

艾瑞克之品质

艾瑞克达到这样的境界，可谓大师，但他背后并没有太多的追随者。而他本人，一路走来，不断去追随一个个大师——梅达·鲍斯、保罗·斯泰因、克拉克·莫斯塔克斯等。这些年来，他在美国、欧洲、亚洲讲课，带工作坊，做得很出色，却不是一个名声震天响的人。他是一个相当谦逊的人，不宣称，更不张扬，习惯于把自己放在一个很低的位置，便是我们所说的低调之人。他同时是一个对品质有很高要求的人，他努力的方向不是赢得名声，而是将所有的关注和精力放在如何将一样东西做到最精、最深、最有品质。在这个世界上，我们常常会看到一些呼风唤雨的人，接近去看，他们并没有艾瑞克的品质，却有比艾瑞克更多的世俗的精明，他们背后总有一大群追随者。艾瑞克自得其乐，迷恋自己的工作，从工作本身获得了足够的乐趣与满足，并不需要通过追求声誉而获得满足。

艾瑞克析梦工作坊

2010 年，艾瑞克来中国参加第一届存在主义心理学国际会议，在会上他做了一个析梦案例的报告，给我留下很深的印象。此后，他多次来直面做存在治疗与析梦的工作坊。因为直面不会做宣传，来参加的人并不多，但是参加者充分得益。我本人算是其中最大的得益者之一。后来，北京一家很具推广力的机构与他合作，好像也没有产生太大的影响。但直面继续邀请艾瑞克来做存在治疗与析梦的工作坊。我们的态度是，只要有人来，我们就做，做得很认真，全身心投入，也玩得很开心。每次，本来很少的参加者都感觉像是得了宝贝，在结束的时候感慨地说："哇，没来参加的人都好傻啊，花这么少的钱，能听到这个领域最顶端的专业讲课、析梦，还一起出去玩（指直面举办的'与大师同行'文化之旅），在往返的车上还能请艾瑞克做个人析梦，跟他建立个人化的关系，拥有这么多非同寻常的经验。"其实我们也很傻，艾瑞克也很傻。说我们傻，是因为我们不赚钱。但我们也不傻，因为我们享有了很高的品质。

艾瑞克的析梦理论与直面理念

前面说过，艾瑞克跟随心理学大师接受析梦训练，对西方心理学领域几大析梦派别得其精髓而应用自如，但在根本取向上，艾瑞克将自己归于存在—现象学传统，即鲍斯·戴莱妮·克雷格（其本人）体系。同时，艾瑞克又在实践上不拘一格，保留自己的独特之处。如果要对艾瑞克的析梦做一个理论上的概括的话，他的核心观念是：梦即现实。甚至，他解释说，梦是现实中最清醒的那一部分，比醒来的现实更加真实。从这个角度来看，艾瑞克的析梦理论蛮有一种直面的意味。当我们说到直面，最常说的是，直面你的现实，直面你与他人的关系，直面你自己。在直面心理学看来，症状在本质上是对现实的逃避，包括对问题的逃避、对关系的逃避、对自我角色的逃避。而人对自己的逃避并不真正知道，可以称为是无意识的逃避。直面就是对这种逃避的揭示，让人知道自己的逃避，并且选择直面自己的现状。直面的这种态度就如同《诗篇》139 篇 7 节所说："我往哪里去，躲避你的灵？我往哪里逃，躲避你的面？我若升到天上，你在那里；我若在阴间下榻，你也在那里。"在这里，上帝即是一个直面医者。同样，直面心理学的工作，是让人不再躲避在症状里，也让症状无处遁形。哪怕你逃到梦里，也可以通过析梦的工作，让你的现实被揭示出来，呈现在你的面前，让你看到你自己和你无法回避的现实。它如此真切！艾瑞克说梦即现实，便是通过析梦，让梦者的现实被揭示出来，从此选择在现实里过觉察的生活。这相当具有直面精神。

艾瑞克与我们的文化之旅

从 2010 年我第一次看艾瑞克做一个析梦的报告，这些年来我不断邀请艾瑞克来直面举办析梦工作坊，对其析梦体悟出一些门道。

想起艾瑞克，我脑中会想象出这样一个场景：我们跟着他走在一片土地上，这片土地呈现山川湖泊等各样地貌。我们像是游客，观赏着不同的风景，艾瑞克却更像一个探墓者、一个探宝者，他能够观察山势地形，植被生态，知道从这个地方下去，会有一个千年古墓，从那个地方下去，有一个不为人所知的宝藏。甚至，这本来你生活的土地，你都不知道在地下深处有怎样的丰盛。

我们所经历的生活就是文化，艾瑞克跟我们一起行走在文化里，他对文化的感受与理解跟我们有所不同，他理解的角度是更为独特的，层面也是更深的。他看到的是文化深处的东西，通过一个个体所携带的文化，他走到他们生命的深处，看到了一些更真实而根本的东西。他能看到梦者怎样使用自己的文化，把它们变幻成一个个梦，进行一场场新的表述与呈现。当梦呈现自身的时候，我们很多人看到的只是梦所表现的象征、意向、形式、物象、故事、情结等因素，艾瑞克却沿着这一个个梦走到文化很深的地方，触及根本所在，再慢慢从最深处走出来，引领梦者通过梦看到自己、反思自己，反思自己的生活与处境，反思自己的情绪与情感，包括看到自己所受的伤，感受到自己的脆弱、恐惧与焦虑，并体会其中的意义。这时，梦者会发现，他的梦成了一个亮光，照见了自己的现实，并且发现，原来梦就是现实，能够给人清醒的生活带来启发的那种更真实的现实。

我们在白天经历的醒来的生活，在这个现实里，我们会受到理性、情绪以及各种文化，某个设定的目标等的限制，使我们不能充分看到那些根本的方面。但梦发生在我们最放松的时候，那里没有那么多道德、理性、法律的约束，我们没有过度的防御或掩饰。它就是那样自由而自然地呈现自己。当我们把这种自发的东西带回到白天清醒的时空里，我们会从它那里得到醒来的生活中所难得的启示，使我们对现实有更真实的理解。

这就是为什么我们要析梦。

投　入

在面谈中，时常有人向我表达："我不能投入，怎么办？"

听他们讲述自己一路过来因为不能投入而付出的代价，着实让人同情。这些代价包括：学业不振，工作失误，不能融入人际关系，以至于到医院看病，被诊断为这症那症，吃各样的药。还有人寻求心理咨询，就是为了解决一个问题：我不能投入。

我与一个来访者探究，发现她"不能投入"背后的一些情况。其中很重要的一点是，"我不能投入"其实是说"我不能百分之百投入"。

那我要问：谁能做到百分之百投入吗？即使一时可以做到，能够永远维持百分之百投入吗？因此，来访者追求的"百分之百投入"终不可得，只是妄求。

如果得不到，这位来访者会怎么说呢？

她说："因为我太紧张，所以不能投入。"

因此她一定要治疗自己的紧张，目的是让自己能够做到百分之百投入。结果是，治疗十年，还是紧张，还是不能百分之百投入。这种坚持不懈导致的结果是，她整个人都变得僵硬了，言语动作如同机器。

她找到了我。我试图帮助她解开紧张和不能投入背后的玄机——其实一点都不玄。

我问：如果不能投入百分之百，投入百分之八十可以吗？百分之六十可以吗？百分之四十呢？百分之十呢？

问题就在这里：她不能接受投入百分之八十，更不能接受百分之八十以下，她想要的就是百分之百——工作要投入百分之百，思考要投入百分之百，跟人说话要投入百分之百，跟丈夫做爱要投入百分之百。不然就是不投入。

我要说的改变的玄机就在这里：一个人能投入百分之多少，就接受自己投入百分之多少，就享受自己投入百分之多少。这才是“投入”。

那么，为什么她不能接受呢？

她说：因为别人都是这样（投入百分之百）的。

这是她的假设，就是这个假设导致她一直很紧张。因为紧张，她强求自己必须“像别人一样”投入百分之百。却不知道，别人之所以过得那么轻松，正好是因为别人不会强求自己投入百分之百，而是享受着不管投入百分之多少都可以的生活。

当事人代表着这样一批人，他们的这种强求从何而来？追根溯源是这样一些经验：自幼被要求跟人比较，与人竞争；要胜过别人，就要高效，就要投入——亦即，“百分之百投入”“每时每刻投入”“随时随地投入”“永远投入”“在任何事上投入”；在他们周围时而响起催促的声音：“你要投入啊！”也时而响起责怪的声音：“你为什么不投入！”他们小时候做作业，家人在一旁催：“快快快。”他们读了高中，整个环境都在制造一种紧张，“投入投入投入”“不能分心不能分心”“全神贯注全神贯注”“集中精力集中精力”。为了让他们高效率地投入学习，家长们不允许周围有任何一点声音扰乱他们。写到这里，我便想起在南京发生的事：高考期间，家长们到考场附近的大街上去拦汽车，不许通行。更有甚者，家长在高考前一夜把学校池塘里的青蛙毒死了……都是为了保证他们的孩子百分之百地投入。他们进入工作环境，也听到的是那些“快快快”——恋爱快快快，结婚快快快，生孩子快快快。因为自幼被强求，他们后来就开始自我强求——强求自己完全投入，百分之百投入，纯粹投入，不能有一刻放松，不能有一丝马虎，必须投入百分之百，不能容忍投入百分之八十、六十、四十。他们强求自己，还强求他人。他们责怪自己，还责怪他人。他们也抱怨环境里有这样那样的干扰，让他们不能百分之百投入。他们活在百分之百里，如果不是百分之百，他们就不好好活，宁愿把自己活成病人。

这些年来，我接待了许多人，他们说自己不能投入，其实是他们不能接受自己不能百分之百投入。不管自己投入多少，他们都会强求投入更多。但终因不能达到百分之百，他们就责怪自己投入不够，抱怨他人不善、环境不良。最后他们干脆不投入生活，让自己完全投入症状。

在他们所谓的“投入”里，我探索出一些对他们有所损害的毒素：一，他们的“投入”里有一种骄傲，一种太强的比较心：“如果我能够投入，我比谁都厉害。”二，他们的“投入”里有一种虚妄与自欺：“我之所以成了这样，那是因为我不能投入。”三，他们的“投入”扎根在不安全感里面，因为害怕，因为自我很弱，才如此强逼自己投入。四，他们的“投入”是苛求完美的代称，或者是完美找到“投入”做它的代言人，做它的仆从，戴着面具出现，也是巧立名目。于是，他们就在任何一个地方强求自己投入。

我们生活在一个到处都是强迫的时代，“投入”成了一种强迫的方式——强迫别人，自我强迫。人们把“投入”加以美化、神圣化、绝对化、教条化，以为“投入”就是一切，“不投入”简直就是犯罪。就有了各样的症状，所谓强迫症、焦虑症、抑郁症。强迫症就是：永远在那里强迫自己投入百分之百，永远做不到，又欲罢不能。焦虑症就是：因为不能投入百分之分，就感到惶惶不安，仿佛世界末日来临了。抑郁症就是：一直强求自己做到百分之百投入，却达不到，终于失掉了动力，觉得生活没有意义。

那么，它的解药是什么呢？

其实我在前面已经透露了：能投入多少，就投入多少！安然于此，才是投入——才是对人生实实在在的投入。

人格塑造

我终于知道我为什么选择从事心理咨询：因为我能看见一个人身上他自己看不见的阻碍，也能看见他身上他自己看不见的资源。

——王学富

你还不配说你痛苦

人类的痛苦是有不同层面的，有些痛苦是有品质的痛苦，有些痛苦是没有品质的痛苦。

最高品质的痛苦是从对人类的悲悯中产生出来的，便是高尚的痛苦。有些痛苦是出于自我成长中必定要经历的，便是自然、清洁的痛苦。而有些痛苦是因为自己的私欲没有得到满足所致，便是低劣的痛苦。

最高层面的痛苦是看到人类处于悲苦的处境，由此产生悲悯之情，并愿意为之做艰苦卓绝的努力。如耶稣被钉在十字架上时还祷告说："父啊，饶恕他们，因为他们不知道！"也如佛陀所说"我不入地狱，谁入地狱"之痛苦。又如鲁迅对国人精神麻木状况的悲哀与愤懑：哀其不幸，怒其不争。再如林肯看到人类不平等而陷入抑郁症，并为争取平等而战斗的痛苦经历。这些都是人类最高的痛苦。

自然、清洁的痛苦，与人的成长相关。一个小孩子的痛苦便是自然而清洁的。一个人追求自我成长，为了成为更有品质的人，过充分自我实现的生活，他需要经历合理受苦，包括他为孩子、家人、身边的人过更好的生活而付出努力和遭受痛苦。这样的痛苦，有个人的意义，也因为个人获得了成长，让周围的人从中得益。这是人类追求自我发展、与人合作、培育他人与贡献社会的过程中产生的痛苦。

最低的痛苦是自己的欲望没有得到满足而让自己陷入不能自拔状态的痛苦。这种痛苦是症状性的，是被情绪遮蔽的，是缺少反思的，甚至是一味向人索取的、肆意妄为的、作践自己和作践他人的痛苦。这种痛苦里混杂着一种怨气，因为事情不遂其心愿，他就去怪罪别人、抱怨环境，因为自己的一点不快，简直要把世界毁掉，好让他把不快抹去、从头再来。这便成了一种污浊的痛苦，是没有意义的自我折腾，是成人的幼稚行为。

我们必须承认，有些症状的苦是品质低劣的，出自过度的自我关注或自我迷恋，是自作自受的苦，也会让别人被牵连其中，为之白白受苦。我们假设一个人身上有某种品质低劣的部分，但他又不敢按低劣的方式去生活，他就会陷入这种低品质的痛苦中去了。相反，我们再假如这个人身上有某种品质低劣的部分，他会无所顾忌地按低劣的方式去生活，他就让别人痛苦了。

人与人之间是有边界的，一个人的情绪、语言、行为有适当的边界，便是节制。不管是出于自尊、出于体谅，还是出于对他人的尊重，他都可以节制自己的情绪、欲望、言语、行为。但有些人却没有节制，或者他过去对自己的人性压榨太狠，以致形成了一种自虐的倾向；或者他干脆就是自幼被惯坏了，形成了一种自我中心。遇到让自己不满足的事，他就会不自觉地折磨自己，或者相反，他不管不顾了，简直要把世界踹上几脚。但他又不敢针对所有人，只是肆无忌惮地把情绪都倾泻到那些真正关心他、跟他亲近而又不用太担心会离开他的人身上。

因此我说：当你感到痛苦，你尝试去理解你的痛苦的本质和品质，你可以选择承受痛苦，或者接受这痛苦，或者用不损害自己和他人的方式去处理痛苦，这时你就在提升你自己的痛苦的品质，也在提升你自己的生命的品质，从低劣的痛苦走向自然成长的痛苦，甚至走向对人类产生悲悯而愿意投身他人、牺牲自己的痛苦。不然的话，你哪里配说你痛苦。

我们看到的永远是自己

——看鹰抓羚羊的感慨

最近有一个视频在网上传播，这是一个鹰抓羚羊的情景。在山石嶙峋的陡壁上，有几只羚羊散落。天空有一只巨鹰向它们俯冲过来，它的利爪死死抓住一只羚羊。羚羊从陡壁上向下冲去，它连滚带爬，试图摆脱背上紧抓不放的鹰。它们一起撞到了石头上，打了一个滚。鹰还是抓住不放。羚羊继续惊慌失措朝山下冲腾突跳，又撞在石头上，又打了一个滚。另一只羚羊（或许是这只被抓住的羚羊的妈妈）看到这只羚羊被鹰爪抓住，它先是惊呆了，欲逃。后来才反应过来，跟着这只被抓住的羚羊跑下山坡，看看有没有机会帮忙。羚羊拼命挣扎，不断撞到石头上，打滚，鹰紧抓不放，也被撞得不堪。最后，鹰只好丢下这只羚羊，其他几只羚羊凑近安慰。视频结束。

我和几位直面的同事与驻修生坐在一起看了视频，然后听他们讲各自的感受和看法。

艺说："我觉得这个老鹰太厉害了，以前只听说老鹰抓小鸡，现在竟然抓羚羊。太震撼了！"

沁说："它们都一直在坚持一个东西。老鹰在坚持一个东西，羚羊也在坚持一个东西。"

洋说："就是为了生存去持守一个东西吧，老鹰为了生存去持守一个东西，羚羊也为了生存去持守一个东西。"

迅说："羚羊体积比老鹰大，老鹰却抓着它不肯放，本来驾驭不了又不肯放，我看那个老鹰都快摔死了，最后只得放掉了。要是再不放那个羚羊，再给它摔两下，老鹰就死了。"

侠说："我赞叹鹰勇往直前、知难而上。"

听了他们各自的感受与看法，我暗自惊讶，这太神奇了！我对他们说："你们各自再重复一遍，因为我发现你们表达的都是你们自己呢！"

于是艺说："我觉得这个老鹰太厉害了，以前只听说老鹰抓小鸡，现在竟然抓羚羊。太震撼了！"

我解释说："对艺来说，这是一个非常震惊的经验。艺说过去只听说过老鹰捉小鸡，现在竟然看到老鹰捉起羚羊来了，她感到非常震惊。这正是艺常用的表达方式。她在人生中间遇到什么新的事物，就是这样表达的。她有一颗好奇的心，所到之处不断发出一声惊叹。我想起艺前一段时间给我写的一封信，她在信中说：'王老师，以前只听说过你厉害，到了这里才知道你原来是这么厉害！'这跟艺现在的表达是一样的：'以前只听说过老鹰抓小鸡，没有听说过老鹰抓羚羊！'生活对艺来说，就是一时一惊叹，一步一惊叹。"

然后沁说："我觉得那个老鹰从空中飞过来，要抓住那只羚羊。它们都是一直坚持，坚持到最后。跟鹰相比，羚羊是很柔弱的，但它也一直在坚持。"

我解释说："沁从视频里看到的是坚持，她强调的一个东西就是坚持。这个坚持有时候是以鹰的方式进行，有时候是以羊的方式进行。我想起人们这样评价沁：这个沁啊！她从头到尾就是要坚持跟着直面。社会上的什么培训她都不参加，就是盯着直面的培训，一直坚持到底。那么沁更多强调羚羊的坚持，又是因为什么呢？因为你看啊，沁的身体也不是像鹰一样强健，而是像羚羊一样柔韧。她的意思是说，鹰因强健而坚持，但即使我是一只羊，我也要坚持。这是她的人格里一个核心的话语。"

这时洋说："沁说的是羚羊的坚持，我说的更是鹰的坚持。为了生存，必须有持守。"

我又解释说："是的，洋讲的也正是她自己。每个人在看视频的时候，都亲身参与其中了，而在表达各自的感受与看法时，呈现的都是各人自己。这个让我觉得太有趣了。洋现在是刚刚大学毕业的年龄，她说我要有持守，为了生存我要去持守，我就是要去抓住这只羊。洋现在开始走的一条路，其实就像一个鹰去抓一只羊。她说，为了生存我要去持守，找到一个目标，我就要持守下去。她不是一个老鹰，而是一只刚刚出来亮翅亮爪的年轻的鹰，却有强烈的持守的心。她很有可能抓不住羊，或者抓住这羊对她来说太难了，但她总会坚持。从她的表达里你有没有看出她跟直面的关系？她盯上了直面，就是要抓住直面不放，在抓的过程中有几次撞到了石头上，她也不放手。最终，直面被她抓住了。这在她看来就是一种持守。”

轮到迅说：“那个鹰就是欲望太大。它明明抓不住那个羊，还要抓着那个羊不放。最后，好在那个鹰放手了，要不然它就被羊摔死了。”

我又解释说：“这代表迅跟世界的关系。迅面对这个世界的时候，他采取的不会是鹰所用的方式。他有自己的坚持，但一定会考虑自身的能力与所处的环境。他坚持，但不会不顾这个世界的情况，不会不考虑自身的能力。他把坚持融在对自身与世界的关系的理解里，然后做出选择。如果他在某些情况下发现了羊，他会去追猎这只羊，但他不会以损害自己的方式跟对方纠斗不休。如果时机不成熟，他会先放下来，而不过于执着于此。他说，我不能冒着受损伤的危险去搞。用迅的眼光来看，那个鹰是过度用力了，是过度执着了，导致了自我损伤。如果再不丢手，会性命不保。这代表了迅跟世界的关系，代表了他的生活态度与做事风格。同样，涉及他跟直面的关系，也是这样的。他最初向我表达想来直面做驻修生的意愿，并且跟我一直保持着一个联系，但他把这件事放在一个过程里，不会去强求。同时他总让你知道，他就在那里（availability），等待召唤。他把自己置放在你的意识里，让你在某些时刻会想起他来。他不会在关系里冒进，也不会轻易跑开。这就是迅，他似乎总要把握一种平衡，不会过来抓住你，却愿意等你去抓住他。跟迅相比，洋是一只初出茅庐、生机勃勃的小鹰，她说：我饿，我要活下去，我要抓着你。但迅不是。他说，当你来抓住我，我就同时抓住了你。”

侠很简洁：“鹰勇往直前！”

我说："这便是侠！在生活中困难越大，侠越会迎难而上。她有一个自我角色的意识：我就是那鹰。我抓住你，你别想逃脱。"

大家都感慨：真是太神奇了。原来我们看到的都是自己！

后来，我又把鹰抓羚羊这个视频发给我的十来个来访者，得到的回应也十分有趣。

首先是尘的妈妈，她看了这个视频就哭了，还避开女儿和丈夫，跑到外面去哭了一阵，然后才回屋来，显得没事一样。她为什么哭呢？她想到了她的女儿，觉得有一种东西——就是我们称为症状的东西——像鹰一样抓住了她可怜的女儿，并且抓住不放，不管她女儿如何奔逃，也逃不脱。事后她哭着对我说："我的女儿好苦啊！你看她为了摆脱鹰爪，从山上朝下滚，遍体鳞伤。"我在咨询中发现，这是一位对女儿过度保护的妈妈。因为妈妈保护过度，女儿的自我一直很弱，就轻易地成了症状的猎物。

珂曾经在我这里接受咨询，后来结束了，她成了家庭文化的觉醒者。过去她一直受父母的保护和限制，如今她离开父母，到一个新的城市去独立生活，但她的父母放心不下，对她穷追不舍，软硬兼施，诱逼她回到父母身边。她清楚知道，跟父母在一起，她永远不能成为自己。看了这个视频，她立刻回信说："王老师，我明白了，我会摆脱的。"她的意思是说，她的妈妈爸爸像鹰一样要抓住她，她会像那羚羊一样挣扎，一定要摆脱鹰的利爪，争取自己的独立与自由。她也以为我给她发这个视频，是为了告诉她这一点。但我并不是这么明确。这是她自己看到的，而她看到的正是她自己。

楠也接到了视频，她的反应是什么呢？楠一直感到压抑，也怀疑自己。因为她的爸爸妈妈一直对她不放心，觉得她不行。楠内心里一直有强烈的渴望，就是要活出自己，过好的生活。她有力量，这力量却一直压在内心里，释放不出来。看了视频，她对我说："王老师你知道吗？我内心里面一直有一个愿望，就是要做一只鹰。我知道鹰很不容易，为了获取猎物会受伤。但我就是要做这个鹰。"事实上，这个鹰就是楠内心那个被压抑的自我，那个自我一直没有像那只鹰一样奋力过，因而没有真正活出来。她说："我要给父母看看这个视频，并且告诉他们，我是那鹰！"

还有亦。她看了视频后，做出的反应是：这不过是求生本能。亦患有进食障碍，被转介到了专门医院。严重的进食障碍对人的损害很深，这损害深及生存的本能，会使一个人时时陷入生死抉择的困难：是坚持活下去，还是死掉算了？因此，亦的行为时而是在求生，时而又在求死。死到临头时求生，死而复生后求死。据国外研究统计，30% 的进食障碍者最后会死掉。因此我提出一种治疗观念，叫"唤醒本能"。人的最后一步是求生的本能，这是造物者在我们生命中预备的最后一个根据地。当世界把我们逼到某个绝境，我们只好退回到这个地方做绝地反抗。这个地方会对我们说：不管怎样都要先活下去。如果症状的损害深及本能，活下去的话语都会变得十分微弱，那就真的危险了。亦从视频里看到了一种求生的本能，她对自己说："我要活下去！"

阳因伤致病，这伤源自父母的控制。从小到大，父母逼阳走一条单一追求知识的路，生命成长的多样化经验被严重限制了。阳本以为可以通过求知（成绩好，考名校）超绝于人类之上，最后却因为缺乏经验走进一条症状的死胡同。看了视频之后，他回应说："我读初中的时候，一心想着冲哈佛、耶鲁等世界名校，现在冲进去了却发现自己伤痕累累。原来我选择了一种不断损害自己的方式走到了现在，目标达到了，损伤造成了。我冲进了名校，却躺倒在地上。看了这个视频之后，我想到我的确受伤了。我也很好奇的是，旁边围观的羊为什么不上前去帮助那只被鹰紧抓的羊呢？……哦，后来我看到有只羊好像追上去了。"

对阳来说，那鹰可能象征着症状对他的缠扰，或者象征父母对他一直没有放松的控制。他像那只被抓的羊，在孤身奋斗，他期待有来自环境的支持。后来，他看到有一只羊追上来，陪伴他经历这场挣扎，并且寻找机会来援救他。而他认为，这象征着他从迟来的心理咨询得到了援助。如果没有支持，他不会成功摆脱控制，反而会陷入一种无休无止的感伤与自怜，觉得世界不公，让他孤立无援。阳说："过去我一直孤军奋战，感到孤立无援，现在我开始得到支持，有了信心和勇气。我会摆脱那鹰！"阳的父母也看了视频，阳说的话让爸爸大为感慨，说："哎呀！我要赶快住手，不能做这个鹰抓住我的孩子不放。"从阳的爸爸的反应里，我看到一个人经历心理咨询走向文化觉醒。

最后要讲的是尘的爸爸。前面说过，尘的妈妈一看视频，就想到她的女儿有多可怜，就一个人出去哭了一场。而尘的爸爸看完视频，做出一个冷静的评价："哎呀，这不过是食物链。"尘的父母的反应，正好反映的是这个家庭的关系模式：妈妈对女儿过度关注，爸爸在女儿成长过程中一直待在远处。他是一个科学家，他说"食物链"的语气在妻子看来就觉得很遥远、很漠然。尘的爸爸解释说："我小时候没有谁来管我，因此我也不管她。"看到妻子又在为女儿哭泣，他冷冷地说了一句："有什么好哭的，食物链。"

最后，直面的同事和驻修生一起转向我，问："老师，你看了鹰抓羚羊有什么感想啊？"我回答说："我是那个受了惊吓之后，先去抚平自己内心的恐惧，再壮着胆子跟上来试图提供帮忙的那只羚羊。"的确，这是我内在的情感意向，也是我选择的现实角色。

吴凌波先生

现在，我坐在香港中环五号码头，等曹博士。

刚刚告别了吴凌波，心里颇不平静。

这次见到吴凌波，吃了一惊。

在我面前出现的，显然是一个老者——他的头发全白了，而且稀疏，头顶几乎光了。

时光一下子就到了十几年前，我在一种时光交错里，时而过去，时而现在。

当时，我在厦门大学教书。

有一个香港学生通过函授学习厦大的中国文化课程。学了几年之后，就要毕业了。

他写了毕业论文，论文的主题是傩文化。

大家对傩文化都不太懂，我接触过一点点，也没有什么研究。但指导这个香港学生的论文写作的任务却落到了我的头上。

自此，我就跟这个香港学生有了来往。

这个学生，就是吴凌波。

吴凌波是在“文革”结束之后跑到香港去讨生活的。他是福建人。

如果他一直在福建生活，对他来说，读厦门大学就是一个不可能实现的梦。

到了香港几十年之后，他不知从哪里得到消息，知道厦门大学招境外的学生，他就报名了。一学就是几年，而且十分认真。

他的论文写得不错。

每次接到他的论文，我都会给他提一些修改意见，他就按我的意见去改，然后再寄来，如是几易其稿。

他是那种很执着的人，执着得有点死心眼儿。认定的事，就一定要做下去。

我猜想，他可能是第一个通过函授学习拿到厦门大学学位的境外学生。

对于厦门大学来说，第一次把学位授给境外学生，就比较慎重，因此，本来是学士学位的论文答辩，正规得如同博士论文答辩。参加答辩的老师们提了许多问题，吴凌波也颇紧张。

老师们提出问题之后，答辩会有一个中间休息时间。我就跟吴凌波坐下来讨论那些问题。在答辩过程中，对有些在我看来有些挑剔的问题，我也会站起来尽力为吴凌波一辩。结果，他拿到了学位。

就吴凌波的论文水平而言，他拿到这个学位，也是当之无愧的。他高兴得不知所以。

我不知道厦门大学的这个学位对吴凌波意味着什么，也不知道他对这个学位有怎样的期待。

后来，他回到香港，依然在香港浸会大学伟衡体育中心工作，一直到退休。

这次来香港，又想到了吴凌波。到伟衡体育中心一问，他已经退休了。

那里的工作人员很友善，为我找到了他的电话。

我电话一打过去，那边就传来了吴凌波的声音，激动，语无伦次。

最后他在电话里对我说："我过来见你，半个小时就到……"

在香港，人们很忙。

在南京，我这十几年来也很忙。

这次来香港之前，本来也没有想到要见吴凌波。

一些年过去了，他的联系方式我也找不到了。甚至，他的名字，都是从我的记忆里慢慢浮出来的。

也是因为触景生情吧——我在浸会大学的路上走，看到了伟衡体育中心，就想起了吴凌波。在几年前，我到这里来，他接待过我。在伟衡体育中心的外面，街边的场景，也提醒了我。

我在香港，认识的人也不少，大多都是博士、教授，他们也都是忙人，皆惜时如金，工作与生活都讲效率，似乎活得风生水起。

他们都十分友善，十分客气，会抽时间请我吃一顿饭，然后就不见了。见面都是事先约好的，在什么时间、什么地方，都很准时，都很守时，什么时间见面，什么时间离开，都是以分钟计算出来的。

我来香港，也总是参加研讨会，会议的一切都安排得井然有序，毫厘不差。从你下飞机的那一刻起，都计算精确。或有人接，坐在车上一问，是礼仪公司的人，按时到机场，在那里接到你；或未安排人接，但把一切路线安排得连白痴都知道怎样准确到达会议宾馆。然后是在哪里吃饭，在什么地方观景，车接车送，做演讲，提问题，探讨，回应，一切的一切，都是天衣无缝。这样的高效率和认真精神，跟国内大学的一些学术会议相比，我们自愧不如。

一切都让你感到没有问题，绝对没有问题。

有什么地方不对吗？没有。

但是，总像是有什么地方不大对。你可以感觉到，却说不出来。如果要说出点什么来，我简直觉得是自己不对。

香港是一个理性的社会，香港的一切，都是按理性思维在进行着，香港的成功是理性思维的成功。

但在这成功得几乎完美的背后，总有一些缝隙，在那里呼喊着情感——这样说，是不是说香港缺乏情感呢？也不是。

在香港，情感都会得到很合理、很有效的应用。例如，香港政府要在这里建立一个焚烧厂，市民不同意，就去抗议，就去辩论。香港政府要在海边上建立一条路，市民认为这会破坏环境，就去抗议，就去辩论。

他们有情绪，也会安排很合理的出口去表达。

在公共的场合，你会看到香港人的细致、温和、体谅、优雅。这跟内地的情况相比，也让人觉得，这是不同的文明程度。

我到底要说什么呢?

我是想说，在香港，在这个由理性构成的社会里，总有缝隙，总有一丝渴望从缝隙里冒出来了，它让我想起了吴凌波，它让我想到去找吴凌波。

于是，我拨打了吴凌波的电话。那头传来的是吴凌波的声音，激动而语无伦次：我半小时就到。

这声音，不像是香港的声音，因为它显得太激动了，太非理性了，太情感了，太粗糙了——但这是吴凌波的声音。

但半小时之后，吴凌波并没有来。如果他半小时准时来了，他就很香港了，但吴凌波就是不那么香港。

又过了一会儿，吴凌波来了。

当时我坐在吴多泰博士国际中心的大厅里等他。

他一进门，就向我冲过来了。他满头大汗，而且，后来很长时间一直在那里出汗。虽然空调温度很低，他还是出汗。

原来，他跑到半路，想到要去给我买点水果。

买了水果，从店里出来又发现，这里的路改掉了，他又跑了一段冤枉路，就更加急着跑来。

进来的时候，他拎着一袋芒果、一袋葡萄。

见到吴凌波，我很吃惊。

只是几年不见，他的头发全白了，中间稀少，几近于秃顶了。

他告诉我说：已经退休几年了，并且身体不好，有前列腺炎，不敢出远门的，因为随时都想小便，找厕所不方便。

又说：60 岁退休，这规定是有道理的。人到 60 岁，身体就不行了。

他讲到在香港治病，有钱的人去私立医院，很贵，他是看不起的；没有钱的人，就如他这样的，要到公立医院，但要排队。有时候要做一个手术，需要等几个月时间，只好等。

他说，给我写过几封信，其中一封信是他告诉我说他退休了，可能我都没有收到。

他觉得很抱歉，说他不会用email。说，现在哪有人还写信呀。仿佛，他给我写信，显得他很落后一样。

还说，他这一生，只尝试过一次用email写一封信，那是给我写的。他也感到抱歉，可能什么地方出错了，我也没有收到。

听他说，我就在暗自回想，仿佛收到过他的信，很可能因为忙，而没有回信，这事就忽略了。

想到这里，就颇有一些内疚起来。但也没有说出来。

有一次来香港，吴凌波陪我，带我到一些地方去，购物，吃饭，一路跟我说话，他总是花许多的时间，只要我需要。

他似乎是一个旧式的人，不像生活在香港。

他对老师很尊敬。他比我大十几岁，总是叫我老师，向别人介绍说，我是他的老师。他叫我“老师”，我叫他“凌波”。

这些年来，“老师”常常把“凌波”忘了。只在来到香港，才会想起来。在香港理性森严的缝隙里，才想起来。但平常就忘了，就忙于跟香港的博士和教授们交往，谈关于学术、关于政治、关于心灵与信仰、关于心理与成长、关于理性与情感、关于法律与社会……

但是，当这一切隐没的时候，我仿佛站在一片丰盛而坚硬的理性大地上，地面上突然裂开一个小小的缝隙来，突然冒出一株小小的、绿绿的苗芽来——吴凌波。

这时，我就很想对香港说：在你那繁荣的理性的深处，有一个感动我的温暖——那是一个很普通的香港人，他叫吴凌波。

吴凌波一定要送我到中环码头，曹博士跟我约定了时间，在那里等我。

但这中间，还有几个小时。吴凌波就带我去永安公司购物。

他向我介绍说，这个永安公司是现代中国百货业的开端。

这里卖高档商品，很贵，他从来都不会到这里来购物。

其中，他看到有名牌的夏装降至100多元，说："这样的价格我也是买得起的。"

我本来想坐计程车（香港人称计程车）去的，但他带我去坐地铁，我就跟着他。他坚持要帮我拖行李，我不让。特别是这一次，我发现，吴凌波，我的学生，已经成了一个老人。

一路上，他跟我说了许多话，嘴角两边就积了一些唾沫。

在地铁里，我们对面而坐。我看着他，他的神情很有些沧桑。他望着地面，我看着他，内心有许多的怜惜之情，几乎想过去拥抱一下他，叫他一声："我的老哥……"

从地铁里出来，我拍拍他的肩，没有说什么，他也没有说什么。

一路上，我没有问吴凌波关于他对傩文化的研究，没有问关于厦门大学的学位对他意味着什么。

但我总要找一些话题跟他说。

仿佛是在上次来香港，他告诉我说，他在做文字研究。当时他很激动地讲文字的意味，他当时讲了些什么，我也记不得了，但他的激动，我却是记得的。

于是我问他："你的文字研究，怎样了？"

他说："没有再做了。"

又说："不过就在昨天，真的，我想到了你，还想起一个字来。我到时候再跟你说吧。"

但吴凌波陪我了半天，一直到晚上，都没有说那个字的意味。

于是，我们去永安公司购物，他一定要帮我拖着行李，让我专心选购物品。

这些年来，我忙于直面的事，吴凌波就渐渐远了。但吴凌波却跟直面很近。

在香港，在忙忙碌碌的香港，如果说有一个人在关注直面的话，那就是吴凌波。

他总上直面的网站，看直面有了什么新的进展。

他说：“你们应该知道的，有一个人在香港登录你们的网站，那就是我呀。”

他以为我们会看到。

我在想，人生多快呀，仿佛转眼之间，离开厦大已经十几年了。

仿佛转眼之间，吴凌波已经退休了。

我每次来香港，本来没有想到要见他。但每次来香港，总会想到他，就会想办法联系上他。

在香港，跟吴凌波在一起的时刻，想来却是最可珍惜的时光。

离开香港，吴凌波就在我们的忙碌里渐渐被淡忘了。

吴凌波把我送到五号码头，就离开了。

这时已经是晚上八点钟。

我就有一丝感伤涌上心头：终究有一天，我再来香港，见不到吴凌波了。

香港还在，吴凌波却不在了。

沿着感伤往深处想：或许，香港和吴凌波都在，但王学富不再来了，因为他不在了。

或许，只剩下香港还在，吴凌波和王学富都不在了。

一路上，我对吴凌波说了几遍：要保重身体呀。

又交待了几遍：你的病，要尽早到医院去看。退休了，时间多了，可以出去多走走。

又说：在南京，我有一个房子，在湖边上。如果你来南京，在我那里住一住，可以在湖边散散步。

我们在这个世界上生活，从小到大，无非是跟人打交道。

别人对我们意味着什么，我们对别人意味着什么，这是最根本的，也是最重要的。

我时常写一些东西，想起来，我之所写，无非是关于人，关于人与人之间的那些“意味”。

吴凌波，一个在香港活得并不“成功”的人，一个普通的小人物，却对我有很深的意味。

吴凌波把我送到去五号码头的路口，我们要分别了，他停下来，对我说了一些话。因为话说得乱，我现在整理出来，似乎也不能完全表达他的意思：“王老师，我说过我在昨天想起你来，这是真的。在我接触的人中，你是为穷人做慈善的事的人。我想捐一点点钱，支持一下，你一定要收……”

吴凌波塞给我 1000 元港币。

接下来，轮到我语无伦次。

我并不是做慈善的，这些年来，我做心理咨询都是收费的。只是遇到一些穷人，有需要，但付不起费用，我们就给他们做一些减免，不把“穷人”拒于“心理咨询”的大门之外。

在永安公司，我花了几千块钱购物，而吴凌波看到一件 129 元钱的衣服都舍不得买。我想给他买一件衣服，他坚持不肯。

现在，他把 1000 港币塞进我的手里。

我最终收下了吴凌波的 1000 元钱，并且决定，当我把这个钱用于某一个需要的人身上的时候，我会告诉他，有一个很普通的香港人，他的生活并不宽裕，但他愿意把这个钱花在你身上。

写这篇文章的时候，我正住在曹博士和李博士的家里。

他们的家在海边上，窗外就是大海。

海浪一阵阵冲向沙滩，浪涛声一阵阵传入耳中，沙滩上有花花绿绿穿着泳装的游人，近岸的水里有许多人游泳，海面上有一些驾着风帆冲浪的人……

写于 2011 年

哀小双

十年前，小双来找我谈话。她告诉我，她患有抑郁症，已有十年之久。她常常情绪低落，身体也疼痛，头疼如针刺一般，脚疼钻心，无法行走。在大多数时间里，小双躺在床上，整日以泪洗面，对生活充满无奈，想一死了之。

小双曾经到医院看病、吃药，后来感到无效，也支付不起药费，就停药了。再后来有人介绍她来跟我谈话，她就来跟我谈话。

我了解到，小双来自一个乡村，她父母期待生儿子，却生了三个女儿。小双是老大，被父母当成儿子。自幼，小双为了满足父母的期待，跟村里男孩子、男青年竞争，受了不少苦。后来父母招了上门女婿，小双与丈夫关系不睦，在生了一个女儿后与之离婚。从此母女相依为命。自女儿出生，小双就开始感到抑郁，又有身体上的疼痛。这些年来，她独自抚养女儿，生活负担越来越重，小双哀叹自己生世悲苦。在无望之中，当地有人向小双传教，她便信了上帝。但抑郁症依然缠身，无法解脱，小双时而在祷告中问上帝："为什么我要受这么多苦？"

小双时而来找我谈话，我们的谈话持续了十年。她渐渐从床上起来，开始了艰难的人生奋斗。把女儿养大成人，成了小双走出抑郁症的一个最深的动机。我一直支持小双，而我支持的方式就是跟小双谈话，倾听她的悲苦，陪伴她流泪，给她一些安慰与劝勉。日子虽然艰难，小双也就慢慢走过来了。有一次跟小双谈话，我心里有所触动，就写下了这样一段文字：

"生存虽然艰难，生命却是坚韧。虽然卑微如草，却深深扎根土地。虽然遭遇许多不公平，却长出一颗平等的心。"

小双读了，回复说：

“是你们让我遭遇了人世间的真、善、美，帮助我有了感知生活美好的能力，增加了一些信心去面对生活。每当想到你们，就觉得温暖，除了感恩，还是感恩，如同遇到了天使和上帝。谢谢你们，愿上帝祝福你们成为更多人的祝福。”

我内心很感谢小双，因为她向我证明了一件我自己可能都无法做到的事：在如此艰难蹇涩的人生中活下去！小双的生命真如野草，只要有一点点条件，她都能活下去，且尽力活出品质来。

现在，我们的谈话还在继续，每隔一段时间小双就会来跟我谈一谈。在她变得软弱的时候，谈话成了一种支持。在她将要跌倒的时候，谈话成了她的一根拐杖。人生充满悲伤，小双需要来倾诉。受伤在所难免，小双有一个地方流泪，在眼泪中疗伤。然后，小双又回到她的生活中去——在那里，生活的条件依然稀少，小双的生存依然艰难。那情景如同爬山，每走一段路，小双就得坐下来大口喘气，然后再起身攀爬。现在，小双不再有抑郁症，而人生悲苦却是她无法解除的病症，小双惨淡经营。

在这场面谈中，小双告诉我，她女儿正读高中。那是一所职业高中，为女儿将来的生存铺一条路，建立一点最起码的条件。但是，在小双为女儿交完第一个学期的学费之后，她无力为女儿支付接下来的费用了。当女儿上到高三，欠下了三个学期的学费，累积到3400多元。对小双来说，这是一笔难以筹付的费用。小双的女儿会因此拿不到毕业证，而小双有一个无奈的假设：“那就算了吧，这毕业证也许并不重要……”

小双靠卖凉皮维生，所挣的钱刚刚够在镇上租一个房子，维持母女俩的生活花费。这些年来，小双还要省钱，来南京跟我面谈。从头到尾我们为小双免费，但往返坐长途公交车都让她有所顾虑。说到这里，就有一个记忆浮现出来：那是几年前，小双的女儿读初中，第一次跟妈妈来南京，一副激动得忘乎所以的样子。女儿在课本上了解南京的一些景点，如中山陵、玄武湖公园等，她好想去看看啊。但小双拒绝了女儿的央求。女儿生气。我对小双说，你带女儿到玄武湖公园玩一玩。小双的顾虑是门票，我说，玄武湖公园是免费的。小双还是有顾虑——去玄武湖公园往返的车票费。小双还顾虑时间，她得赶回去做面皮。我体会到她的女儿该是多么失望啊！便想到“贫贱夫妻百事哀”的话。对于小双母女，人生真是“百事哀”。也因此故，我想到写这篇文字，名字就叫“哀小双”。

我之所哀，始于贫穷，却不止于贫穷。物质的缺乏不仅给小双的生活造成了困厄，也影响了她的心态。小双也勤勉，起早摸黑也只赚得那么一点点。因为太少了，就只想守住那一点点，无所付出，也不敢付出，内心充满顾虑，常常不能做出好一些的选择，生活就不能拓展，资源越发枯竭。在这个过程中，小双体会到不少人情的淡薄，自尊也变得越来越敏感。包括对自己的亲人，小双也是不敢指望的。她感到内疚，不肯接受外援，更不敢向人提要求、有所索取了。

我有时想，这个世界很有意思，真如耶稣曾经揭示的那样：“本来就有的，还要多多加给，本来就没有的，连他所有的也要夺取。”如果用耶稣说的这话来理解物质的情况，这个世界对小双来说该是多么不利和不善啊。在这个世界上，那些本来富有的人，反而敢于向世界提要求，索取更多。哪里有条件、有资源，他们就到哪里去，径行直入，取来我用。甚至有许多人巧取豪夺，损人利己，假公济私。而另外一些人如小双，本来就没有什么条件，也没有什么机会，却不断被剥夺，连她所有的一点点也被夺走了。以至于她也不敢相信自己可以去争取点什么。或者也争取过，遭到打击，很快就退回来了。对穷人来说，世界会显出更多的不公平，许多大门对小双是关闭的。在小双的家乡，本来也有政府的扶贫项目，包括为小双这样的人提供低保。小双也争取过，我还为她写过证明信，最终她也争取不到，而那些不符合条件的人却得到了。看这世界，哪怕只是蝇头小利，都有一群人熙熙攘攘。小双怯退。

但小双总算为自己争取到了一个机会：她走进了直面为穷人打开的一扇门。从直面机构成立之初，我们就坚决为贫穷人保留一扇门。富人有钱，可以走进直面得到专业服务，穷人没钱，也可以进来得到。但有一点：穷人得相信，得来叩门。十年前，小双凭着信心来叩直面的门，门就为她打开了。这扇门为小双打开了十年，以后一直都会开着，为小双，为一个个小双。

小双虽然贫乏，却愿意付出她所有的那一点点——她的付出，如同“寡妇的小钱”，弥足珍贵。小双有时会给我们送来几份她做的面皮，我们当着小双的面大口吃，吃得很香很香的样子。小双还给我们送来一篮苹果——那可是上好的苹果，是小双绝对不会买来自己吃一次的——我们也接受了，因为我们觉得这是小双的情感与权利。包括小双对我们说一些感谢的话，我们也接受了：“在我内心深处一直有个心愿，有生之年要尽力补还咨询费用。是你们的关怀与帮助融化了我冰冷的心灵，给我勇气与力量直面黯淡人生，激励我勇往直前，让我经历遭遇天使的时刻。”

小双还讲到一个关于她女儿的故事，也让我感动，使我知道，虽然贫穷，心灵依然可以成长，长出关怀他人的慷慨精神：有一天，小双惊讶地看到她的女儿用自己攒下的100元钱去帮助另一个遇到困难的小朋友。这就是我前文所说的“我之所哀，始于贫穷，却不止于贫穷”，因为心灵中自有一种富有是可以超越贫穷的。

在这场面谈中，小双没有想到我会这样回应她：

“请告诉我你女儿就读的高中的名字，所欠学费的具体数目，以及学校的汇款方式。我有一个朋友，她是一个天使，她曾对我说，她愿意资助像你女儿这样的学生，让她完成学业，最终拿到毕业证书。”

在一阵错愕之中，小双流下了眼泪，又在流泪之后，露出了笑靥。

钟圣祺

在直面心理研究所有一个实习生，她的名字叫钟圣祺。她来自于一个名字很光亮的学校，但她看上去很朴素。她是一个优秀的学生，却默默在一个地方做很普通的事。她将到一个很有名的国外大学去读书，却不觉得这有什么荣耀，反自以为很自然。她的生命呈现的就是一种自然。

她的母亲是一个教育报的编辑，那个教育报曾经邀请我写专栏文章，我就写了很多篇关于青少年成长的文章。这个钟圣祺便读到了这些文章，并且喜欢。到了高中三年级，她来直面听讲座，然后对妈妈说想到王学富工作的地方去实习，她的妈妈便联系了我。于是钟圣祺来到了直面。

在直面，钟圣祺是一道风景，呈现一种静默性的参与。她坐在那里整理我的讲课录音，工作坊录音，校对我写的文章，参与直面的活动——帮忙布置活动场地，跟大家一起叠《直面报告》并把它们邮寄出去，还在院子里剪草，与直面的同事、朋友一起谈笑和讨论等。有时，我会跟大家坐在一起探讨一些话题，她也会表达一些听起来很普通却很有见地的观点。她的表情有一个很细微的特色，她在说话时，嘴巴只有极小幅度的翕动。在直面，有时她几天没来，她常坐的位置空在那里。时而她又来了，在直面连续工作几天，做事踏实而有效。她看上去很沉静，却透露出一种热情。她有自己的理想，却不张扬。她有实力，是因为她肯干，愿意付出。她对自己的未来相当确认，但不强求自己。她有一种自由探索的精神，不把自己套进一个固定的程序里。她知道自己要到什么地方去，并能找到一条适合自己的路。她让我想到一个十童女的故事：有十个童女在等待自己的新郎，但没有人知道新郎什么时候到来，她们点着油灯，在夜晚等待——或许新郎很快就会到来，或许要等很长时间。在十童女中有一位女子提前在灯盏里添满了油，其他的女子以为新郎很快就会到来，没有备足油。在等待中灯盏的油燃尽了，在她们去添油的时候，新郎来了，她们就错过了自己的新郎。或者新郎来了，她们盏里油尽灯熄，看不见自己的新郎，也错过了。或者，她们干脆不相信新郎会来，回去睡觉了，也因而错过了。只有一个女子叫钟圣祺，她盏里的油是足够的，她的灯一直亮着，她一直耐心等待，最终等来了她的新郎。其他女子羡慕嫉妒恨，哀哭说："为什么？"没有人回答她们的问题，因为大家都忙着为这个女子和她的新郎筹备婚礼去了。我相信，钟圣祺的人生是一场预备好的等待，随之而来的便是丰盛的婚礼。

我也不知道，钟圣祺身上为什么会有这样的品质，我所能想到的是她的妈妈，一个支持女儿独立而不过多干预的母亲。当女儿向她提出要求，她便知道女儿的需求，并且回应。她为女儿联系到直面来实习，从此也不再多问，路铺好了，就让女儿自己去走。这里有对女儿的信赖，也有对直面的信赖。这信赖本身就是一个母亲对女儿最好的培育。回想这些年来我接待的许多父母，在孩子需要时，他们听不到孩子的要求，不相信孩子，对孩子不放心，给孩子讲许多道理，做各样的安排，甚至孩子力所能及的事，他们也会包办代替，这就限制了孩子的生命经验，挤压了孩子的自主空间。这些都是养育中出的问题，而养育的问题会让孩子付出成长的代价。

钟圣祺的自我成长是自主的、自发的、自在的，其中还发展出一种品质叫付出。一个人的成长，很重要的是发展出两种品质：第一，他愿意等待，在等待中也会奋勉。第二，他愿意付出，在付出中会获得更多。钟圣祺在直面是一种付出，同时也是一种得到。有一句话叫"施比受更为有福"，便是这个意思。阿德勒认为，一个人要有成功的人生，最重要的是发展出一种合作精神，这合作精神里就包含一种给多于取（或施多于受）的生活风格，一种随时帮助别人的意愿和预备。当一个人具备了这种合作的精神，他就为自己的人生奠定了一个很好的基础，就会长成一个独立的个体。那些没有长成个体的人，会发展出一种依赖的生活风格，不能和人合作，只会向人索取，而不能充分付出。他们所作所为，只是为了满足自己；他们苦争苦斗，最终连动力也丧失了。只有在合作与付出之中，才会动力强劲，资源丰足。

我用捕鱼做比喻。直面如同一片水域，水里有丰盛的群鱼。钟圣祺是具有等待的品质与合作精神的人，她在水边耐心等待鱼群出现，与人合作，尽力拉网，终得鱼儿满仓，唱着渔歌归来。而不愿相信的人根本就不会来这水边，也有不肯等待、早早离去的人，就只能看着钟圣祺满载而归，渔歌唱晚。他们说："钟圣祺好幸运呐，在直面捕获了这么多鱼。"其实是因为她愿意相信、愿意等待、愿意合作。

钟圣祺在直面收获了什么？她自己知道一些，有些她并不知道，还有一些或许她将来会知道。但不管她知道不知道，不管她知道多少，她从直面获得了一笔隐藏的财富。大体说来，钟圣祺在直面实习，使她很早就有了一些工作的经验。每天，直面都向她呈现不同的样式，她在其中耳濡目染。她整理我写的文章，从中吸收最初的滋养。她整理直面课程和工作坊录音录像，从中吸收了养分，为自己储备了资源。她参与直面的各种活动，做最简单的工作，投身于事，也是最好的学习与训练。她在直面跟各种各样的人接触，在关系中成长，拓展人际经验，感受到快乐。她听案例讨论，加深了对人性的理解。她看到直面来访者的苦痛与挣扎，以及他们坚持成长的勇气与执着，这也成了她在很年轻的生活阅历中难得一遇的深度体验。

与钟圣祺相比，那些不能等待、不肯付出的人，只能活在对一己之利的营营之求中，他们拼命想抓取一些东西，却不能感受到生活的意义，因为意义并不在于你拥有了多少，而在于你为别人做了多少；意义不是自己加添的，而是别人赋予的。那些只求一己之利，显示自己成功的人，他们做的一切与别人无关，别人也难以赋予他们以意义。正如阿德勒所说：只求个人意义，等于没有意义。

我写此文，也是对钟圣祺在直面的实习工作赋予意义的一种方式。

装　鬼

这鬼是怎么回事？

鬼是人装出来的。

一个人好好的，为什么“装鬼”呢？

简单说来，她受伤了，她害怕，她一直压抑自己，她长期躲藏在一个地方，又感到很孤独，因为她躲藏的地方，别人找不到……这时，她内心里就产生一种“装鬼”的愿望，这愿望越来越强，让她变得很胆大，竟真的开始装鬼了。

她装鬼有什么目的吗？

她装鬼是为了吸引人。她以为鬼是最诱人的，却忘记了鬼其实也是很吓人的。终于某一天，她以鬼的样子出现了——那鬼真是有很好的装扮，让你不得不佩服她的鬼魅艺术。她本来以为，她成了鬼，会引起许多人的关注，包括过去那些她很熟悉的人都会回来看她，还有许多她本来不认识的人也会来，大家都感到很新奇——这是她的艺术作品啊！她心里说：“你们都来啊，来我身边，我给你们讲故事。”她真的有许多故事，真的是很动人的故事，故事里有许多哀感顽艳的“深曲”（就是一种又深幽又曲折的情结）。

她达到目的了吗？

但是，竟没有人来听。她装鬼本来不是为了吓唬人，却把所有的人都吓跑了。因此，她依然得不到满足。甚至有的人因为被吓得太厉害了，还很气愤，就过来把她打了一顿。包括她的亲人，被吓得很厉害，就打她，说她这也太吓人了，见到她就像真的撞鬼了一样。

后来她就不装鬼了吗？

她因装鬼被打了，结果却是：她更会装鬼了。甚至，她真的以为自己就是鬼，或者是鬼附身了。于是，她继续装鬼。她实在是太孤单了，即使装鬼而被打一顿，这也毕竟是一种“关注”！于是，她之装鬼，就慢慢成了一种习惯，是自虐的习惯，或者是习惯性的自虐。她从自虐里获得了一种被关注的快感。因为被关注与被打并行，最后被打就等同于被关注。

那她还有救吗？

她遇到了一位治疗师，从鬼和魔怪的意义上来说，这位治疗师是一个驱魔人。他知道鬼与魔怪背后的根源，那里面有未愈的伤痛，就对她没有一丝一毫的害怕，反而对她充满了深深的哀怜，并且坐在那里一直听她的故事，看她流许多的眼泪，并且陪她流泪。于是，她内部那可怕的“鬼”就开始有了一点点想变回“人”的意愿。鬼躲在伤痛里，因为害怕再受伤，就不敢真实，就装成鬼，就成了病人。当伤痛被疗愈了，鬼就没有了栖身之所！

这疗愈容易吗？

疗愈的路很长，有时简直遥遥无期。伤有多深，鬼就躲得有多深，疗愈就有多难。

你哭你笑

在英文中有一个词叫 authenticity，翻译成中文叫“本真”。

我一直在想，为什么许多心理学家那么强调本真？特别是存在—人本心理学家简直视本真为核心。布根塔尔还专门写了一本书，就叫《寻求本真》(*In Search of Authenticity*)。我渐渐明白了：如果人失掉了本真，他就不能认识自己，他就失掉了力量。因为本真在一个人的根源处。根源受损害了，力量就失掉了，症状就发生了。而治疗就是寻回本真。

我最近有一个发现：一个人活得不真实，不能跟自己接通，自然不能跟他人接通，也不能跟世界接通，就成了失掉本真的人。失掉了本真的人，就失掉了触及痛苦的能力，也失掉了走进快乐的能力。我常常看到这样的情形：一个人哭，却哭不进他的痛苦。一个人笑，却笑不进他的快乐。他的哭与痛苦有了隔膜，他的笑与快乐是隔开的。痛苦在深处，他哭得很浅，达不到那深。快乐也在深处，他在浅处笑，也达不到那深。甚至，一个人一路哭过来，都不能跟他的痛苦打照面。一个人满脸堆笑，却与快乐无关。所以，哭并不最惨的，哭不到地方才叫惨。笑也并不总是好的，笑不到地方比哭还难看、还难受。哭不到深处去的哭，是小孩子的哭，哭得稀里哗啦，奶送到嘴里，就破涕为笑了。笑不到深处去的笑，也是小孩子的笑，有一点不如意，立刻转笑为哭了。此外还有一种笑，是皮笑肉不笑，是强作欢笑。这笑也是表面的，不能入心，就联结不到内心的快乐。

为什么会是这样的呢？是因为在我们的养育文化里保护太多了，安慰太多了。一个人哭，还没有哭到痛苦所在的地方，就来了一群人，拦路把他安慰回去了，害怕他承受不了痛苦。一个人笑，还没有笑到快乐所在的地方，又来了一群人，拦路把他强迫回去了，害怕他乐极生悲。于是，这个人就白白哭了一场，白白笑了一回，都不到位。因为不到位，就不得成长，情感长不成熟。

于是，他长大了，情感上还是小孩子。他的哭，他的笑，都是给别人看的——他哭，是为了让别人看到他多么可怜，大家都过来安慰他、满足他。他笑，也不是从内心里发出来的，是为了讨人喜欢，让人觉得他快乐，但他并不真快乐。甚至，他也不敢真快乐——从小到大，他一直被强求着，他的快乐是条件化的快乐（具备某个条件才有资格快乐），而不是出于本真的快乐（我快乐只是因为我快乐）。一个人没有条件也快乐，会被人看做很傻。

心理治疗便遇到了麻烦。疗愈之所以不能发生，是因为一个人不能达到痛苦处，也不能接受快乐处。疗愈的条件是，一个人哭进了痛苦，一个人笑进了快乐。当一个人哭和笑都不到位，就说明他失掉了本真。要帮助这样一个人回归本真，真是谈何容易！

因此，我总要回头对那些忧愁而惶惑的父母们说：不要太多安慰你的孩子，让他哭着走到痛苦那里去。不要过于强求你的孩子，让他笑着走到快乐那里去。当他真正体验到痛苦，他才在情感上深深扎根，生命变得成熟。当他真正感受到快乐，他才会动力澎湃，生命变得蓬勃。这时我们才说：看呐，他活出了真正的自己！

真规则，伪规则

养育孩子最基本的两点：一是给孩子情感上的理解与支持，二是教导孩子人生的基本规则。

曾经有话说，家庭是民主的摇篮。许多人听不明白，其实也很简单：民主便是大家共同商讨出一套规则，共同去遵守。可以说，没有规则，便没有民主。没有规则，也没有自由。

养育对孩子是一个预备，预备他进入世界过自主的生活。一个孩子有了基本规则的训练，培育出民主的意识，他的人生便有了预备。没有规则的孩子将难以走进世界，反而会退回家中。原因很简单：世界是有规则的，这规则虽不可见，却随处都有。规则留在人心里。人生是一场旅行，一路有许多关卡，不懂规则的人处处受阻。有了规则的人，便像是有了一张通行证，在世界上自由往来，畅行无阻。

有两种情况会阻碍孩子学习规则。第一种情况是，父母太宠孩子，毫无原则地满足孩子。这样一来，孩子只求满足，不顾规则。这便是父母没有很好预备孩子的情况。到了社会上，过度受宠的孩子会受挫伤，或许他会因受挫伤而补偿学习到一些规则，慢慢在适应中求发展。或者因为世界不能像父母一样地满足他，他带着挫伤躲回家中。

第二种情况是，父母对孩子太专制，一味强求孩子遵从规则，孩子只是因为害怕受惩罚而遵守规则，心里并不真正懂得规则。这样的孩子进入世界可能出现这样的麻烦：一，因为他遵从规则是出于被迫，而不是出于自觉与选择，久而久之，他会对规则起反感，会不管不顾地反抗一切规则。二，他不知道规则的本质，无法辨识何为真规则，何为伪规则，不明白为什么一个规则在一个地方适用，到另一个地方不适用，在一个人那里适用，到另一个人那里便不适用了。他生活在现象与形式的表面，缺少变通、自由、流动，成了被规则所限制的人，成了教条主义者，是律法主义者，压抑自己，也压抑别人。

我们生活的世界是一个文化环境，其中有真规则，有假规则，真假莫辨。对于一个孩子的成长来说，学会具有一定的辨识力相当重要。在我的心理咨询工作中，我发现有两种人受苦很深，一种是没有规则的人，他们常常是自幼被宠坏了的人。一种是分不清真假规则的人，他们常常是受到过度压制的人，他们会放弃真规则，遵从一套假规则。直面心理学的一个基本看法是：症状便是一套伪规则，而抱着伪规则不放，损害自己，也不觉损害了他人的人，便成了病人。举例来说：一个人长期陷入一种顾虑：如果我表情不自然，别人就会讨厌我，而这太可怕了。这便是她所持有的伪规则给他带来的烦扰。他长期在表情自然不自然之间纠缠不休，人生卡在一个地方，无法过全面的生活了。这便是她的症状。陷入症状的人，生活在伪规则里，看不见真规则，既不敢面对与实践真规则，又不敢放弃伪规则。因为在成长中受到过多的限制，他们一直生活在被动的状态，看不出什么是真规则、什么是伪规则。又因为自幼受到太多的威胁，他们便习惯于依从一套伪规则，以为可以获得安全保障。伪规则的基本特征是害怕犯错误，害怕别人不喜欢，害怕被社会抛弃……说到底，都是一些在做小孩子时播种在内心的种子。出于极深的不安全感，他们所有的行为都是追求伪规则，或者貌真规则，例如各种流行于表面的社会价值条件，甚至把它们当成真理，他们这样做的目的是防止任何一点差错或纰漏。

伪规则渗透在生活中，无处不见，它之所以难以辨识，是因为它也有形式上的、事例上普遍的现实性质，人们可以给你举许多实证来说明它们是真的，不由你不信。甚至，人们会告诉你，如果没有它们，那才是很可怕的。说它们是伪规则，似乎委屈了它们，因为他们有现象意义上的真实，你无法完全不顾它们。但是，如果把它们当成真规则来完全相信和遵从，它们又会阻碍你走向本质，你活在表面，被这些貌真规则所牵制，活不出自由、民主的真自我。看看我们生活的周围，有些人只活在这个层面，只相信这样一些东西：漂亮不漂亮，有钱没有钱，农村来的还是城市来的，学历高低，职业差异，以及性别，种族……过于执着于这些东西，就会产生过多的患得患失的心理，似乎是有了这些条件就活得好，没有这些条件就活不好。这本身就是一个貌真规则、一个伪规则。这样，人类就被自己制造出来的这些文化的伪规则扰乱了、绑架了。

我的工作中常常遇到一群从小没有学会规则的人，他们进入社会人际关系中一阵乱撞，受了挫伤，内心充满恐惧，不敢说话，不敢行动，因为他们不知道该怎么办，他们就选择了一套伪规则，用于保护自己，却失掉了成长，陷入了症状。当一个人生活在伪规则之中，他的生命就成了被人左右的、不由自主的，是别人的反应在主宰着他。从这个意义上来说，我所做的直面取向的治疗便是去伪存真的，让人盘点自己头脑中的规则，清算其中的伪规则，在生活中学习真规则。

真规则是什么？却也难以说清。大体说来，真规则是深入本质的，而伪规则是流于形式的；真规则是符合自身的，伪规则是不管是否符合自身，一味要迎合大众的；真规则以保护生命为基本，伪规则常把生命放在一边，把维护生命之外的条件当成目的；真规则是出于真诚，伪规则苟安于貌似；真规则为了人性的缘故可以变通，伪规则会不惜牺牲生命而遵守教条；真规则让人得自由，伪规则是僵死的、束缚心灵的；真规则引导人去直面人生，伪规则诱导人逃避现实……虽然说了这么多，但也不能完全说明白，因为真规则是心灵随环境而做的选择，不是一套固定的规条。

直面取向的治疗便是“去伪”与“抗俗”，让人放弃伪规则，选择真规则。我举一个耶稣的案例：一个犯了奸淫罪的妇女被文士和法利赛人抓来，以此来挑战耶稣。他们对耶稣说：“按照摩西律法，这个女性会被石头打死。”耶稣却反过来挑战这些人，对他们说：“你们中间有谁是没有犯过任何罪的，便可以拿石头把她打死了。”这里，我们要说，摩西律法为规范人的行为起到重要的作用，但法利赛人毫无怜悯之心地去照章执行，不惜残害人性，便是把摩西律法变成了伪规则。而耶稣看到的是，一个人会犯错误，但他也是可以被珍惜的生命，也应当给他改过自新的机会。这时，我们便看到，耶稣的真规则胜过了法利赛人的伪规则。当执行者失掉了对生命的体谅，失掉了对关系、处境的考虑，即便是真规则也被弄成了伪规则，这里，不是规则本身有伪，而是执行的人把规则伪用，便成了“伪士”。不是道德本身错了，而是道德主义者错了，这些“卫道士”其实是“伪道士”。耶稣的工作便是相信人性有良知，因此他启发人去发现良知的亮光，以便超越伪规则。

我写这篇小文的时候，正赶上电视剧《幸福像花儿一样》热播，其中白杨的妈妈便是遵从一套伪规则，或者说这是一套貌真规则，她难以让自己的心灵成长，也会压制孩子生命的成长。人们要问：真规则是从哪里来的？我回答说：是从个人的经验里长出来的。但这成长，一定是需要培育的。在孩子成长过程中，如果父母与周围的人向孩子大量灌输似是而非的、流行的社会价值条件，并强求孩子接受，或者用“父母哪有害孩子的”来感化孩子接受，这孩子内心里便会累积大量的伪规则。那些在伪规则下生活的孩子，便活不出真我。如果父母让孩子去充分地活，发展更多直接的经验，孩子内心便会有机会长出真规则，以及对真规则的辨识力。而且，父母还可以有意识地培育这种辨识力。

我儿子读小学的时候，对老师的评价过于在意，视之为他的标准、他的真理。这虽然给他带来强大的动力，但暗中却隐藏着很大的麻烦，这很有可能阻碍孩子对真假规则的辨识力，因此我有意识训练他，用一些陈述帮助辨识真规则与伪规则，我的日记里还记下这样一幕场景：

我的第一个陈述是：受到老师表扬，才是好学生。儿子回答：不是真规则。

第二个陈述：受到老师批评，你就不是好学生。儿子回答：不是真规则。

第三个陈述：这次考试没考好，我完了。儿子回答：不是真规则。

第四个陈述：我做一件好事，必须让老师看到，否则做了也没用。儿子回答：不是真规则。

这种真伪规则的辨识力训练有时候也在我的面谈室内进行。在生活中，真规则混杂在大量的貌真规则、假规则之中，需要从中辨识出来。这并不容易，因为在生活中的情形常常是：当我们遵从伪规则，常常更安全，更讨人喜欢，容易被人接受，而实行真规则却难，有各种各样的难。因此我们需要让真规则显得更明确，才会有勇气坚决执行它们。比如，一位来访者的恐惧背后原来是一个假规则："我犯错误了怎么办？"我便应对性地给他提供一个真规则："假如我从来不犯错误，那我可怎么办？"如此鲜明的对照，就是为了让他看到：如果不犯错，我们就停止成长了。这才是可怕的事，而犯错误却不是可怕的事。一个人要成长，就得去尝试，就一定会犯错，因为犯错了，我们从中吸取经验，才得以成长。当我们成长了，我们就知道什么是真规则，就不再依赖别人提供的那些似是而非的伪规则，就在经验中确认了自己、建立了自己。说到底，正如罗杰斯所说：直接经验才是最高的权威。而这是一个真规则。

穿行体验

这是一个逃避与直面的模式：穿行。

有一个现实情境（宴会）。图形：一个圆，有许多人在圆的周围。

当事人走在圆的前面，这是一种遭遇。这时，他头脑里产生了一些想法，这些想法决定当事人的行为：是退缩回去，还是尝试加入。

当事人对自己说："我不行。"他把圆里的内容想得十分可怕，他朝回走，要离开这里。这是一条逃避的路。他的核心话语是："我做不到，那里面太可怕了。"

一方面，是当事人遭遇了一个现实场景，它显得十分可怕。另一方面，当事人的头脑里也有一个阴影地带，它是由过去的经验形成，这头脑里的阴影，会折射到他此时正在遭遇的圆里面，把一个现实场景弄得一片模糊和可怕。

但是，当事人也可以做另外的选择：他对自己说："是可怕的，但我可以试试看……"于是，当事人在现实场景里停了下来（没有逃走），停顿了一会儿（这是一个难耐的时刻），然后，他开始朝前移动了一点，跟圆里的人打了招呼，试图加入其中。这时他内心里正在经历恐惧，但他带着恐惧朝前移动了一步，朝里面走近了一步。这就是一个直面的行动：穿行。弗洛伊德用了一个词叫"修通"（work through），即建立一种关联，让二者之间有一个可以理解的渠道。直面叫"穿行"（walk through）。当事人进入了圆。每移动一步，情况会发生一些变化，但退缩的可能性也随时都会出现。当事人带着难受前行，难受会伴随着，但难受会渐次减低——内部的情况在发生变化，与进入圆之前的理解有所不同。

于是，有一些情况发生了，圆（桌子）里有人打了一个招呼，为他朝圆中行进移出了一个障碍，创造了一个条件，然后，一圈人中似乎有人是欢迎他的……

当事人穿过了这个圆，进入了圆，成为其中的成员，他获得了穿行之后的体验，这是一种新的感觉——从圆那边的体验“我做不到”变成了“原来我可以做到”，从“太可怕了”到“原来并没有什么可怕的”。

这种新的体验对当事人很重要，它可以变成一个经验的版本，可以成为“星星之火”，在当事人的生活里产生“燎原”之效，从而形成“新体验”的积累。这种“新体验”里会长成一个“我行”的自我，这个“我行”的自我就慢慢远离了恐惧，他在生活里就变得更加自由了。不然的话，他的生活中充满了他要回避的情绪。他最终无处可逃。

直面疗法就是要促成当事人穿行人生中的恐惧地带，穿行于头脑中的阴影走廊，从而获得新的体验，这种新体验的累积，就会从中长出一个“我行”的自己。

我在一篇文章里举过一个例子：有一个当事人，对邻居有性幻想，他经历一次穿行体验。

在《黔驴技穷》里，老虎经历的也是一个穿行体验。

直面十五条

有一个青年来访，他被困于生活的某一个地方，动弹不得。

我一边跟他谈话，一边随手写下一些文字。

面谈结束时，已成“直面十五条”，遂奉送于他。

一、与人交往，学会说废话，此可打开人生僵局。

二、让自己欠别人，也允许别人欠自己。你不欠别人，别人不欠你，关系怎么建立？

三、时间是流动的，生命不能固守。流动的方式有：与人建立关系，让自己做事情。

四、充分了解付出的意义。有话说，施比受更为有福。

五、放下比较心。因为你活着不是为了成为别人，就不必要盯着别人。

六、不只是为条件比你差的人做点什么，也特别为生命比你成长更好的人做点什么。

七、走进经验，而不是守着头脑。

八、看到自身好的部分，可以让自己更好；总去找自身不好的方面，只会让自己变得更糟。

九、发展一种不断打破旧习惯的意识。

十、说出来，问明白。这样就会在关系里不压抑自己，也不猜疑别人。

十一、真诚呈现自己，不设自我防御。

十二、凡事细心培育，而不急于求成。

十三、找到一个自己的视角，以此看自己，看别人，看世界。比如，直面的视角。

十四、事情没发生，不必多虑；事情发生了，不要逃避。

十五、你本不差，除了一点：你认为自己比别人差。改掉这一点！

孙悟空

——看电影《大闹天宫》所想

我就由潜意识谈起吧。

电影最开始，就是一个潜意识的意象，也是孙悟空的身世之根由。他来自女娲补天的彩色灵石，他的生命有善根、善源。

这善根善源需要保护和培育，才能造福于人。如果破坏了，就会被人利用，导致灾难。结果会怎样，那要看命数。

孙悟空在灵石里被孕育之时，他与那只狐狸精相遇，四目相视，两掌相印，也是一个潜意识的种子，其本质是情感。

种子播下来了，以后会生发为怎样的生命故事呢?

孙悟空开始了他的人生旅途。他善良，有灵性，只是单纯而调皮，言行率真。他会遭遇什么呢?

师傅教他功夫，但师傅对他说的话，他还不懂。这些，也是潜意识的种子，先种下去，等待以后去印证了。当他们在后来的境况里被印证的时候，那一刻，就是孙悟空最痛苦的一刻，也是孙悟空最明白的一刻——任何事情都不是容易的。

学习功夫，是人生最初的预备，也是一个人承担使命的条件。在这里，孙悟空学会了对他后来的人生很重要的两个基本功夫：七十二变和筋斗云。这自有其人生的寓意：一，世界本是多样化的，人需要有变通的能力。二，人生需要有超越的能力，这也是一种境界。

然后，孙悟空就需要去寻找自己的武器，就是他的金箍棒。原来，这是一根定海神针。而且，他是潜入海底，从东海龙王那里得到的这根定海神针，成了他一生战斗所用的武器。

这里也颇有意味：

意味一，每个人都需要有自己的武器，也就是他的方式。当一个人找到了自己的方式，他就可以去实现自己。从这个角度来说，我也找到了自己的金箍棒，便是我的直面心理学。我的孩子们，你们找到了吗？去找吧。找到你的金箍棒，你便可以确认自己，可以立身于世。

意味二，要找到自己的方式，并不容易。有时在最高的山上找不到，就要到最深的海底去找，这叫上穷碧落下黄泉。尼采曾说："要高高地飞升，就要深深地下降。"正是孙悟空之谓也。下，他到了龙宫，上，他到了天宫。

然而，有那么一个地方，是他的根据地，也就是他生命的根基，它在人间。人间有两个基本：一是情感，一是使命。情感在花果山，使命在西天取经的路上。

花果山代表孙悟空的乐趣，他的自尊，他的情感，他的本能，他的本真……也代表着人世无常，丧失与痛苦，爱与欺骗，不甘与补偿，有限与欲望。

孙悟空不接受这人生无常，他决意要去学习起死回生之术，要得到长生不老之方，不是为了自己，而是为了爱他和他爱的人。这一切的动机，来自于一个字：情。这人间的情！

这人间的情，是真实的，是有限的，因为真实而有限，才有这么多、这么深的不舍。

孙悟空决定挑战这个极限——这也代表了人类的潜意识，超越生死的阻隔或限制——孙悟空决定飞天。

这飞天的欲望，来自一种悲悯，这悲悯，源于善根。

孙悟空还没有经历心灵的历练，他有天赋的条件，有训练出来的功夫，但他的心智还要经历真正的熬炼。

没有经历心灵的熬炼，人的眼光会受到局限，视野狭窄，会受情绪的支配，囿于个人情感与经验，会被敏感的自尊和过度的欲望所驱使，变得盲目，被人利用，在冲动之下实施破坏……

经历了历练的心灵，看到的是真相，感受的是深的苦痛，这苦痛熬炼了孙悟空的心，从里面长出觉察与真正的力量。当他从太上老君（他的师傅）的炼丹炉里出来之时，他的生命能量就达到了精粹之境。

最后，师傅的死，让他真正明白了超越生死的三昧。接下来，他就要去承担自己的人生使命了。

反思者

最近有一个颇深的感慨。关于教育。在我的理解里，真正的教育并非传授知识，也不是教导技能，而是让人学习反思。教育的成功在于培育了更多能够反思的人。你受过教育的标志不是掌握了多少知识，学会了什么基本技能，而是你在多大程度上成了一个反思者。

因此我们得重新定义什么是受过教育的人。我曾经相当惶惑，因为一个人受了大学教育，却不是一个反思者；另一个人没有受过大学教育，却是一个真正的反思者。因此现代人以学历看人，实在是相当可笑的。不是你读了多少书，而是你是不是一个反思者。读多高学历也实在没有什么意义。如果你是一个反思者，即使没有读大学也不要紧。这是从反思的角度看人。我们的教育看重的不是反思，而是有用性，也就是工具的眼光所看见的方面。如果我们的目标是产生工具一般的人，那么反思便是不被看重的，甚至最好不要有什么反思，因为反思者会质疑人作为工具的性质，会反对把人培养成工具这个目的。因此工具化的教育是反对反思的。

弄明白了这件事，对我作为一个咨询师是有意义的。比如一个来访者，我不以他受了多高的教育来看他，我看他是不是一个反思者。同样，我也不以受教育程度来看来访者的父母，我看他们是不是反思者，以及他们是否可能或者怎样可能成为反思者。

好了，这便是我看人的新眼光。

问了两个问题

到美国旅行访学，因为时差，我晚上睡不着觉，就问了自己两个问题：

问题一，什么是症状？

我的回答是：症状就是对世界情况的不适应。世界的情况是这样的，你成了那样的，二者方枘圆凿，就难免有症状了。所谓症状在英文中叫disorder，翻译过来叫“障碍”。延伸理解，也可以说是一种错置或错位，因此造成不畅、不通、阻塞、挫伤。

比如，世界是多样的，你太单一，就难以适应了。你又不肯去变得丰富多样一些，以便适应，而是一直呆在那里不动，结果就养成了症状。成长是什么？就是发展你生命的多样性，以便你有足够的丰盛跟世界接通、相符。治疗是什么？就是你借助环境中的专业资源，让自己从单一走向丰富，从障碍走向成长。

比如，世界的情况是光影交错的，而你只是光亮的，把人性中合理的阴影都压抑下去了。这样，你在这个光影交错的世界生活就难了。世界向你要求光，你说我有。但世界有时也问你：你的阴影呢？你却没有。怎么办？你是一个没有阴影的人，在这个并不是天堂的世界上怎么活？现在让你到天堂，你又不愿意。

比如，世界的人和事大多是普通的——当然也有特别，但常常是普通——而你，却是特别的，总是特别，还想永远特别，永远超凡，不食人间烟火。那便难了，在世界上跟普通人与事打交道，你仅有光亮，怎么承受得了阴影甚至黑暗呢？

比如，世界不是纯粹的，常常是粗糙的，你的心灵却纯洁无瑕。你向世界要求纯粹，世界却给不了你那么多纯粹，反而常常给你粗糙，你怎么办？你哭吗？在你一直哭泣的地方，就长出了症状。是啊，生活如同淘金，你得在那么多沙砾里找到那么一点点金子。

再比如，世界的情况是不确定的——虽然也有相对的确定性，但你感到不安全，就向世界要求绝对的确定性。世界满足不了你，你就哭了。症状就来了，在你身边陪你，它想看到你一直那样哭下去。

总之，世界的情况有许多许多，我们需要长出那许多许多。

但是，还有第二个问题：症状都是不好的吗？这个问题也可以这样问：人让自己完全适应这个世界就一定是好的吗？我的回答是：那也不能一概而论。这里也有许多特别的情况，我下面也用“比如”来说吧。

比如，世界曾经进入了希特勒时代，对人类最重要的提醒是，我们不能适应它。当我们适应了，并且参与了，还在其中如鱼得水，那世界就倒霉了。世界一倒霉，就有许多人跟着倒霉。

世界每天都有人生病死去，这我们可以学习适应它。但世界每天都在杀人，我们就得尝试去改善它，而不是适应它。比如最近发生的于欢案，就是损害人性的事情，我们就不能适应。对这种损害人性的事，我们越是不适应，反而说明我们的人性越健康。我们不仅不要适应，还要去改变这种非人道的情形。

再比如人类中有一些很伟大的心灵，因为他们不能适应这个世界各样的败坏，就豁出生命去改善它。在他们奋斗的过程中，他们的心灵受了伤，却是为了爱的缘故而受伤。这，就不是症状，而是高尚与伟大。

这样的心灵既在世界之内，又在世界之上。这样的心灵不是不能适应世界的某些情况，而是选择让自己不去适应世界的某些情况。世界需要去跟随这样的心灵，走到更好的地方去。

玻璃罩

今天在面谈中用了一个比喻：玻璃罩。也是基于多年做心理咨询的感慨。在成长的过程中，有的孩子一直受到太多限制，设定了一个目标，沿着一条单一的路行走，一路过来几乎目无旁视，回顾过去仿佛从一个玻璃罩住的通道里走过来，与人与世界几乎没有切身的接触。

因而不通人情世故，也难以与人相处接通。这便是生活在玻璃罩中的人，这玻璃罩便是他所经历的单一而封闭的文化。

也有人是在年幼时经历一件或一系列事件，受了惊吓，成了创伤，从此害怕，便自设了一个玻璃罩，把自己罩了起来。

生活在那些恐惧的臆想里，也不与人和世界有切身完全的接触，便也成了玻璃罩中人。2012 年我参加存在心理学国际会议，在会上做了一场报告，讲到鲁迅的一个比喻，叫铁屋子，并阐发它的文化象征的意义。有几位来自希腊的存在心理学家对我说，在我们希腊有一种玻璃屋子，虽然什么都可以看见，却也是一种隔绝，不能相通。

从文化更新的意义来看，我们要打破铁屋子，拆除玻璃屋子，扔掉玻璃罩。

有朋友问我：

怎么才是不在玻璃罩里？

我说：

当你充分呈现自己，不再架起那么多防御。

当你与人有真切的接触，而不再封闭自己。

当你接纳身边随时涌来的多样文化，走出单一的状态。

当你不陷入自我的臆想与猜测，走进人生经验，并与人分享。

当你不再追逐某个单一的目标，而向生活的可能性全面敞开。

当你知道世界的不确定性，不追求某种绝对保障。

当你不把任何人视为真理，也不自以为义，更不依赖他人……

这时你就不再生活在玻璃罩里。

朋友又问：

什么是玻璃罩？

我答：

玻璃罩种类繁多，不计其数，似是而非，似非而是，它常常装扮成很好看的样子，如应该、禁令、道德、真理、宗教、学术、主义、学说、个体、团体、组织、机构……皆有可能是。

心智成熟者的生活

我一直觉得，咨询是语言的艺术，但心智成熟是语言背后的资源或条件。人生也是如此。我们要学习语言，更要培育心智。

当一个人开口说话，你会从他的语言看到他心智成熟的程度，然后你会进而看到他的人生状态——不仅是现在的境况，甚至可以预想到未来的光景。

大概可以这样说，一个人有了成熟的心智，他会有好的语言表达，然后就有发展得好的人生。

如果心智不成熟，语言表达就不恰当，关系建立不起来，资源或运气也不流通。即使你长得美，有这样那样的条件，也会把人生过糟。或者，哪怕现在还好，将来也会过糟。如果现在也不好，将来也难以好起来，甚至会更糟。

只要有一群人以某种方式聚集在一起，哪怕不是在现实里，而是在微信群里也会这样：心智成熟度差不多的人会彼此吸引。彼此虽不认识，但一说话，就会发生共鸣，彼此简直是“同病相怜”“牛衣对泣”了。我的记忆回到十年前，我遇见两个女孩，一个来自南京，一个来自武汉。她们皆是我的求助者。我对她们很了解，她们彼此并不认识。直面举办一个课程，她们两个分别从不同的地方来参加。课程开始之前，我脑子里产生了一个念头：她们两个会不会坐在一起呢？接着，当我走进教室，我就看见她们紧挨着坐在一起了。一堂课下来，她们开始彼此认识，并且立刻成了朋友，几天里形影不离。她们交往了一段时间之后，又不是朋友了。这也是我能够预见的，她们两个都还没有心智成熟，只是喜欢对方身上跟自己一样的幼稚。从此我便知道，人跟人之间的确是有气味相投的，但仅仅气味相投也是不够的——心灵中那共同的东西既彼此相吸，又互相排斥。

有时候话不好直说，只好绕开具体的事情，也不直接针对个人，就从大概或根本处来说话：

我所知道的是，第一，我不是世界的中心，不管在思考上，还是在情感上，都不是。我们说话，不能只考虑自己。第二，我生命中受伤的地方会很敏感，我特别要注意那个敏感的地方在怎么对我说话。一不小心，它就说出损害性的话语。第三，我的经验可能成为我的遮蔽，因此我不止看自己的经验，还要尽量去看别人的经验。不然的话，我会以自己的经验为标准、为真理，来评判他人、评判世界。第四，我真的得体谅一下别人，看看我能够为别人做点什么。比如，别人不给我所期待的东西，其中会有他的原因，虽然这原因我并不完全知道，或者不情愿知道，因为知道了会难受。

因为话题涉及钱，以及人生中遭受欺骗的情况，我又说了下面一段话：

人生都有困厄之时，我们需要注意以下几点：一，我们内部可能有一个受苦者角色，它让我们一直受苦，因为受苦才符合这个角色。二，我们可能有一种穷人心态，这样我们就会一直穷下去。穷人心态不会让我们变得富有。三，我们内心可能有苦毒，它首先毒化了我们自己的心灵，让我们自怨自艾、尖酸刻薄、过度敏感，也过度防御。四，我们在人生中总有机会，但如果我们的思维被钱困住了，就会凡事放弃，把一切归于一个简单的理由：因为我没钱！但问题是，并不是所有机会都与钱相关（虽然也有许多事实可以证明），更不是所有机会都只能靠钱（除了钱外，还有许多，比如我们心智成熟）。五，如果太执着于有钱没钱，我们可能会失掉一种平等心和更开阔的眼界，我们会指责他人太看重钱，却不知道我们之所以这么说，恰恰是因为我们的眼睛只看到钱，而别人并不是那个意思。这便是所谓阴影投射了。

最后，关于欺骗，我写了这样一段话：

我们更要防备的，不是别人骗我们，而是我们骗自己。在我们内部，早已潜伏了一个自欺者。它会单独行骗，也会与外在的骗子合谋，里应外合行骗。

当然，我这样说不是全面的，却强调了一个很重要的方面。

疑似鸡汤文：练习

我竟然做了一场这样的面谈。

在这场谈话里，来访者记录以下十八条——它们听起来是道理，但我对她说：不是道理，而是练习。

接着我还给“练习”下了一个可操作的定义：用现实的经验去证明你头脑里的想象是对的还是错的。

十八条如下：

一、不要对自己要求太高。要求太高，就不能做久。

二、不要总是与人比较。太与人比较，会失掉自己。你看，你从小到大跟人比较，成绩比好了，自我比弱了。

三、不要过度关注自己。那样你会忽略环境里的人和事。

四、允许自己不好、不够好。如果不允许，就只好放弃了。

五、接受这个：改变是一个过程，不是一下子做到的。每天进步一点点就好。

六、不强求自己笑。笑当然很好，但强求的笑是苦笑。

七、保持跟人接触。哪怕只是跟人在一起，让自己有点人气儿或人味儿。

八、说出来，问明白。说出来，别人就明白你了，不会去猜疑你。问明白，你就明白别人了，不会去猜疑别人。

九、把生活中每一个困难当成你成长的机会，而不是逃避的理由。

十、不做自己的批评者。可以反思，但不批评。

十一、放下敏感的自尊心。亦即，做好准备去承受别人的批评，而不被挫伤。

十二、活在当下，而不牵扯过去。一事归一事，一时是一时。现在在现在，过去过去了。

十三、表扬或欣赏自己。即，为你做的任何一点好而高兴吧，哪怕那一点好并不像你期待的那样好。

十四、相信：人是不一样的。因此没有一个统一的标准适用于所有人。

十五、大部分困难是从你的臆想里出来的，而不是真实的。你要分辨清楚。

十六、我们会有现实的困难，它们在生活和自身的各个方面，而不会聚焦在某一个“点”上。如果你只盯着一个点，就会把许多面忽略了。

十七、在难堪的环境里再呆一会儿，尝试让自己度过去，这是在训练一种 stay 的能力。

十八、让你的心灵一直保持一种绽放的姿态。

以上便是十八条练习，而不是十八个道理。

但是，如果你不练习，它们就成了十八个道理。

如果成了道理，你就会说：道理我也懂，但没有用。

人生在途

我看見霧在散去，而你，正清晰而美丽地走來。

——王學富

动机问题

我有一个特别的来访者群体，其中有不少是父母带来跟我谈话的青少年，从初中生到高中生、大学生不等，也有大学毕业工作的，还有读研究生的。我对他们有一个特别的关顾，就是把一些我以为好的有关心理成长的资源介绍给他们，包括文章、讲座、课程、活动、工作坊等。我渐渐有一个发现，只有少数几个人会有所反应，大多数人没有反应，甚至（我猜想）有一些人恐怕根本都不会读。我的大体感受是：这是一个相对被动的群体。接下来我便试图探索一下这被动的原因，有了以下的发现。

被动者常常是依赖者，而依赖者是供应者养成的。供应者常常是妈妈。在许多年来的心理学工作中，我常常在一个动机不足的孩子背后看到一个对孩子太好的妈妈。这个妈妈是一个过度的供应者，她在全世界收集各样的好，提供给她的孩子。因为妈妈给了太多的好，孩子便越来越厌倦那么多的好，对所有的好都失掉了动机。因为好太多了、太轻易了。这便是妈妈的好给孩子造成的第一个害处。

第二个害处是，妈妈的好也会扰乱孩子。其实，妈妈收集来的许多好，大多是自己想要的，大多也是用来满足自己内心的空缺。妈妈不加区分地把她自以为的好都堆给孩子，孩子便起了反感：我不要你的好。

第三个害处是，妈妈的好太多，什么都有，也会败坏孩子的胃口，使孩子失掉对好的鉴别力。孩子在生活中遇到了真正的好，也是符合自己的好，就会不以为然、无动于衷，甚至反感、回避，弃之不顾。

第四个害处，便是养成了孩子的依赖。因为妈妈太好了，孩子什么也不用做，就发展不出经验与能力，也产生不了价值感，便养成了很深的依赖。他们可能头脑聪明，但能力不足。他们跟人交往，大多是在寻找一个给他们带来方便的妈妈。

做咨询师之难就在这里。作为咨询师，我为这群遭遇心理困难的孩子提供成长的资源时，他们会有这样的反应：一、没有兴趣。我稍微了解一下背后的原因，便发现在孩子一路成长过程中，妈妈太好了，妈妈的好太多了。孩子对我提供的好（为了帮助他们成长）忽略不顾。真是被妈妈过度满足的孩子，失掉了成长的动机。二、孩子不知道我给他们的这些资源是好的，是为了促进他们直面和成长的，也就不会选择这样的好。真是被妈妈的好弄坏了胃口，不能辨别什么是好的文化资源，也失掉了文化吸收的能力。三、他们会期待一种可以一下子就能替他们解决问题的方法，而不是跟我形成一种合作，共同探索好的资源，并愿意努力做出改变。妈妈给他们提供的太多的好养成了他们的依赖。

我做心理咨询，最关注动机问题。一个人可能条件不够，但有动机，便会创造条件。这是一种我们看好的情况。我们不大看好的情况是，一个人有许多条件，却失掉了动机——因为这许多条件是供应者提供的，而不是当事人自己争取的。一个孩子的动机被损害了，原因大致有二。第一，过度满足孩子的需求，让孩子因为太餍足而失掉动机。第二，过多剥夺孩子的需求，使孩子因为无奈而失掉动机。这里我探讨一下第一种情况：过度满足。

在心理学中有一个词，代表一种心理能力，叫延缓满足。延缓满足的好处是，可以培育动机。一个有延缓满足能力的人，便是一个动机强劲的人。

有一个美国幼儿园的实验，就是从这个延缓满足的视角去观察两组孩子（实验表明具备延缓满足能力和不具备延缓满足能力）此后几十年的人生发展情况，发现二者的区别相当明显。人生多艰，没有真正的动力，如何能走过？如何能过好？

关于人生成长，有些方面十分重要，一个人明白了这些方面，他就像掌握了秘密的人，会过上好的生活。包括这个所谓的延缓满足，便是一个宝贵的秘密。父母明白了，便知道它是为孩子提供的一个培育动机的空间。

在中国有一个俗语，反映的是一种很普遍的现象，叫富不过三代。这简直是一个魔咒，许多人都无法解开这魔咒。其实：奥秘便在动机处。真正有智慧的富人并不以自身的条件去满足孩子的一切，反而给孩子留下延缓满足的空间，借此培育孩子的动机，便可避开魔咒。

说到这里，我便要讲到一个故事：一些年前，在美国纽约大街上，有一个青年倒毙路边，原来是一个吸毒而死的青年。当警察去了解这个人的背景，竟发现他是一个来自英国的富家子弟，从父亲那里继承了四亿英镑（具体数字忘记了），然后便过上了花天酒地的生活。他四处寻找各样刺激，直到最后暴毙街头。这件事在美国富人圈引起巨大反响，有不少富人回家问孩子一个问题：孩子，为什么你每天要起床？

说到起床，我在咨询工作中发现，在中国有不少家长每天都要喊孩子起床，求孩子起床，却不大去问孩子：为什么你每天早晨要起床？美国富人问孩子这个问题，是提醒孩子去反思人生的动机或意义。只有孩子自己弄明白了他为什么每天要起床，他才会自己起床。而被妈妈喊着起床、求着起床、哄着起床的孩子并不真正明白自己为什么要起床，也就是说，他不明白人生要奋勉。或者说，孩子本来也是明白的，但妈妈每天这一喊、一劝、一哄、一求，他们就不明白了。其实他们是被弄糊涂了，既然起床是自己的事，为什么每天早晨妈妈都要喊、要劝、要哄、要求呢？他们便以为，他们每天起床是为了父母，或者他们每天是为了父母而起床。这时，他们起床的动机就削弱了，其实，这里说的哪里只是起床，这里说的是人生！

同样的情况也发生在孩子进食问题上。本来，孩子会饥饿，自然会进食。这是人类与动物同样的生存动机，也叫本能，它的力量十分强劲。但在我们的一些家庭里，有许多孩子被过度喂食。这导致的结果是，孩子身上这个天赋的最基本的动机遭到干扰、损害、削弱。生命最基本的进食动机都被破坏了，这自然会影响孩子生命的其他动机。在我们社会里有许多孩子失掉了生命的热情、生活的兴趣，似乎对什么都是无所谓的。加上他们在“学习”上又受到过度的强求，他们就更加丧失了生的意趣，以致陷入焦虑、强迫、抑郁的状态。

在一个家庭里，孩子在自我成长方面得到过度满足，又在另一个方面（如学习功课）受到过度强求，这真是一种何等的分裂啊！这就如同把动物从自然环境中捉来，关进动物园的笼子，每天给它们提供食物，便渐渐削弱了它们寻食的动机与能力。与此同时，又让这些动物们置身在一个单一的文化环境里被人观看，更加使它们感到百无聊赖。我们人类的孩子，生下来后一个个生龙活虎，动力十足，充满生趣，却在不适当的家庭养育和学校教育中变成了动物园里的动物，渐渐失掉了动力和生趣。他们生活中的大部分，也如动物一样被关在一个地方被强迫学习，要求考出好成绩，就像动物被迫表演、供人观赏！这可真是胡萝卜加大棒的文化啊！

幸运与遗憾

“创造潜意识”工作坊结束了，我想对参加者说：“你真幸运！”但这也不是每一个参加者都能感受到的幸运。我也想对最终在矛盾中还是未能来参加的人说：“你好遗憾！”但他们还是感受不到，因为没有亲身体验啊。

幸运或遗憾，当事人不知道能够体会多少，这就如同对人生的体验，有些人知道自己幸运，有些人也感受不到人生的遗憾。人生有些事情，有了就成了幸运者，人生有的错失，失掉了就不再有了，因为时过境迁了。

我是一个“客气”的人，说话总留许多余地，怕“强加于人”。人家体会到了，不用你说；人家体会不到，说也没用。特别是生活在这样一个时代，人说得太多了，简直就成了聒噪。本来自己都不相信的事，但为了某种目的，就不停地说，变着花样说，假的当成真的说，只有一点点却当成全部来说。一点也不客气，一点也不害臊。有这样一些人，他们的方式不是培育，而是攫取，能捞就捞，捞到了就跑。这样一来，世界就被搅乱了，人与人之间的基本信赖就被破坏了。有品质的东西终于越来越少了，因为有品质的常常是害羞一些的，不好意思到处吆喝。

四天的工作坊，我们一起创造了一个潜意识，我们把自己交给它，让它在其中工作，有所培育，有所创造。有沉积多年的伤痛被触及了，有防御被拆除了，面具放下来，阻隔打通了，人与人连接了。有许多的疑虑在一点一点化解，眼神里开始点亮了信任，如花朵一般明丽。那些僵硬的东西变成了自由，刻板里产生了变通，本来是要保持沉默，却不经意间绽放了话语。每一个人都不会料到，竟然有唱歌、舞蹈与戏剧，有老树发新芽，有年轻的心呈现天分与创意，有一直在禁锢中的人发声呐喊，让心灵有一次放浪之旅，有苦闷至极即解脱，有置之死地而后生。本来对孩子充满疑虑的父母亲眼看见孩子本真的表现，内心便充满了惊喜，并在陶醉中自思：我多么幸运来参加了工作坊。对他们来说，这才是见证奇迹。

说出来　问明白

直面心理学发展出一个很简单的模式：说出来，问明白。

它基于我在治疗实践中的一个发现：在心理困难的背后，有许多没有“说出来”和“问明白”的东西。

比如一个人从小到大，为了做乖孩子，会有多少东西放在心里没有“说出来”——他的需求、愿望、情感、情绪、心思、想法——这些被压抑的东西，成了后来长出症状的根源或基础。

当孩子发展出某种症状行为，许多父母惊呆了：从小都是好孩子，怎么会一下子就变了呢?

其实，哪里是一下子就变了？只是不知道症状背后的根源及其隐藏的发展轨迹而已。孩子在成长过程中，内心压抑了许多的东西，他们根本没有“说出来”，父母也就不明白。其实，孩子自己也不明白，并且在不明白中挣扎了许久。

还有一个情形就是，在人际关系里，遇到自己不明白的东西，包括别人说的话，表达的情感、情绪，各样的行为等，自己不明白，却没有问一问，这也会造成压抑与累积，累积多了，就会产生许多无端的猜测甚至敌意，造成各样的误解，会影响跟人的关系，导致冲突与伤害。

这些被压抑的东西包括，内心有某个愿望，却没有表达出来，就没有得到满足。有某个需求，没有表达出来，也没有得到实现。还有一些是负面的情绪，如愤怒，不满，受到不公正对待时的委屈，遭到误解时的愤懑等等，都没有表达出来。因为没有表达，别人也不知道，就没有回应，也就得不到疏解。这些压抑未能伸张的东西，并不会因事过境迁而消失，它一直存放在暗处，平常看不到它们，它们每时每刻都在影响我们的生活。这些被压抑的东西甚至成了我们深处的动机，在暗中驱动我们对事情和关系做出怎样的回应。

总结来说，如果我们有了需求或情绪，却压在内心里，不能适当做到“说出来”，就压抑了自己；如果我们在关系里遇到误解或不公正对待，却不能适当做到“问明白”，就阻碍了我们跟人的关系。既不能“说出来”，也不能“问明白”，就会压抑自己，在内心形成搅扰的情绪，也会渐渐孤立自己，在一个封闭的心境里猜疑他人（别人的话，动作，眼神……），并对常常是无端的猜疑信以为真，慢慢失掉直面现实的能力，陷入精神虚妄的状态，即症状。

英 20 年前结婚，她跟丈夫一起到了公公婆婆家。当时一大家人坐在一起吃饭，公公说了一句不恰当的话，英对这句话很在意，但忍着没有当场说出来。这件事压到心里，一直没有说出来。英终于说出来的时候，已经是在 20 年之后——在面谈室里，她对咨询师说了出来。说的时候，她泪流满面，还沉浸在 20 年前的羞愤、悲苦、委屈、伤痛里。

我看到英为 20 年前的一句话哭得不堪，就想她当时真该说出来，为一句话憋了 20 年，这在她内心里会滋生多少的苦毒啊。如果觉得场合不恰当，当时没讲出来，吃完饭之后讲出来也好。如果跟公公不好直说，至少跟婆婆说，让婆婆找公公去说出来也好。如果没跟婆婆说，就对丈夫说，让丈夫找他老爸问明白情况，再回来跟妻子做出解释，这样也比压抑了 20 年好。

20 年来，几乎每年过年，英的丈夫独自回去看望父母，英拒绝陪他回去。英生了儿子，儿子从小到大，英都不许他和爷爷奶奶多打交道，使儿子在成长过程中失掉了来自于爷爷奶奶的情感与文化资源。又过了一些年，公公生了重病，住在医院，英也不去看他，她内心还有怨恨，巴不得公公死了才好。就这样，因为当时没有说出来，没有问明白，这 20 年积怨影响了英跟丈夫的关系，影响了儿子和爷爷奶奶的关系，也影响了她自己 20 年来的情绪。

我做心理咨询 20 年，当我追溯症状的根源时，我发现它的背后隐藏了许多被压抑在深处却没有说出来的东西。因此，在直面取向的治疗中，我常鼓励人当时说出来、问明白。

当然，一个人该说的却没有说出来，该问的却不敢问明白，这背后总有一些根源，我们不能简单地要求他说出来、问明白。

假设一个人在成长的过程中，他本来很愿意真实表达自己，但当他说出来，却遭受惩罚、压抑，一路上有许多劝告和威胁，他就会害怕说出来，担心说出来别人会不高兴，甚至会导致可怕的灾难。这时他就没有发展出说出来的能力。与此相应，他在跟人的关系里，遇到事情也不敢问明白。当他问的时候，他遭到拒绝、嘲笑，被认为很傻，就不敢去问个明白了。

还有一种情况是，因为内心里有许多顾虑，在关系里会要求有绝对的保障，才会说出来。比如说，我说出来，对方必须理解我。或者，我提出什么要求，对方必须同意。如果他有这样的要求，那就很难做到说出来了。在有些情况下，我们说出来，问明白，并不见得会得到别人的理解与回应，情况常常是，有些人理解我们，有些人不理解我们。但我们说出来和问明白，不是基于别人理解和不理解，而是基于我们自身的需要而说，也基于我们自然的需求而问。就如同一朵花要绽放，它就绽放了，不必要求路过的人一定要赞美，或者开花之前，一定要知道今天会不会有人从这里走过。这条小路有人走过，我才绽放，有人驻足欣赏，我才开放。或者相反，没人观赏，我就不开，别人会笑，我不敢开放。艾瑞克说：小鸟为什么要唱歌？因为它有一首歌。我要说：花儿为什么要绽放？因为它是一朵花。

说出来、问明白是一种需要，也是一种能力，要真正做到，还需要勇气。你表达是基于你自己。如果一个人说的话误解了你，你就对他说出来。你说出来，他意识到了，他会对你说对不起。但你说出来，他也可能有其他的反应，例如他会指责你，说你小气，这点小事也在乎等，但你还是要说出来。当然，你觉得说出来不适当，你可以不说。当你决定说出来，不能把说出来的条件放在别人身上，这些条件必须基于你自己。

症状是什么东西？症状就是一个表现形式而已。一个人为什么选择用这样一个方式来表达，很显然是他有许多没有表达出来的东西，无奈之下就只好用症状来说——有时候用情绪说，有时候用被情绪侵扰的思想和行为说，有时候用身体来说。躯体的症状的背后有被压抑的东西没有表达出来，心理的症状也是如此。所以说，症状其实是一个代言人，它要替那些被压抑的、无法说出的情感、需求、愿望和各种负面的情绪代言，只是它说话的形式显得有些奇怪，有些吓人，极端、单一、不合逻辑、不符情理。因此，直面取向的治疗就是沿着症状去看，看有哪些东西形成了它。最后发现，有一大堆没有被说出来的东西。

有了这个发现，我就发展出这样一个疗愈的方法：说出来，问明白。药物的治疗是让你依然不说，让你压抑下去，还是不说出来。但直面取向的治疗是让你能够说出来，不再在被压抑的状态下活着，而去充分绽放自己、发展自己、成为自己。

前天的培训课程里，我做了一个现场面谈展示。在面谈过程中，来访者回忆小时候的事情，一桩桩，一件件，一边说，一边流泪。我总问她："你说的这个，你爸你妈知道吗？""你对你爸你妈说了吗？"她说："我没有说……"一直流泪。原来她内心里积累了一大堆没有讲出来的东西，这些未曾申诉的东西，让她感到压抑，而她爸妈也不明白这个女儿。又因为父母都不能理解她，使她内心更是充满委屈，她跟爸妈的关系有许多无法沟通的阻碍。这是她与父母的关系模式。后来她结婚了，就把这个模式转移到她与丈夫的关系里。因为在父母那里没有得到满足，她对丈夫有更高的期待，但依然是不说出来。她内心里有一个假设：你是我的丈夫，你本来就该知道，哪用我说？或者，你是我的丈夫，怎么可以不知道呢？这样说来，在她的期待里，她丈夫必须是神，是全知的，知道她任何的想法、愿望。但她丈夫是人，因此达不到她的要求或期待，她会对丈夫愤怒，重新捡回她过去的模式：跟你没法说，跟你说有什么用？于是，在夫妻关系里，依然有她许多的眼泪。

原来，我们流的泪的源头是我们没有说出来的部分。因为我们内部有许多东西没有说出来，就在那里形成了累积和阻塞，生命系统就不能通畅，症状就在累积、阻塞的地方长出来。什么地方不通，什么地方就长出症状。在累积大量麻烦的地方，在压抑许多情绪的地方，在没有渠道、没有出口的地方，症状长出来了。“说出来，问明白”就是为情绪提供一个出口，为关系提供一个通道，“说出来”可以让生命通畅，“问明白”可以让关系通畅。这就是直面治疗的一个基本方法。

许多人都意识到，当关系出了问题，是沟通出了问题，因此鼓励人们多沟通。但沟通必须变得具体化，具有可操作性，不然人们就不知道怎么去做。这个具体可操作的方法就是：“说出来，问明白。”不管对自己，还是对别人，把一切压抑在内心里进行暗中操作都会有麻烦。简单来说，与其压下去，不如说出来；与其自己猜，不如问明白。

这个方法是在我跟燕谈话中初露端倪的。燕的丈夫说一句话，做一件事，燕就在暗中把这话这事操作成很可怕的猜疑，并且信以为真。她的公公婆婆说一句话，做一件事，她也在暗中猜，猜得和对方的意图越来越脱离，本来是一个小小的、又相当明朗的东西，变成越来越大的、越来越模糊的东西，也越来越可怕。燕就用她暗中操作加工出来的东西，对丈夫和公公婆婆做出反应，对生活中其他的人与事做出反应。这种反应不是在进行沟通，而是在制造症状。为什么燕会猜疑呢？因为她内心里压抑了许多过去关系中的创伤，不敢直接说出来。对方说话与做事，她不敢前去问明白。因此，我对燕说，你如果有什么不满、有什么需要，你向他们说出来。如果对方说了什么话、做了什么事，你不懂，你就前去问明白，而且当时就问，以便能得到真实而确切的信息，然后，你就能基于真实而确切的信息对对方做出反应，这样的话，你的反应就是现实性的，就是沟通性的，而不是压抑性的，猜测性的。

我又想到了蕊，她是一个高中生。因为同学说了一句话，她觉得这是在说她，越想越不舒服，终于她待不下去，休学一年。我问她："你有没有去问那位同学？"她说："没有。"我问："你是从哪里得到这样一个确信的呢？"她说："是我猜想的。"我说："这也太亏了。如果有一只老虎在追你，你当然要跑，这跑得有理。但是，你想象有一只老虎在追你，吓得心惊胆战，四处奔逃，这不太亏了吗？我的意思是说：因为一个猜想，你休学一年，中断了学业，心里不甘，还怨恨对方，这是怎样的代价啊！"蕊因为一个猜测而休学了一年，在家呆着也难受，就对妈妈说："我跟人不能相处，我想到深山里住，养几只鹅，过一辈子算了。"她妈妈说："养几只鹅，你会和鹅生气。"因为她也会猜测鹅是什么意思？鹅"嘎嘎"叫，她还会想，鹅都不喜欢我，鹅都跟我过不去。最后看到鹅也不舒服，就想回避。这样的话，蕊还有什么地方可去呢？我给蕊布置了一个作业：说出来，问明白。具体来说就是，你有什么想法、愿望，你跟对方说出来。如果对方说了什么，做了什么，让你困惑、不满，你去问对方，问个明白。

最后要说的是，当我们能够很好地运用"说出来，问明白"，会带来的结果是：第一，当我们说出来，我们内部不再累积东西，生命系统便通畅了；第二，当我们向人问明白，我们就得到确切的信息，不会猜疑别人，跟人的关系就通畅了。

人际关系正反合

直面心理学有一个方法，叫：说出来，问明白。这是关系的奥秘。

说出来，让自己疏通。问明白，让关系疏通。疏通了，个人没有问题了，关系也没有问题了。

其实，问明白也是一种说出来的方式，让自己说出来，也是让别人说出来。我们不问，自己说不出来，别人也没有机会说出来。因此“说出来，问明白”在本质上可以称为“说出来”。

现在我要讲一个新的话题，叫“不必说出来”。

有一个逻辑上的说法叫正反合。前面讲“正”，后面说“反”，最后说“合”。用于“说出来”这个方法，正题就是说出来，反题就是不说出来。二者是一正一反。还有一个“合”的境界，就是：可以说出来，可以不说出来。在“合”的境界里，说与不说不是非此即彼的，而是自由相兼的，只是因人有异、因地制宜、见机行事、见风使舵，考虑天时地利人和各种因素来决定。在有些情况下，我讲“说出来”，因为不说出来会造成压抑。在另一些情况下，我讲“不说出来”，因为说出来会造成损伤。在更多的情况下，我讲“可以说出来，可以不说出来”，这是从益处的角度来考虑做自由选择。

这里举个例子：斐是一个内在动机很强的人，一直勤奋学习，通过自学考试学了三个专业，知识范围颇广，跟他讨论问题，他时而颇有见地。但在现实中，他从事的是一个很普通的工作。按他的话说，这只是为了生存的缘故，别无选择。因此，斐生活在困厄与无奈中，内心有一种怀才不遇的感慨，常常自怨自艾。他把收入全部用在参加各样的培训课程上，试图探索出一条走向卓越的路。斐体格健硕，颇吸引那些对外形在意的人，无论男女。斐来参加我的心理学培训课程。另外有一个参加者叫克。克是一位大学青年教师，平常做科研太苦，身体长得瘦瘦的。克见到斐，就友善打招呼，用手拍拍斐，赞赏斐长得好强健。克压根儿不会想到，他的这个动作刺激了斐。于是，当着许多人的面，斐对克说："你刚才拍我，我忍住没有打你。"原来，斐过去曾经受到过同性恋者的骚扰。而克呢，本来是想表达一种好意，听了斐的这个反应，就感到十分尴尬，他本来满脸是笑，这时表情一下子僵住了。

那天课程结束，晚上回家我跟儿子讲起这个情景。当时儿子正读高中，比较冲动，会口不择言。举一个例子：有一次他要出校门，请班主任老师在他的出门条上签字。他出门的时候，正好遇到同宿舍的同学也想跟他一起出门吃点东西，他就顺便把同学的名字写在老师签字的出门条上了。回来之后，他觉得这样做不对，就跟老师讲了实情，为此受到老师的批评。他心里颇懊恼，本来不用告诉老师，说了实话，却受到批评，冲动之下他对老师说："我是看得起你，不然就不对你说了。"这话太不恰当，把老师气得不轻，他自己还不知道。他本来要表达的意思是："老师，这件事做错了，但我觉得还是应该诚实地跟你说出来，这样做也是出于对你的尊重和信任……"现在，我把斐的这件事情告诉儿子，也是为了让他从中学习体谅别人。当你能够体谅别人，你就在向别人呈现一个更恰当的自己。老师的批评跟你的期待不相符合，你的回应跟老师的批评也是不相匹配的。即使当时你感到气愤，心里的确是这么想的，说出来也是不恰当的。因为那不过是你头脑中当时产生的一个想法、一个念头、一种情绪、一阵冲动，它是在你的情绪受到刺激的情况下产生的，并不代表着你的常态，更不代表你这个人。但当你说出这句话，你就呈现了你整个人，让别人以为你就是这样的，你这个人就是这样的。克对斐做出的是友好的表示，斐做了不友好的回应，它们是不相匹配的。这就如同别人送你一束花，你砍了别人一刀；别人给你一双筷子，你拿着一根棒子把人家赶走了。仅仅是这一句话，给克造成了损伤，也给斐的自我形象造成了损伤。如果斐不知道，继续用这样的方式回应别人，就难以跟人建立关系，在人生中的路也就越走越窄。后来的情况是，从那以后，克再也没有跟斐接近。

因此，这里涉及的不是说出来或不说出来的问题，而是你说出来会造成什么影响的问题。鲁莽之下说出来的话，会造成损伤，那就宁愿不说，或者换一种方式来说，把话说得恰当。因此，那天讲完斐的事情，我问儿子："你觉得斐的这话要不要说出来？"儿子表示："这个话是不必说出来的。"

谈起这件事，我的一位驻修生问我，有些人总是对别人说："我这个人说话很直率……"然后就开始说不恰当的话，对此你怎么看？我回答说：直率的人并不是把什么都说出来的人。但在生活中总有一些人，他们会以直率作为理由，对人说不恰当的话，这不是真的直率，这是幼稚。你是一个小孩子时，看到别人脸上有麻子，你会直接说出来。别人可以理解你，说这是小孩子啊，童言无忌！但你长大了，是成人了，你就需要选择什么需要说出来，什么不必说出来。如果你说出来，那是因为你知道为什么说出来，仅从这一点来看，你已经是一个成熟的人了，也是独立的人、自由的人，因为你会选择。

过去我讲"说出来"，那是针对那些受到过度压抑的人而言的；现在，我又讲"不必说出来"，是指一个成熟的人可以根据不同的人、不同的情况做出选择。这选择也有一个潜在的标准：出于对人有利，而不造成损害。孔子对不同的人、不同的情况就会说不一样的话。子路问孔子："学了礼乐，就可以去行吗？"孔子回答："要先去问问你父兄的意见。"但冉有问了同样的问题，孔子却回答："那还等什么？"子路与冉有个性有所不同，孔子因材施教。同样的道理，我对儿子和女儿说话也会有所不同。对儿子，我说："你要多想一想。"对女儿，我说："你赶快去行动吧。"

从正反合的角度来看，我前面讲让人说出来，是基于真实而不压抑；后面讲让人不说出来，是基于涵养和有品质。理解了这两点，并且做到了，一个人就达到了"合"的境界，也就是说，他知道在什么情况下说出来、什么情况下不说出来，让万事互相效力，为了良善的目的。如果为了强求好而压制了真实，就会压伤了自己。如果真实是幼稚的，因此压制了涵养，就会损伤了别人。皆是不成熟。因此，我对儿子说："你要成熟。"当你在此时此刻、此情此景下说一句冲动的话，别人会以为这就是你的想法，你就是这样的人，但事实上你不是，这时你就为自己制造一个假相，或者，那只是片面的你，却被人看成全部的你。当某个因素在那个时刻刺激了你，让你产生了一个暂时的念头，你让这个时刻过去，或者你走过那个时刻，就不会造成损伤，而这个等待一下就过去的时刻就成了你变得成熟一点的时刻。

在昨天的面谈中，我对来访者说："你先停一停，先听一听，不是立刻就说，不要为了让别人说你聪明去说，不要为了做解释去说，不要为了让所有人都喜欢你而说个不停……这就是你成长的时刻！"

在人的关系里有两种极端的情况，一个是压抑着不说出来，一个是不停地说，什么都说出来。在我讲"说出来，问明白"这个部分时，我讲了许多关于人因为不说而造成的压制与损害。同样，当我讲到"不必说出来"这个部分时，我也遇到许多这样的情况：一个人说个不停，哇啦哇啦，也造成了许多的压制与损害。前者为"正"，后者为"反"，最后我要讲的是"合"，亦即：你可以说出来，也可以不说出来，但你必须知道，在什么条件下、什么处境中、什么事情上、针对什么人，你选择说出来或不说出来。不管你说与不说，你都知道原因，你都知道动机，你都知道会造成什么样的后果，这便是"合"。

说出来，是要把一切想法说出来吗？不见得。有些可以说出来，有些可以不说出来。我对儿子说："特别是那些一时一地的、片断的、情绪性的话语，它们不能反映你真实的自己，也不能反映你全面的自己，而且说出来对自己不利，也会伤及别人，或者吓坏了别人，或者会造成别人对你的误解，或者会引发别人对你的愤恨，或者是拒绝别人让你失掉一个缘，堵了一条路，或者让别人以为你就是这样一个麻烦的人，而这其实不是你，只不过是一种情绪下的你、一个片断的你、一个受到潜意识驱动的你、一个受到过去某个经验刺激的你……这时你可以不说出来。”

最后，说出来或不说出来，原来不是一场对抗，而是一场对话，它们听起来相反，恰好又是相成。当人在对话中，他们就变得平衡、恰当、整全、成熟了。因此，说出来，不说出来，可以说出来又可以不说出来，这便是关系中的正反合。

Stay 的能力

十几年前，我提到一种 stay 的能力。十几年后，我在翻译施奈德的一本书时，看到他提到一种 pausity 的能力。这算是我跟他之间的一种共鸣吧。

这个 stay 或 pause 的能力，就是一个人对事情、对关系、对环境、对情绪保持一种恒定的能力，虽然心里害怕，却提醒自己停顿一下，在那里呆一阵子，以便有一个空隙可以看看到底发生了什么，看看别人有什么反应，看看自己可以做些什么……这也是一种直面的能力。

为什么要用英语？最简单的回答是，为了醒目，加深印象，达到提醒的目的。

为什么我提倡 stay 的能力呢？它来自我长期从事心理治疗的体验和观察。症状即逃避，它反映的情况是：当事人害怕什么，就一心想逃离什么，立刻跑掉了，而且一直奔逃。本来是现实环境中一个小小负面事件，当事人却感受到巨大的威胁，把它扩大成了一种“世界末日”。这其实是一个人的想当然，也叫臆想。看看我们生活的这个世界，四处是奔逃的人们。他们害怕。生活中发生任何一点风吹草动，都会引起他们惊慌失措，想逃到一个地方去，在那里躲起来。这些惊扰因素包括，“别人对我有看法”“他们都不喜欢我”“考试失败了”“做错了一件事”……于是，逃跑，躲避。逃避多了、久了，就成了症状。症状是保护伞、防护壳，是人们不去面对生活困难与挑战的理由（世界末日来了！），成了他们对人生所做的想当然的解释，成了他们的真理，甚至命运。而我的直面疗法其实很简单，它的核心就在于对逃避的人们提醒一声：等一等，回头看一看，不是“世界末日”来了，世界还没有到穷途末路呢！

以下是我最喜欢的故事，叫《智者救了动物王国》：有一只兔子在芒果树下睡觉，这时有一颗芒果从树上落下来把它惊醒了，兔子产生了一个想当然的想法："世界末日来了！"于是它惊跳而起，落荒而逃。其他动物看到兔子奔跑，就问它："你怎么跑这么快？"兔子说："快逃啊，世界末日来了！"一听是世界末日来了，动物王国的动物们一个接一个都加入了奔逃。智者看到这种情形，便上前询问。动物们纷纷对他说："世界末日来了。"智者心里说：世界末日并没有到来，只是动物们这样奔逃下去，会导致动物王国的灭亡。于是，智者开始追问传言从何而来，一直问到兔子身上。然后，智者问兔子：当你产生"世界末日来了"的想法时，你身在何处？兔子说：我在芒果树下睡觉。智者说：可能是芒果落下来的声音惊吓了你，让你以为世界末日来了。让我们去看看是不是这样。于是，动物们止住了奔逃，跟智者来到兔子睡觉的那棵芒果树下，果然在那里看到一颗落下来的芒果。动物王国的动物们方才醒悟过来。

故事是这么说的，但醒悟的过程不会这么简单。我从事心理咨询 20 年，遇到许多"奔逃的人们"，他们并不轻易"醒悟"。有时我难免惊叹：本意是求生，脚步却奔向灭亡，这简直是视死如归啊！自己却不知道，我们需要真相。

直面的医治，就是真相的医治。我们在这个故事里看到，智者的一个工作就是：让动物王国的动物们先停下奔逃的脚步，带它们朝回走，去找根源，去看真相。真相让它们醒悟：原来"世界末日"是一种想当然，而"芒果"才是真相。

作为一个直面医者，看到一个人在惊慌失措中奔逃不已，我的工作就是给他一个提醒，让自己"停下脚步"，然后回头去看，自己在逃避什么？是世界末日？还是芒果？如果这个人能够做到这一点，他就具备了 stay 的能力。具有 stay 的能力的人，就会接近真相，最后接触到真相，才产生觉察。有了觉察，才会改变。基于觉察的改变，才是真正的改变。这一切就构成了直面的过程。

另一个寓言也有很深的直面意味，便是《黔驴技穷》：黔这个地方不产驴。有一个人从北方带来一头驴，送给当地人。当地人不知道驴有什么用途，就把它放到山林里。有一天，一只老虎路过，看到驴，以为这个庞然大物是传说中以老虎为食的神兽，惊恐万状地仓皇奔逃而去。老虎跑到树林里躲了起来，见驴并没有追上来，心里才稍稍安宁下来。过了一阵子，老虎走到树林的边沿，悄悄朝驴观望，看来看去，也没有发现驴有什么特别之处。但老虎还是害怕。虽然害怕，老虎却壮胆朝驴走近了一点，想看看它是不是真的有什么特别的本领。这时驴发出鸣叫，声音在山谷回荡，老虎又惊惶逃窜。老虎一边逃跑，一边回头观看，发现驴并没有追上来，心里稍安，便停下脚步。过了一阵，老虎再次回头慢慢接近驴，一边接近，一边观察，想弄明白这个庞然大物是不是真的那么可怕。老虎越来越了解驴，虽然心里还有恐惧，它还是故意去接近驴、接触驴，用身体撞一撞驴，试图激怒它，看看驴会有什么反应。驴终于被这个讨厌的家伙弄生气了，就抬起后腿来给了老虎一蹄子。老虎兴奋不已，才知道驴的本领不过如此，遂放胆与驴搏击，战胜了驴。

老虎跟驴打交道的过程，就是人面对恐惧、克服恐惧的过程。首先，让我们假设另一种情况：老虎见到驴，一逃了之，从此躲避下去，不再回头，那会是怎样的结果呢？那样的话，老虎对驴的恐惧就会永远持续下去。因此，我们需要直面。因此，直面有一个提醒：我们害怕，我们忍不住逃跑，但我们不要一直逃避。让我们停下来，回头看一看。让我们在躲避一阵之后，再一次走出来。当我们有了足够的勇气，我们可以朝回走一走，在威胁对象那里呆一呆。如果有危险，我们当然可以再度逃跑。但我们还可以停下来，还可以回头看、往回走，去了解真相，去弄明白对象是不是真的那么可怕。逃避是生存的本能，直面是成长的智能。老虎兼而有之，既不受逃避本能的控制，也不盲目直面、鲁莽行动。

而我们回头看心理症状，发现它所显示的情形常常是，人们失掉了（至少暂时如此）“停一停”和“回回头”的能力。因为害怕，就奔逃不已，就一直躲藏，就把大量的心思和精力用于逃跑和躲藏。在做事上不能

stay，在跟人相处时不能stay，活在事情与关系的浅层，得不到真正的乐趣、情感与价值的满足，就成了在这个世界上到处跑来跑去的人。他们的关系浅、思想浅、情绪浅、能力浅，一直在生命的浅处游移。他们的生活风格可以用“蜻蜓点水”来形容——因为内心有很深的不安全感，头脑里有许多的想当然，使他们刚要在生活的某一点上落下来，又因为受到一点惊扰，立刻又飞掉了。或者，他们偶尔会在躲藏之所做一点事，偶尔从逃避之所走出来露一下面，那只是为了保留现实中的某一个点，这样可以安慰一下自己，也以为可以向别人交待一下。但这只是跟生活维系的单一关联，不是全面和丰富多样的生活。环境中稍有风吹草动，他们又惊逃而去。

他们不能在生活的任何一个地方久留，他们失掉了stay的能力。他们的心灵远离了故乡，他们就成了这个世界的异乡客，是大地上的漂泊者。他们到处找家，却发现自己没有家。或者，他们本来有家，却找不到回家的路。久而久之，他们不知道自己是谁了。他们似乎没有确定的身份，对他们来说，任何一个身份都是浅淡的、游离的，只是做做样子。只有一个角色或身份是明显的——孤儿！灵魂的孤儿到处找自己的家，想找到自己的妈妈，想找到自己，却一直找不到。

在面谈中我时常会说到一个词：扎根。不管在怎样的环境里，在怎样的关系里，在怎样的事情上，包括在自己的情感里、情绪里、思考里、心灵里，我们都要stay，才会扎下根来。扎根要花时间，不能操之过急。如果不能stay，就扎不了根，就成了浮萍。有一个大学生久久无法适应大学生活，时不时请假回家，我对她说：“你在这个地方stay，就在这个地方扎了根，这个地方才成了你的学校，你才在这个地方确认你的身份——我是这个大学的学生！你跟人相处，就在关系里stay，你就在关系里扎了根，在关系里你被称为朋友、同学、同事以及其他。你有了情绪，不是逃离它，而是在情绪里stay，才有机会了解和理解你的情绪，你就在情绪里扎根了、成长了。你可以在你的情感里stay，因而扎根；你可以在你的思想里 stay，因而扎根；你可以在你的心灵里 stay，因而扎根。因为你在生活里、生命里扎了根，你就长出了自我，长成了自我。这个自我，不会到处跑来跑去，不会四处躲来躲去，却能够直面。”

直面有一个重要的品质，就是 stay 的能力。哪怕做到一个小小的 stay，人就为自己腾出了了解真相的空间、觉察的空间、沉淀情绪的空间、让理性上升的空间，说到底，就是成长的空间。这小小 stay 的空间里长出了许多许多现实的经验，这经验就形成了生命的蓬勃。

直面有很广大的空间，它容得下恐惧，容得下逃避。当你害怕，直面会说：你可以害怕。当你逃避，直面会说：你可以逃避。但是，当你害怕，当你逃跑，直面也会给你一个提醒：虽然害怕，虽然逃避，你可以给你自己留下一个 stay 的空间，让自己在那个地方停顿一下，回头看一看，朝回走一走，在那里呆一呆，慢慢去确认一个真相：原来不是“世界末日”在追赶我，而是我在奔向自己的末日！

勇敢＋用心

没有经验的人，需要练习这个：勇敢＋用心。在练习中，他会长出自我。

一个模式的出现：勇敢＋用心

我曾在一个大学教书，后决定辞职去国外读心理学。离开的时候，有一位教授带他的女儿过来跟我谈话。记得在那场谈话中，我让他的女儿解释两个词：勇敢和用心。她的解释来自词典，是标准答案。

我的解释是：勇敢，就是不怕犯错误。用心，就是问自己两句话：一，我是怎么想的？二，我该怎么做？

可见，我的解释有一个特点：具有可操作性。

后来，我专职做心理咨询，转眼20年过去了。时而，我在面谈中会问来访者：你怎么解释“勇敢”？你怎么解释“用心”？

有时候我也问：在你的生活中有两样东西可供选择，一个是标准，一个是经验，你会选哪个？

答案各不相同。我本人呢，会毫不犹豫地选择经验，而不是标准。

这许多年来，我接触许多受症状困扰的人，我很关心的是：他们是怎么长大的？后来我发现了，他们大多是在“标准”里长大的孩子。

标准是什么？是“应该”，是“听话”，是课本上的知识，是标准答案，是非此即彼的判断（“考不上一本将来没有出路”），是赤裸裸的偏见（“不要跟成绩不好的孩子玩”）……这些条件化的标准被许多人认同和传授，几乎成了真理。在标准里长大的孩子付出的代价是，他们拥有了知识和道理，却丧失了基本的辨识力和决断力，最后成了靠标准而活的人。他们行事为人，接人待物，内心有许多担忧，总感到不确定、不踏实、不准确、不完美，因此到处找标准，把别人当标准。标准可以应付一时，但情况一变，原来的标准就不管用了，他们又惶惶不安了，赶忙去找新的标准。就这样，他们成了标准的奴隶，也成了症状的猎物。从本质上看，症状反映的是一个人不能成为自己的痛苦与挣扎。

与此相对，是那些在经验里长大的孩子，他们长出了自我。

直面心理学有一个基本的观察和观点：一个人有了充分的经验，就会长出自我。当一个人长成了自己，他就不会成为病人。而直面取向的心理治疗有很明确的目标：帮助一个人从标准化的“真理”走向活生生的“经验”，从而充分发展出一个具有辨识力和决断力的自我来。

“怎么才能做到？”这是来访者常问的问题。

作为一种回答，我会讲起这个“勇敢＋用心”的模式，并且承诺，反复练习，就会长出自我。

不怕犯错误

首先讲“勇敢”的操作性定义：不怕犯错误。

人是在犯错误中长大的。有一个哲人说过：在犯错误的地方，我们收获了经验。不犯错误的人，是不存在的。太害怕犯错误、试图避免犯任何错误的人，成了不成长的人。

曾经有位来访者对我说：“我从小就不犯错误。”

我问：“你是怎么做到的呢？”

她告诉我：“父母让我怎么做，我就怎么做，这样就可以避免犯错误。”

我问：“这也不对啊，难道你的父母不会错吗？”

她说：“他们错了，是他们的错，可不是我的错。”

她这一说，我就明白了。原来，她这是在回避犯错误（以为可以不承担错误的后果）。一个人在回避犯错误中长大，结果是什么呢？因此，我问：那后来呢？

她说：“20 岁之前，我全部听父母的。20 岁之后，我谁的也不听了。”

这就是麻烦所在。我的疑问是：20岁之前，你什么都听别人的，你怎么发展主见呢？20岁之后，你什么都不听了，你怎么建立关系呢？没有主见，也没有关系，你怎么建立自我呢？有自我的人是基于真实的需求和情况做出选择，知道什么是可以听的，什么是不要听的，不必全部听，也不必全部不听。

我有一个发现（觉得很有趣，也很可惜）：在这个世界上，恰恰是一些聪明人会犯一个不聪明的错误，就是害怕犯错误，想避免犯任何错误。这些聪明人没有长出真正的自我，后来就扛着一个人格面具来应付人生，活得憋屈，却不自知。试问：有从不犯错的人吗？那是圣人，或是假人。有不犯错误的人生吗？那不过是对人生的逃避。如果想不犯错误，最好什么都不要做。如果什么都不做，岂不等于死了？我常听人感慨：死了算了。我便想到：死也成了一条逃路。

有一句俗话叫"不求有功，但求无过"。这话说给一个鲁莽的人，或许起到一点提醒的作用，但对于一个正在成长的人来说，这个俗语简直就是一把抹杀自我的暗刀。许多人本来可以有所作为（"有功"）的，却为了避免犯错误（"无过"）而不去尝试，就失掉了许多成长的机会。结果常常是，他们肯定不会"有功"，却也绝不会"无过"。"无过"的人是根本不存在的——或者已经死了，或者根本就没有出生。我的疑问是：不求有功，怎么可能有功？但求无过，真的会无过吗？在这"不求"与"但求"之间，人的动机就在暗中被消解掉了——不求有功，就不会去奋力，哪里会有功；但求无过，就不敢去尝试，此乃人生之大过！它压抑人的愿望，限制人的行动，让人在生活中优柔寡断，生命封闭，资源枯竭。

人生本是选择，选择总有风险。犯错误是不可避免的，不必强求自己永远不犯错误。当一个人试图回避犯任何错误，他其实在回避真实的人生。当一个人敢于冒犯错误的风险去尝试，去做出选择，他就在经历成长，他就在犯错误中学会了选择，就发展出了选择的能力，就成了成熟的人。

当然，勇敢是不怕犯错误，但不等于故意犯错误。我们也不傻，为什么要故意犯错误呢?

问自己两句话

“用心”的操作定义是:问自己两句话:我是怎么想的?我该怎么做?

这里也有一些要点。

首先,这里说的是“问自己”,而不是“问别人”。在生活的每一件事上、每一个关系上,都可以问自己:我是怎么想的?我该怎么做?当你这样做的时候,你就在自己的生命土地上播种,最后就从你的人生经验里长出一个自我,它还会越来越茁壮。

对,“用心”便是不断播种,最后从生活经验中培育出一个茁壮的自我来。

有这样一个女子,母亲在她很小的时候就去世了。许多年来,她一直都在找妈妈。在生活中,不管处理什么事情,不管跟什么人相处,她都不知道怎么办?她说:“我从来没有妈妈告诉我该怎么办?”于是,她把周围的人当成妈妈,只问别人,却不问自己。因此,她一直长不大。

为什么她总要问别人呢?本以为这样可以保证不犯错误,却恰恰在这里犯了一个大错——让自己失掉了一个又一个成长的机会。然而,问别人并不能真正保证自己不犯错误,只是为了让自己不去承担后果。结果,她又将付出一个代价:无法发展出责任的能力。生活中那些不停问别人“该怎么想”和“该怎么做”的人,在问的过程中渐渐失掉了自己。

从现在开始,你可以问自己:“我是怎么想的?”“我该怎么做?”——问着问着,你就有了自己的想法,就成了有主见的人,就不再那么在意别人的想法和做法,不再拿别人做标准和靠山,不再凡事看别人的眼色,不再担心别人的评价,不再人云亦云、亦步亦趋,不再做生活中的演员,一举一动总想引起别人的关注、得到别人的喝彩。从此,你安然做自己。

我的生活我做主。没有自我的人,就把自己交给了别人,让别人来决定自己的生活。有一个成语叫“筑舍道旁，三年不成”，它的背后有一个典故：一个人要在路边建一个房子，他问过往的行人对此有什么看法。有人说好，有人说不好。这个人问了三年，还是拿不定主意，做不出决定，房子最终建不起来。从其寓意来看，这“房子”是什么？便是我们的自我。这“三年”有多久？可能是我们整个一生。那些凡事总问别人的人，什么时候能够建立自我呢？

问自己，而不是问别人——这是一种强调，不是一个绝对。这话里暗含一个优先的问题，不是说只问自己，绝对不问别人。而是说，先问自己，多问自己。问多了，就会发展出一个自我。当有了自我，也可以坦然问别人的想法与做法，但不是为了让别人替自己做出决定，而是参考别人的想法和做法，帮助自己做出决定。

“别人”是谁？它的原型可能是我们的父母。父母生养我们，目的本是让我们成为自己。可在不经意之间，反而阻碍我们成为自己。意志太强大的父母会长期住进我们的头脑和内心，跟我们的自我混为一团，让我们无法做出决定。“父母”还会延伸、转化为我们生活环境中所有的人和任何一个人——统称为“别人”，让我们依赖，他们就借此掌控我们的生活。因此，在关乎生命成长上有一个重要的提醒：把“别人”放下来，让“自我”长起来。这个自我就是一个人确认了自己——他不受世界上各种因素的干扰，也不受别人的控制。

勇敢＋用心的人

有了自我的人，能与他人联结，又能自立；能“相处”（与人），又能“独处”（跟自己）。他们是勇敢的人，敢于尝试，不怕犯错，也会从错误中学习，让自己成长和成熟。用心的人，这心是智慧的根源，更是情感的渊源。用心的人，既深深扎根于生活，又高于现实，不受束缚。勇敢＋用心的人是真实的、自由的。因为真实，他们就能觉察，明白生命的本质；因为进入了本质，他们就得到了真正的自由。

人生不只是这一件事

——写给高考考生

神经症有一个特点：看见一件事，就看不到其他。为一件事而活，失掉这一件事，就死。有一个极端的高中生说：要么上北大清华，要么跳楼。当一个人走进一个多样化的世界，他有了这样一个发现：人生不只是这一件事。这时，疗愈就发生了！

我曾跟一位艺术家谈话，她讲了一个自己的故事：那是在一些年前，她报考一个著名的艺术学院。她佩服该艺术学院的一位教授，一心想跟他学习。她报考那位教授的研究生，但因两分之差落选。她找到这位教授，在他面前哭，哭了好久，哭得很伤心。那位教授陪着她，然后对她说了一句话："人生又不只是这一件事！"

即刻，她被这句话照亮了。从那以后，不管在生活中遇到怎样的艰难，感到多大的压力，她都会想起这句话——人生又不只是这一件事！

我时常接待陷入考试焦虑的学生，也会对他们说：人生又不只是这一件事。人生有重要的事，但重要的事不是唯一的事。高考给我们带来太大的压力，往往是因为我们夸大了它的重要性，甚至可能把它看成了人生唯一的一件事，等同于人生的全部，以为高考失败了，人生全完了。这时，我们可以告诉自己：人生又不只是这一件事！

高考很重要，但重要的不只是高考。人生每一个阶段都有重要的事要去做，高考是现阶段要去做的一件重要的事。到了后来的人生阶段，它的重要性就减弱了。比如对我而言，在30多年前，考上大学对我很重要，但当我的生命走到现在这个阶段，即使给我一个哈佛大学的博士学位也没有什么意义了。因此，人生有不同的事情，在不同阶段具有不同的重要性。

在不同的时代，高考的重要性也会有所不同。我当年考大学，是高考制度刚刚恢复，社会提供的机会不多，能读大学就太重要了。但到了现在这个时代，高考的重要性已不比从前了，因为人生选择的机会增多了，大学扩招了，读大学的机会变多了。即使不读大学，也有其他的发展机会。

还有一些时代因素也降低了高考的重要性。据相关研究，高考的重要性与家庭的社会资源相关。社会资源（社会地位、经济条件等）越缺乏的家庭，会把通过高考争取读名校看得越重要。但对于社会资源丰富的家庭来说，高考的重要性随之下降，因为这样的家庭有更多的选择，包括送孩子出国读书。而对于社会经济条件太差的家庭来说，孩子读大学反而成了一个难以承受的负担，这样的家庭也会从实际考虑，宁愿让孩子去读技校，学一门生存技术，而不去拼高考。

高考给人造成太大压力，也与个人心态相关，比如，寄托太高的期待，就会产生太多的焦虑。鉴此，这里有以下建议。

一、不期待超常发挥。超常发挥的情况是有的，但也是可遇而不可求的。因此，求超常发挥，不如求一个平常心：你平常的情况是怎样的，高考会大体反映这样的情况。一个人太追求发生奇迹，反而给自己造成压力。反过来说，在太大的压力下，超常发挥的概率会变得更低；持平常心，反而增强了这种可能性。

二、不害怕发挥失常。明白了第一条，处理好了第一条，第二条就不是问题了。一个人太追求发挥超常，就会很害怕发挥失常。再说也会有特别的情况，如某门课难度增大，没有考好不是因为自己发挥失常，这时就要坚持把下面一个环节做好，等待真相出现。

三、放下比较心。高考是自己要做的事，只管去做好自己的事。别人好不好，与你无关，你只能做好与自己相关的事。人生是自己要过的生活，没人可以代替，也不必模仿别人，与人竞争会耗损自然的动力。

四、一次做一件事。意思是说，做一件事，就把心放在这件事上，而不放在事情之外。不去预想失败了会有多少人嘲笑，成功了会有多少人羡慕。

五、尽力而为，接受结果。这是成熟的人生态度。有了这个态度，一个人就可以做好每一件事，同时又把做事的压力调至适当——适当的压力是动力，不适当的压力是阻力。

高考不是人生唯一的选择，更不等于人生的全部。它是重要的，我们就尽力去做好这一件事，又同时知道，它不是唯一重要的，因为人生又不只是这一件事。有了这样一种态度，我们既能投身，又能超越；可以充分去努力，又不会过度有压力。

欠 债

孩子出现了心理问题，父母皆很惊讶，都说：怎么突然之间好好的孩子变成了这样？我暗自说：世界上哪里有突然的事情？万事皆有因，只是我们不知道。孩子出了问题，父母以为突然，只是没有看到那问题背后的根源很深。我这里用“欠债”一说来提醒父母。

一般说欠债，是指借了钱没还。我这里说欠债，意思不一样，我说的是人生成长所欠的债。一个人不该做什么，却做了，给自己造成了不好的后果。或者，一个人本该做什么，却没有做，给自己留下了一连串的缺憾。这些我都称为欠债。

在成长过程中，本该长出来的东西，却被压抑了、延迟了，错过了时令，就欠下了成长的债。本该满足的生命需求，却被剥夺了；不该受的伤，却受了，且受得太多；本该拓展的经验，却受到限制，变得很薄弱；本该去进行冒险，却受到过度保护，造成勇气的缺失；本该去发展的能力，却因为被包办代替，以致发展不起来……这一切，都是我们欠的债。

欠债总是要还的。但后来，当我们要为欠债付出代价时，我们就不情愿，反复问：“为什么？”其实，我们的意思是：“凭什么？”我们拒不接受欠债，也不想还这个债。

是的，有些债是我们自己欠的，也有些债是别人——比如父母——加给我们的。可以理解的是，他们的前辈把债务加到他们身上，他们也欠下了债，又把自己的债加到我们身上。这叫原生家庭的承传。举例来说，他们曾经受伤，伤害没有疗愈，就不觉伤害了我们，而且以为这是对我们好！因为他们的缘故，我们欠下了成长的债。或者说，这债是他们欠下的，算在我们头上了。从这个角度来说，我们问“为什么”也是情有可原的。意思是，凭什么父母的债要儿女还？还有的成长债，是我们自己欠下的。这时我们问“为什么”或“凭什么”就说不过去了。

但不管你接受不接受，所有那些别人对我们不好和我们对自己不好的方面，都成了我们欠下的成长债。面对这些债务，我们开始拒不接受，就是不认账。后来，我们只得接受，却不想还债。有时候，我们想找人替我们还债。我们最直接去找的人，便是我们的父母。我们去跟他们闹，要把一切债务都归于他们，让他们来还。父母很无奈，但他们并不能替我们还债，即使他们愿意，他们所能做的也十分有限。说到底，这债还是要我们自己来还。

有时候，因为欠债太多，我们又性急，想找到一种特别的方式，能够一夜暴富，把所有的债一下子还掉。然而，在生命成长方面不存在一夜暴富的情况。成长的债必须通过成长来一笔一笔还清，而成长不是一下子发生的，也不能用成长之外的其他东西来抵债。所有那些跟生命成长割裂开来的条件化的价值都不能还债。例如，许多人追求财富、地位、学位、名声，以及各种各样的成功、真理、灵性等，却没有伴随成长，那一切不过是假币，不能还成长的债。

这些年来，我接待了许多来访者，他们一路过来欠了很多的成长的债，却指望发笔横财一下子还清债务。他们四处找灵丹妙药、神奇之方、大师点拨、求仙拜佛，移祖坟，改姓名，皈依某个宗教来应一时之急，皆属于病急乱求医、临时抱佛脚的行为。结果是，旧债未了，又添新债。真是情何以堪！

举例如一位强迫症患者，在她的强迫症的背后有大量被人强迫和自我强迫的经验，皆是她欠下的成长之债。其中给我最深的感受是，为了达到某一个单一的目标——她视之为一切——她对自己实在是太狠了。这些狠的方面包括：她压抑自己的愿望，不跟同学交往；为了节省时间，她课间憋尿，不上厕所；她强求自己百分之百投入，不能有任何分神；她喜欢一个男生，却装着冷漠……症状的反映便是一个人过去对自己太狠了。当然，从根源上来说，她是在一个被强迫的环境里“习得”了这样一种行为：对自己狠。

问题归为一点：欠了债，我们怎么办？

首先，我们得接受在生命成长上我们欠了债这个事实，不是一直问“为什么”，也不是指望别人来替我们还债。要知道，许多人债台高筑，问了十年“为什么”，一分钱没还，债务还在不断累积。

其次，确认还债的方式。具体来说，还成长之债，只有通过自我成长，别无他法。古语云，欲速则不达，便是充满智慧的提醒。成长是最慢的，但成长是最有效的还债方式。

其三，把心理咨询当成一个让自己成长的途径。

其四，做好长期还债的准备，制订具体的还债计划，整合自己的生命资源，一点点还清债务。

最后，无债一身轻，成长最快乐！

唤醒本能

人有三样东西用来回应世界：头脑、心、本能。头脑反映我们对世界的理解、思考。心表达我们对世界的感受、情感。本能代表我们内部最原始的生存、生殖的需求，也是生命最根本的资源库或根据地。当人出了问题，常常显示为人过度用脑，甚至只活在头脑里，很少用心和用情，跟自己的本能几乎失联了。

有一个高中生休学了，父母带她来咨询。这位高中生发展出严重的身心障碍：厌食症。我从头脑、心、本能这三个方面来考察她的成长经历和生命状态，发现了这样的情况：头脑里思虑很多，凡事求安全保障；心飘飞了，飞得很高，感受不到自己跟他人的关系；跟本能的连接细弱如丝，缺少活力。

因为内心里有很深的不安全感，头脑里有许多的顾虑，她一直很难融入同伴群体，常常落落寡合。她只用头脑跟人交往，而情感的部分阙如，自然走不到跟人的关系里去，也得不到满足，生活没有快乐可言。人有自然的本能，基于本能做出反应，也是一条出口，但她压抑自己的本能，跟人交往中受到误解或不公正对待，她不敢表现生气，只好把一切吞咽下去，还装出一副无所谓的样子。从象征的意义来说，她在人际关系里吞咽了多少自己不喜欢的东西啊，就像吞吃了太多难吃的食物一样，一定会感到很恶心。我常提醒，心理异常往往是一种转移，即把人生中具体的困难变成某种象征性的行为，即症状。对于这个高中生来说，她的思维单一，情感幼稚，跟人的关系干巴巴的，毫无趣味可言。我们几乎可以说，她的生活本身就像是一锅难以下咽的饭食。终于，书是读不下去了，她退学了。一年来，她待在家里，每天都在头脑里谋划一条超绝人类的路，想让自己走到很高的地方，不食人间烟火，避开尘世烦恼。症状显示的情形就是，人被卡在自己的头脑里，用头脑替代了自己的生活。

在情感上，她内心本来有强烈的需求，却不能跟人接通，因此依然不得满足。她也感受不到父母对她的爱，平日里反复向父母确认："你们爱我吗？"父母说爱，她感受不到，也就不大相信，就不断证实。她要求父亲回答这样一个难题："如果我和妈妈同时掉到水里，你先救谁？"她自己心里有答案：父亲爱母亲，当然会先救母亲。但想到这里她会很不舒服。但父亲对她说会先救女儿，她也不舒服，要么觉得爸爸说假话，要么觉得对不起妈妈。她在头脑里反复想这个问题，一定要找到一个完美无缺的答案。

她与本能的关系是怎样的呢？她的本能长期受到压抑，她跟本能的联结变得相当薄弱，越来越陌生了，以致在人类生存最基本的进食上都出现了困难，活下去的动机都变弱了。这是一个在心灵上没有长大的孩子，头脑里又充满了各样的担忧，在关系里无法接通，在现实中不敢尝试，她的人生就累积了越来越多的困难，而她又实在不想面对它们。这一切就变成了一种头脑、情感与本能层面的挣扎，凝聚为一种进食障碍。

她愿意来接受心理咨询，不是因为她意识到自己有这个需要（但在面谈过程中她开始慢慢意识到这一点），而是因为她想通过谈话了解心理学，将来成为一个最了不起的心理学家。因此，进入面谈室时，她其实有两个角色：一个是现实中需要得到治疗的求助者，一个是想象中会成为伟大心理学家的求知者，后者的意愿强于前者。她无法接受自己有困难，她的头脑充满了臆想，坚决要走一条可以超越一切困难之上的路。也可以说，她的眼睛是回避困难的，以为看不到困难，就是没有困难。她不能忠实于自己的感情、感受，渐渐脱离了自己的本心。或者说，她把心保护起来，周围架起防御，让自己的心感受不到痛苦。这样一来，她就跟自己的心隔开了。长期以来，她把自己自然的欲求封存起来了，听不到来自天性的声音，也失掉了生命本源的支持。当一个人没有了心，没有了本能，只剩下头脑，她就只剩下一条路：走向症状。

在当事人身上为什么会造成这种脑、心、欲割裂的情况呢？就如同我接待的许多求助者的情形一样，原因大多在家庭养育和学校教育。大致说来，这个高中生在成长过程中，跟父亲的关系很疏远，跟母亲的关系又太接近，甚至是过度卷入的关系。太远，造成了疏离，让她在关系上感到不确定、不安全、不信任。太近，又会在她身上形成依赖，难以发展出必要的自主能力。当事人的母亲太强势，对孩子过多限制，同时对孩子大包大揽、过度保护。在情感表达上，母亲只在乎自己的感受，忽略孩子的感受，这在情感和情绪上给孩子造成了阻碍，使孩子一直不能体察和表达感受。她的父亲是一个教师，常常跟她说道理，也给她造成了情绪上的压抑和认知上的偏差。在学校接受的教育，只是大量知识的灌输，更使她形成一种根深蒂固的倾向：知识可以解决一切。因此，长期以来，当她在生活上遇到困难，她一直像一个做作业的学生那样在寻找某一个标准答案。

我们主张教育是生命全面发展，而不是追求某个单一的目标。因此，为了纠正这种偏差，我一直强调：不是成绩，而是成长；不是成功，而是成人。成绩是单一的，成长是全面的，它包括头脑（知识，理性）的成长，但不局限于此。成功是在生活某个方面一枝独秀，成人是生命的全面蓬勃。生命成长需要得到全面的关顾，不是强调和强求一点，而忽略甚至损害其余。在直面心理学看来，人性健康的状态是光影交错，生命发展的景象是错落有致。但这许多年来，我接待了一些在头脑上单向发展的人，他们的思维过于黑白分明，心灵太单纯，生命的各个部分严重失衡，甚至跟自己的本心和本能都失联了。当他们出现了情绪困扰或心理障碍时，他们也是绞尽脑汁去寻找某一个标准答案，结果让自己陷入一场头脑里的挣扎。佩尔斯把这称为“头脑的游戏”（mind game）。而这位高中生目前正沉迷于头脑的游戏，却不知道这游戏很残酷，它的名字叫症状。

直面取向的心理治疗，从根本上来说，就是帮助人协调使用他的头脑、心、本能。这三样，任何一样都轻忽不得。如果这三个部分分裂了、隔绝了，有的部分被过度使用，有的部分又受到压抑，被搁置不用，就会出现心理障碍。好的心理咨询就是帮助人把这三个部分重新联通，让生命的能量充分表现出来，才会长成健全的自我。健全的自我是什么？就是人在头脑、心、本能方面协同发展，生命因而变得蓬勃。

追逐一个伪命题

直面心理学认为，一个人把大量的时间与精力耗费在追逐一个伪命题上面，追逐久了，深了，就围绕这个伪命题形成了症状。

症状的本质就是，因为追逐一个伪命题而回避了人生真命题，本来是追逐一个伪意义，还以为自己是在追求真意义。

这种不辨真伪伴随着幼稚的认真，是心理咨询中的常见现象。

我在这里举一个例子：有这样一个年轻的女性，她自身条件挺好，人长得挺好，智能也好，受过大学教育。但这些年来，她一直在思考一个问题：我是不是同性恋？

这里我要问：这是一个需要思考的问题吗？以及，这是一个值得思考的问题吗？

但她认为这很重要。如果不把这个问题弄明白，她将无法生活下去了，甚至无法为人了。于是，她把生活中许多事务都搁置下来，或者没有办法时就应付一下，为自己腾出大量时间来专门思考这个问题。

这个问题最早出现，是她在高中读书时期。有一天一个同学用很神秘的神情对她说："你知道吗，某某是同性恋。"她相当吃惊。也就是从那一刻开始，这粒种子就播在她心里了："我会不会是同性恋？"接下来，她的生活就成了对这个问题的无穷尽的探究，当然这个过程伴随着痛苦，却欲罢不能，就如同她被这个问题劫持了一样。对学习、工作、人际交往，她皆无所用心，她的心只用在一个地方——我是不是同性恋？

为了弄清楚这个问题，她的探索是艰苦卓绝的。

只要有空闲，她都会到网上去了解同性恋，把所有细微的信息皆搜集过来，在自己身上一一加以体验。一方面，她似乎是在努力排除自己是同性恋的迹象；另一方面，又时而要在自己身上证实有这些迹象。她陷入了两种互相矛盾的意向之中：渴望自己是同性恋，又害怕自己是同性恋。于是这渴望与害怕就混为一团，时而互相冲突，时而难分彼此，而这又激发了无穷无尽的动力，激励着她持续不断地探索与追求。

伴随着她孜孜以求的探索，生活中许多真正需要她关注与发展的方面都被耽搁下来了。其中一个突出的方面是，从高中到大学，再到毕业之后工作数年之久，她一直未谈恋爱。虽然她渴望恋爱，但又害怕谈恋爱。她的解释是：我还没弄明白自己是不是同性恋，怎么可能去恋爱呢？这不会害了别人吗？听起来这理由如此充分，还有道德上的顾虑，于是她相信了，就继续探索下去。生活中其他人并不知道这背后的隐秘，而直面医者知道了，便惊叹：看一个人在怎样糊弄自己啊！

除了恋爱被搁置，她在生活中也很少与人交往。为了专心思考这个问题，她回避与人交往。她对自己说的理由是：如果别人看出我是同性恋怎么办？那会多尴尬啊！她当然有自己的理由，虽然她不会说出来。

出于同样的理由，她的工作也成了一种应付差事。她不喜欢这个工作，但不敢去尝试新的可能性。她特别想到大城市去寻找机会，但为了安全的缘故，她还是选择留在这个小城市，忍受着她自己并不认同的文化环境，又暗自羡慕那些在大城市打拼的同学。为此，她自己又私下给自己做了解释：我都没有解决“我到底是不是同性恋”这个问题，怎么出去闯？

于是，一切又回到了那个问题：我是不是同性恋？这成了她生活的核心命题，却不知道这只是一个伪命题。

一直捕风捉影下去，直到把自己的一生都变成捕风捉影。

为什么一个人会选择一个伪命题，并对之进行着捕风捉影般的无尽追求呢？

伪命题的答案是没有的，这就意味着她会一直捕风捉影下去，直到把自己的一生都变成捕风捉影。甚至可以设想，这位当事人临死都还在问这个问题：我会不会是同性恋？这真是：春蚕到死丝方尽，蜡炬成灰泪始干！

然而，对于追逐伪命题的人来说，她也确实在苦苦挣扎，但她的人生留下的却是一片荒芜。每天，生活都真切地呈现它的各种活生生的命题，可为什么一个人会从某个夹缝里找到某一个伪命题把自己套进去了呢？而且越套越深，最后自己就像钻进了一个暗道，从丰富多彩的生活场中独自逃离了，身后留下的是太多“未竟之事”（佩尔斯语），包括那些未了结的心愿，未实现的需求，未建立的关系……对于当事人来说，这一切的“未”就成了她内心的空缺，她的心越来越空，对自己、对生活越来越没有把握，最后就只剩下一个伪命题：“我是不是同性恋？”而她抓住这个伪命题不放，恰恰是为了回避生活中各种真命题。这背后或许有她的一个想当然在暗中起作用：她以为解决了这个“我是不是同性恋”的问题，生活中所有的问题都会迎刃而解了，一解而百解了。这样一看，那些一直追求某个伪命题的人暗暗都有这种魔幻思维，把某个伪命题当成了一种生活魔术，以为解决了它，其他一切人生难题都会在灵光一现中解开了。因此之故，我也把这个伪命题（或基于它发展出来的症状）当成一种象征、一面镜子，它所暴露出来的一个真相是：当事人太单薄了，而生活要丰富与复杂得多；当事人太幼弱了，而生活的话题却要求一个人成熟而坚决，她还达不到。

其实，我们每个人都会面对一种“达不到”的情况，也正因此之故，人需要成长，也可以成长，从而达到。而当事人却在半途找到了一个伪命题把自己从成长的路上绕开了。

她一直在回避成长。

那么，她将接受怎样的治疗从而让自己成长呢？便是走一条直面的路，以真实与勇气去承接生活中的各种真命题，之后放下这个伪命题。

直面本身就是一条去伪存真的路，她得预备好自己。

强迫症的根源与教育

强迫症总与被强迫的经验有关，一个人在成长的过程中，他生命中自然的需求被压抑了，就会在内部形成一种被压抑的力量。这力量积累到一定的程度，就会找到一个异常的出口释放出来，这个出口便是强迫症。

压制和强迫从何而来？来自家庭环境，来自学校教育，这是两个最主要的根源。

最近我接待了一位来访者，他是在高中时期出现了强迫症，主要表现为对睡眠的害怕与强求。

他的父母不理解他，责怪他不好好读书。实在没有办法，又送他去医院，从此开始吃药。他本来成绩在班上是中上，考试却最差，最后考了一个大专。读大专也不愉快，受到症状的限制。毕业以后，工作没有着落，本来他最想远离父母，却无奈回到老家，找到一个做教师的工作，一边工作，一边吃药，想想自己的生活，觉得相当不堪。后来，又在父母催逼之下，胡乱将就找了一个对象结婚，当时心里还安慰自己，不行便离婚。但婚后有了孩子，想离婚也离不掉了。本来夫妻关系不好，又与妻子在孩子养育方面有诸多冲突。妻子溺爱孩子，喂饭到六岁。现在孩子已经十岁了，一直跟妻子睡，不肯单独睡。妻子脾气不好，一边溺爱孩子，又常常责骂孩子，让他也无奈。他平常坐在那里读书，妻子嘲笑他读书无用，但妻子又强迫孩子学习。从小到大，他本来就跟自己的父母没有交流，工作也不满意，娶妻生子，跟妻子关系不睦，对儿子成长也担心。加上症状的原因，他也很少跟人交往。生活有许多愁苦，却很少有欢愉。他的整个生活都出了问题，以致他巴不得自己一下就到八十岁，然后很快死掉算了，也可省却这几十年要去经历的生活。一般人觉得人生太短，他觉得人生好漫长。如果人生有一个快进键，他宁愿一下子快进到生命的终结。

说起来，他从16岁开始得强迫症，到现在已经37岁，20年都过去了，其中充满了压制、局限、痛苦、挣扎、无奈。如果生活就是这样下去，何必要再活几十年呢？他真巴不得一下子到80岁，然后结束，生无所恋，死不足惧。

说到这里，我便要提到直面心理学对症状的理解：一个人没有生活，就有症状，一个人不能活出自己，就活成病人。因此，在直面取向的治疗里，我们不是只看症状的表现，而是看症状的背后。从当事人这里我们看到，他的整个生活都病了。

大体说来有这些方面：

一、他出生在一个乡村，却不是在一个自然的文化中长大，他的家庭文化是封闭的、单一的、充满冲突的、强求的、责怪的。据他讲述，他的父母一直吵架，为人孤僻，从来不与人来往。

二、再追溯一下他的原生家庭，从曾祖父母到祖父母，从外曾祖父母到外祖父母，再到父母，一起构成了一个孤僻封闭的家庭文化系统。

三、他从小到大一直被强求学习，没有来自家庭的情感支持。他也很少与同伴交往，也缺乏人际交往的经验和乐趣。在同学眼中他一直是一个怪人。

四、在现实中他也没有得到关系上的满足：跟妻子、跟父母的关系一直有阻碍。他爱孩子，但对孩子的成长又充满担忧。虽然他不喜欢自己的原生家庭文化，但又觉得妻子的家庭文化相当庸俗，一味看钱，还看不起人。

五、他的职业状况是怎样的呢？他成了一名教师，觉得自己像监工一样在强迫孩子学习。有的学生到县城读书去了，剩下的这些学生大多来自有问题的家庭：要么父母离异，把孩子交给爷爷奶奶；要么父母出去打工，孩子无家可归，也没人管；要么父母天天争吵，孩子在惊惧中生活；要么家人有病——心理的、人格的、精神的、身体的病——家境赤贫如洗，但把孩子当成唯一的指望……然而，这位教师心里再清楚不过了，他们其实没有什么指望，大多孩子在初中毕业后就出去打工了。

我回顾20年来做心理咨询的经验，发现强迫症基本上是高中时期爆发出来的，但在之前是一个暗中累积的过程。也有一些人从初中时期就出现了症状，总有更早的家庭养育的根源……这一切构成了大量被强求的经验。当我回想这一切，就有一个个形象鲜明地呈现在我脑海中，他们各自携带着自己的症状：怕易拉罐（诱发原因是正学习时楼上有个易拉罐从窗口滚落下来，从此一学习就害怕易拉罐），怕广播喇叭突然播放音乐（与前例类似），怕天上有陨石落下来把自己砸死（源自学习压力太大，家人期望太高，自己承受不了，陷入想死又害怕死的潜意识冲突），还有视线接触恐惧，害怕女鬼，怕睡不着觉精力不集中，不能全身心投入，因此无法忍受环境中的任何一点响动，怕鞋子发出声音，怕头脑里出现邪恶的念头，怕性，总觉得座位不对……许多父母和老师听了以为这很可笑，也认为讲一通道理就可以解决了，却不知道这是一群相当敏感、聪明，却陷入极深的痛苦的孩子，他们为此甚至会挣扎10年、20年之久，也找不到出路，即如前文讲到的这位来访者。

我们的谈话结束了，最后慢慢发现了一些有些希望的东西：

一、被强迫症折磨20年后，这个教师的视野打开一些了，对自己的情绪也有所接受了，那曾经被压抑在内部的力量得到了相当程度的释放，现在已成强弩之末。

二、他开始有意识拓展自己的生活，如在职业上，他正在考注册会计师，想摆脱这个违背他心意的工作环境，以免造成继续的压抑，累积更多不适当的能量。

三、在夫妻关系上，他们之间也在慢慢经历磨合。他也开始用好的方式影响孩子成长，更多陪伴孩子。

四、他在慢慢减药，想最终戒断药物，同时尽量让自己的人生变得丰富、全面一些，这样“病”就会失掉它的控制力。因为他愿意相信，当人有了丰盛的生活，他就没有了病。当人充分活出了自己，他就不再是病人。他说，总还是有希望的。

种子会说话

在这个世界上有一种助人的方式叫心理咨询，我把这个工作的方式和效果形容为：种一颗种子。

下面举的例子只是其中之一。

一天，有一个青年来访。面谈时他对我说，他曾经来跟我谈过话，那是七年前。但我不记得他。

随着谈话的进行，我的记忆里浮现出他来——是的，我记得他，而且十分清晰。现在所谓“记不得他”，只是相貌之谓也。七年前他来访时，他是一个高中生。七年后，他再度来访，这时他已经大学毕业，工作几年了。面对他，我甚至能够回忆起过去的许多细节。

七年前，他来跟我谈过三次话。当时他在高中读书，压力太大，以致发展出一种心理上的障碍，具体来说叫视线接触恐惧。他把“症状”描述得十分细致，涉及视线的角度之类。受到这个“症状”的控制，他十分痛苦，欲罢不能，觉得一切都完了。他感到极度恐惧，一度打算自杀，还认真考虑过自杀的方式。他告诉我，想跳河自杀。我至今记得跟他做了一场自杀干预性质的情境对话（此不细说）。他来自一个赤贫的家庭，父母皆是残疾人。全家人的希望都寄托在他一个人身上，这也是他的症状的根源之一。记得当时我为他做了三场免费谈话。时至今日，他竟然也记得与我谈话的一些具体内容，包括我使用“天龙八部”中的“北冥神功”来帮助他理解所谓“症状”，使他从几欲自杀的境况中解脱。

七年后的来访，他告诉我，他在现实中遇到了一种新的问题。相比之下，七年之前的那个问题只是一片树叶，而现在这个问题却是一座大山。这便是人性中的一个普遍现象，一般称为：好了伤疤忘了痛。在经历之时，问题便是一座大山；经历之后，问题成了一片树叶。现在，这位来访者正在经历某个问题，就如同置身于一座大山的重压之下，他找不到一条出路。他称自己又一次面临了生死关头。

我的工作不是替来访者取消问题，也不完全是帮助他解决问题，而是和他一起探索，了解问题的根源，发现自身的资源与环境中的条件，直面自己和现实，在现有条件下尽力而为，通过解决难题，走出困境，让自己长大，其中包括做出选择的能力与承担后果的勇气。这些话听起来是一通道理，却是对我跟来访者的工作过程所做的一个总结，其中有许多具体的部分。但这不是我真正要去叙述的。

我真正要谈的还是那个关于种子的比喻。七年前，作为一个陷入困境的高中生，他被家人带来寻求专业的帮助。虽然仅仅三次面谈，也给了他一种推动，让他走出一时的困境，并在此后的人生路上走了一程。七年之后，现实又出现了一个新的难题，再一次把他逼到了生死关头。很有意思的是，他竟然想到了我，自己前来寻求帮助。原来，这是七年前种下的一颗种子在跟他说话。七年前，他来寻求心理咨询，度过了一场个人危机，但他没有真正长大。七年后，一场新的危机又出现了，他再次来寻求心理咨询，也只是想找到一种方法度过这场危机。显然，症状之所以发生，根源还在于他没有真正长大。从直面心理学的角度来看，“症状”本来就是从一个人生命中没有长大的部分长出来的。我要告诉他：心理咨询不只是帮一个人暂时度过危机，更重要的是帮助一个人真正长大。当你真正长大了，心理咨询对你便不再必要了。如果只是问题解决了，而你这个人没有长大，七年后你只好再来，那时你还会说：七年前，问题是一片树叶，七年后，问题是一座大山。或许，你会真的被大山压垮。对于没有长大的人来说，问题永远都是大山。人长大了，不是没有问题了，而是对问题有一种“一览众山小”的体验。

这，是我给来访者种下的另一颗种子，希望这种子还会在他的内心里说话。

为念头打抱不平

一位来访者经历疗愈之后，有了新的领悟。她回想自己曾经抓住某个念头不放，就觉得委屈了它。现在她深深体谅它，并为它鸣不平。首先她把自己当成念头，用第一人称为之做了辩解：

我不过是一个普通的念头，不幸被你选中，盯着不放，抓住不丢。

我怎么就这么倒霉呢？你抓住我，说是我让你如此倒霉。

你把一切都归到我身上，说一切都是我造成的，让我负全责。

我一个小小念头，跟那么多人打过交道，都没有事，怎么就撞到了你的手里啊！从此就成了罪魁祸首。

我有那么大本事吗？我有那么坏吗？

接着，她又转而挑战自己——以第二人称（你）把自己对象化：

连续几年来，你一直说：我头脑里不该出现这个念头。

那么，这个念头要出现在谁的头脑里呢？

谁规定你的头脑里不可以出现这个念头呢？

你怎么确定只有你的头脑里有这种念头呢？

你扒开了所有人的头脑检查过了都没有这种念头吗？

跟你说明白吧，不是念头本身，而是人本身。

不是头脑里出现了一个什么念头让你从此倒霉了……而是你自己要对此负责。

这个或那个念头，总会在你的头脑里出现，或早或晚。

它在你头脑中有，在别人头脑中也有。

最关键的是，你选中了这个念头。

说起来，这个念头也算倒霉——被你选中了。从此你一直抓住它不放，要它为你的一切负责。

它不过是你头脑里的一个念头，它怎么就能控制你的一切？

难道它等于你？难道你的全部就是一个念头？

如果你就是念头，你又何必责怪念头？你责怪你自己得了。

无法放下的光环

一个人在生命早年充满了光环，这是幸运，也可能是不幸。

这光环是这样形成的：长得好看，惹人爱怜；聪明伶俐，讨人喜欢；乖巧懂事，受人赞扬；成绩很好，令人羡慕。所到之处，如同明星一样受到欢迎。是父母的宠儿，是老师的骄傲……这个孩子内心有一种优越于所有人的“特别感”，这便是他生命的光环。

随着他长大，麻烦便来了：他要永葆自己的光环。为了让自己一直成为所有人关注的中心，他追求在所有方面都好，而不去发展自身独特的方面，更不会坚持自己的独特性。或者相反，他会发展某一个单一的方面，好让自己一枝独秀，引人注目，而忽略生命多方面的成长。他只是要讨所有人喜欢，而不去管自己真正的需求是什么，而且他并不真正喜欢自己。与此同时，他会陷入一种深深的恐惧与苦闷——因为追求完美，他害怕自身有任何一点不好；又因为想让所有人喜欢，他害怕任何一个人不喜欢。他真是太累了——表面上是欢笑，内心里却很压抑。他的麻烦的根源就在于，他无法放下早年生活经验里形成的光环。当周围的同伴已经开始全面成长的进程，他还沉浸于维护早年的光环。他如此迷恋自幼形成的那种“特别感”，坚决不肯接受自身有“普通性”。他试图永远活在给他带来“特别感”的光环之中，不愿承受一般孩子要受的苦，也不肯接受任何普通人需要遵守的规则。他要在所有方面都必须是特别的。他其实是想成为神。

我引用了一句纪伯伦的话：“创造众人的泥土，也是创造我的泥土。”但他内心里真正想的是，如果他是创造的，他一定是特别的泥土创造的，甚至不是泥土，是最闪光的材料创造的。甚至，他就是上帝，创造了他自己。

心理咨询是一种等待。我一直都在等待，当他真正领悟了纪伯伦说的这句话，他开始决定在地上长，而不是一直在天上飞。

人之卓越，也是从生命的普通大地上长出来的。

我们都想逃离

——读鲁敏小说《奔月》

鲁敏的小说《奔月》，呈现的是一个可能关乎人性与世界的基本话题：逃离！

逃离可能是人性与世界最初接触时就有的反应，隐藏在婴儿出生的啼哭里。随着人渐渐长大，这声音慢慢被文化安抚和消解，潜抑到深处，以致我们有时候都觉察不到它，但它却存在，一直都存在，随时会冒出来。逃避简直成了我们内心的渴望，它似乎永远都无法以完全彻底的方式实现，除非它选择了一种极端的形式：死。但在生与死之间，逃离成了人生存的一个部分，以各种不同的形式进行，在不同的程度上进行着，简直是不屈不挠。我生于世，文化所赋予人的影响，大概可以归结为求安稳。但求得了生活的安稳，我们的心却一直不安。我们不能在这个世界上安心，我们随时都想逃离，我们随时都在劝服自己安住。

我本是做心理学的，而我的心理学取向是直面的，叫直面心理学。读了鲁敏的《奔月》，我却受到触动，要谈一谈逃离，甚至觉得有许多话可说。或许我之所说，算是一个心理学的角度，或者干脆是一个直面的、存在的角度。存在哲学、文学、心理学关注的是人生最基本的话题，如联结与疏离，孤独与自由，死亡与意义，选择与焦虑，也包括对荒诞、无意义的体验与反思。鲁敏把存在式的关注放在最普通的人物以及最琐细的生活处境之中，对之进行一种相当具有现象学意义的描述，即让事物呈现它本来的样子，而在这种自然的呈现中，我们看到了“人”及其生存处境与心境，生活的本质就这样被揭示出来：人与自身的本真疏离了，活在一种几乎被剥离了存在意义的生存空间里，逃离或失踪成了一种无助的、无奈的出路，但同时也似乎是一种有意识的、选择性的反抗。

我倡导直面心理学，但我并不谴责逃避，反而对逃避充满了体谅，这其中也包括对我自己的体谅——我尽力直面，但我随时都想逃离，我知道不能一直逃离下去，但又得永远拥有逃离的可能性。或许，这是我为自己保留的一个最可怜的权利：我做不到，难道我想都不可以！

如果我们对人及其生存处境有起码的体谅，我们便会十分理解人的逃离。世界太不确定了，人生有太多的苦情。来到这个世界本来就不一定是（我不说一定不是）我们的意愿，没有人问我们要不要来，有一天我们发现我们来了，那时已经无法回头。许多人还会发现，世界给我们的不够，剥夺我们的却很多。面对一个强大、坚硬、复杂、模糊、不容分说、苦难丛生的世界，我们无时无处不在感受到自己的弱小、无奈、无助、惶惑不安、惊慌失措……我们总想逃离。有时候，我们会陷入这样一种状态：向左没有出路，向右没有出路，向上没有出路，向下没有出路，最后只剩下一条路，便是逃路。其实我们无处可逃，但我们总得找到一种方式逃离。这逃离本身也是一种无奈的抗议。

读鲁敏的《奔月》，让我想到罗洛梅《人对自我的寻求》，其中讲到一个在纽约发生的真实事件：一个公交司机每天按着固定的路线开车，日复一日，年复一年。有一天这个公交车司机突然失踪了，连同他开的公交车一道失踪了：他选择了一条新的路线，把车开到一个随意可到的地方去了。让人意想不到的是，当他被警察抓回来的时候，他竟然受到纽约市民的欢迎，就像迎接英雄凯旋一般！他做的这件事具有典型的意义，代表着生活在常规中的人们内心的意愿——只是人们想做而不敢做，他做了，他就是一个存在意义上的英雄，他选择了一种方式：从常规的生活中逃离。

逃离正是鲁敏小说《奔月》所揭示的一个主题。想想那个美丽的神话吧——人们在地球上，望着天空一轮明月，都有想逃离这个世界、奔向月亮的心愿。它如此诱人，因为它反映的正是每个人内心里逃离的愿望。相比于这个美丽的神话，科学是多么的无聊、无趣、冷漠，毫不顾惜我们内心那一丁点儿的渴望。科学告诉我们：没有嫦娥，没有吴刚，没有桂树，月亮实际上不过是……Stop it！我不想听！

我们如此迷恋嫦娥奔月，这便是我们对鲁敏的《奔月》心有呼应的原因。这便是文学的意义：它让我们这些生活在常规俗套中的人们可以体验一种解脱与自由。在现实之中，我们这些俗人做不到，但在神话中，嫦娥做到了，在《奔月》这部小说中，小六做到了。而且，不管是嫦娥，还是小六，都是像我们一样的普通人，与我们的生活有相同的情状。只有当我们在充满挤压、令人窒息的生活中获得一点儿自由，有了一个喘息之机，生活才可以继续下去——哪怕这自由是以一种精神的、想象的样式发生：我们与嫦娥一同奔月，我们与小六一起逃离，去体验另一种生活，去尝试活另一个自己，哪怕这是一个偶然、一次冒险，甚至一次换汤不换药的经验重复，甚至是一场失败——最终我们还得回来，回到我们的现实中来，情况可能会稍好一点，至少我们可以再承受它一阵子，并且期待可能还有一次逃离。

这也是心理症状的意义。其实，心理症状本身也是一种逃离，它对人充满了诱惑。现实境遇越惨，症状的诱惑越大。因为在它里面包含了一种逃离的暗示，解脱的劝诱。这暗示和劝诱会遭遇意识的抵抗，文化的驱散，但它会转而诉诸潜意识，暗中与潜意识联络，双方达成共识，密谋再三，形成同盟，直到完成一场症状的制造。原来，心理症状是一场由现实苦情与潜意识共同完成的一场逃离。这逃离既让人理解，又让人悲惜：在现实中，我们被常规俗套卡困住了，左没有出路，右没有出路，只好为自己寻求一条出路：逃离。因此症状其实是一条逃离之路。那么，心理治疗的意义是什么呢？便是基于对人及其处境的深深理解与悲惜之后而生出的一种允许：允许小六逃离，也等待小六归来，并且相信小六会归来。

这里有一个悖论：在这个世界上有那么一些人，他们最想成为自己，却走上一条逃离之路。接下来的情况是——或许他们在逃离中失掉自己，或许他们在逃离中找回自己。关键在于觉察。因此，这似乎也是一个悖论：在一条遵循常规而行的路上，我们已经不能觉察，也不会成为自己，只会成为不断被文化异化的人。我们得走一条异乎寻常的路，一条在别人眼中看为疯癫的路，也是一条逃离的路，以便让自己获得觉察，最终成为自己。成为自己的一个特征：我选择。包括我选择逃离。这逃离如果只是出于无奈，逃而忘归，便成了症状。这逃离是我的选择，至少我后来意识到这是我的选择，便成了一条创造的路。即使我们别无选择，我们意识到这种别无选择，就已经达到了存在。

我们在现实中会陷入一种无法选择的境况，但我们可以在心灵上、精神上有选择的意向性，这也会帮助我们获得解脱与自由。因此，哪怕是选择一种精神意义上的逃离，也是可以的。举例来说，歌德一度陷入精神上的困境，这困境可能导致他在现实中的自杀。但他选择了创作，在他的作品中，少年维特承担了或分担了他的苦厄，完成了一次决绝性的逃离——自杀，这帮助歌德在现实中实现了一次解脱与回归。这也如同在《奔月》中，小六经历了一次车祸，完成了一次逃离，而我们这些读者（我不知道作者是怎样的）在心灵的意义上跟她一起经历一场灾难和逃离，并且也在后来与她一同回归。我每天的生活是与我的来访者一同逃离，也伴随他们一起回归。

你的沙盘，你的生活

——参加张国宪沙盘工作坊的零星感受

张国宪在直面心理研究所举办一场沙盘工作坊，我腾出两天时间未接面谈，参加他的工作坊，其间颇有一些感触，这里拉杂说来。

首先我想到，游戏是人的天性，沙盘便是一种游戏，人称沙盘游戏，简称沙游。沙游包括两个部分，一个人在沙盘里玩游戏，另一个人（在工作坊中是一群人）在一旁观看他做游戏，这也是一种对游戏的参与。做游戏的人从游戏中获得了乐趣，又因为有人观看他做游戏，更加获得了一种被关注的满足。人生在世，我们活着，有人在乎我们活着，这便是一种幸福。如果我们做什么、表达什么，没有人在乎，甚至是我们生、我们死，也无人在意，仅这一点便抽空了我们存在的意义，让我们感到孤独与虚空。

几十年前我一个朋友讲的一个生活小细节，至今保留在我的记忆里：他在南京读书，假期坐火车回北京。长途无趣，他坐在座位上独自玩一个游戏打发时间。他玩游戏的时候，旁边有人一直在看他玩，他知道有人观看，装着不知道，但玩得却更带劲了，很享受那种被人关注的感觉。原来这是人性的一个需求。可见，做沙游本身就有乐趣，还有被人关注的意义。沙盘治疗师就是为人提供游戏的人，也是关注别人游戏的人。在他的关注里便有疗愈的力量，这疗愈就在被关注的人身上发生。从最简单的意义来说，一个人得到被关注的满足，也会学习去关注别人，就像一个人因为被人爱而学会爱人一样。

所谓“障碍”或“症状”，不过是一面镜子，反映的是人只关注自己，却不关注别人，生活成了一个孤岛，与他人无法接通，成了一个孤立的人。这时，他产生了一种矛盾的心态：渴望被所有人关注，又害怕被任何人关注。孤立的人也同时是以自我为中心的，他的自我呈现不出来，又容不得别人自然呈现自己，得到他人关注。他看到这种情形，常常陷入一种自怜、生闷气的状态，更是让自己游离于周围人与事之外。而沙盘就成了一种游戏，让一个人在受到适当关注的情境中也有适当的自我关注，从而卸下一些心理负担（如内疚等），经历一个自我探索与自我呈现的过程，在一种被陪伴的玩耍中不觉投身其中，让心灵选择不同的沙具，构成一种象征的语言来表达自己，不觉有疏通与修复在暗中发生。

沙盘提供的是一种艺术的疗愈。做沙盘也是一个意义采撷的过程，随时随地都在进行着一种创造，而这种创造里包括寻找意义、发现意义、选择意义、赋予意义。比如，在沙盘完成之后，沙盘师让做沙盘者为自己所做的沙盘起一个名字，这本身就是一个赋予意义的方式。通过给沙盘起名，一个人是在看自己的整个人生，在寻找一种全面的、根本的、独特的个人意义。再比如，沙盘师会问：在这个沙盘里，哪个部分或哪个沙具是你自己？这又在启发一个人去探索与了解自己，确认自我的角色，与环境中他者的关系，各种关系中的边界与自己所处的位置等。沙盘师也会邀请做沙盘者对整个做沙盘过程做一个个人陈述，这时，做沙盘者所描述的原来是自己生命成长的历史，有许多经验与感受会从潜意识呈现到意识的层面，曾经毫不在意的成了刚刚发现的，模糊的变为清晰的，散乱的成为被整合的……

正如布莱克所说："一沙一世界，一花一天堂。"沙盘是一个世界，包括外在的世界、内心的世界、人际的世界，而沙具是世界的因素与象征，而一个人摆沙盘时，他就在跟随自己心灵的意向去呈现、构建、创造自己的生活。他所创作出来的沙盘世界，既是他的生活现实，又是他的情感、经验、意愿、精神向往、价值观、过去与未来、潜意识与意识，以及他对生活的基本理解与生命态度。是的，他在探索与理解自己的人生，也在不断重构自己的人生，一位沙盘师成了他人生旅程的一个陪伴者。

告 别

告别是人生最难的事，是人生最难学习的一门功课。头脑什么都明白，情感上就是不忍。

我前不久接待一位来访者，她对我说："我所有的悲伤都是伤别离。"是的，我们不想告别，却只能告别，便产生了告别的悲伤。人生悲伤，从本质上说，是告别的悲伤。

人生有太多的丧失，但我们的心不甘发生任何丧失。有物质上的丧失，有事业上的丧失，有人生发展上的丧失，关于财产，关于成绩、工作、职位、机会，也有关于亲人的丧失，以及最终，我们每个人也将面临自己的丧失。生活就成了一场场告别，最后跟一切告别。甚至根本来不及告别便已别去，情感上，心理上，有那么多牵扯与不忍，就是割舍不下。这便是伤别离。不忍别离，不甘别离，不要别离，就有许多的挣扎与痛苦，皆是别离之难，皆是告别之悲伤。

人生大概包括获得与丧失、联结与分离。大大小小，各种各类，因得到而喜欢，因失掉而伤心，因联结而满足，因分离而失神。所幸的是，告别虽有痛苦，却有希望在前，所谓旧的不去，新的不来。不想告别过去，便无法开启未来。因此人类也为告别庆贺，辞旧迎新。

出生是我们与母体的告别，难免一场苦痛与挣扎，不情愿又没办法，这简直是一场绝望的告别。而它只是首场。我们生下来，有人为我们庆生，有一种叫做人生的东西在前面等待。只有出生，才有人生。我们对未来并不知道，我们愿意接受有一种东西叫希望来劝导我们出发。对它，我们将信将疑，但它的话语总让我们有一些欣喜，也抚慰我们告别的痛。

但告别依然很难，当我们习惯了一样东西，告别便是离开它，去习惯新的，我们不愿意。当我们拥有一样东西，告别便让我们放下它，向我们承诺有新的东西，我们也不甘愿。每一次享有与欢喜里，都已经有告别的内容在暗中蕴含与发生了。最重要的是我们的亲人：当我的儿子出生之时，我那充满喜悦的笑中又渗出了眼泪，我心惊惧：这样美丽的生命，也会告别……

回顾往昔的生活，原来是一次次告别。告别了我生长的乡村，告别一代、两代的亲人，到一个又一个新的地方去重新开始，与一群又一群朋友相结识，然后又要一一告别。还有一个一个老师，相遇又相别。

在我还不懂事的时候，那年我十岁，就跟奶奶告别了。在我成熟了的年龄，又跟爷爷告别。在我的生命开始变得丰足的时候，跟父亲告别了。但在接下来几年的梦中都不忍父亲离去，他一直躺在临终的病榻上，我留住他，仿佛对他说："不要离去，我总会有办法……"其实，我除了在暗夜里独哭，哪有什么办法？

又过了几年，母亲病了，把告别的恐慌又一次投进我的内心。我知道，跟妈妈告别一直潜伏在时间里，不管她是生病还是健康，都会在时间的某一个点上发生。人是充满不确定性的人生大海上的一叶小舟。

今天早晨六点，汪维藩老师走了。我还记得前不久去医院看他，他当时已说不出话来，却一直对着我的耳朵用力说。我听不懂，但心里知道告别临近了。我和几位校友离去的时候，他的眼神一直跟着我们，如同婴孩的眼神，却如此之深：我们挥手，他亦挥手。

我又想到这许多年来我从事的心理工作，便是一次次相遇与一次次告别。这就是我与我的来访者的关系。相遇之前，他们各自来自人海茫茫，跟我互不相识；告别之后，他们各自归于茫茫人海，我们不再往来。相遇难，告别也难，我无可奈何。

我想起嘉，是最不能告别的人，如今已别去数年，我相信她在人生中奋斗、适应、发展得很好。她曾经的困难，即无法告别的困难。因为过去留下遗憾，遭遇丧失，她不肯接受这遗憾与丧失；也因为她一直装好，不敢真实呈现自己，便总想让事情重来一遍，删改已经发生的事件，修正过去造成的失误，涂改所有的不堪，一次次宣告过去的一切都不算数，坚决要求它们重新再来。她长期做着这样的行为：用水清洗，用橡皮擦掉，用涂改液涂改，反复纠正头脑中不好的念头……她的行为就如同一个顽童对大自然央求：不行不行，从头再来。大自然不答应，她便哇哇大哭，不肯放下，不肯告别，不肯从弄错的地方走开。

当然，她也不肯与我告别，总觉得还有东西没有处理净尽，已经处理的又觉得处理的还不够。她用所有的智能与情感，包括央求与诡计，全部是为了挽回与我的关系。她不要告别。当她看到电影《少年派的奇幻漂流》中那头狮子在旅途结束之后离去，头也不回，她大恸而泣，说我便是那头无情的狮子。

是的，一场完成了的咨询，就如同那场少年派与狮子的奇幻之旅，完成了，便告别了。而这又何尝不是人生的缩影——关于相遇与告别！

症状是什么？便是不想告别，便是滞留于一个地方，或是伤心之地，或是温柔之乡，或是舒适之区，而心理咨询则是帮助人学习告别，不断走向下面的人生。

告别之难，对于咨询师也是一样：告别一场关系，且是深度了解与相知的关系，这谈何容易！我们多想生活在一个没有告别的地方，但人生的实景却是：天下没有不散的宴席。从古至今，有多少场人生宴席聚而散去，散而不复。或许那个没有告别的地方是我们的记忆，是个体的记忆，汇成人类的记忆，形成宇宙的记忆。或许真有那么一个无限的记忆之海，我们最终会在那里聚合吧。但是现在，我们只能告别，我们允许告别。